U0296599

国家科学技术学术著作出版基金资助出版

煤矿气体红外光谱分析理论与应用

梁运涛　汤晓君　著

科学出版社

北京

内 容 简 介

煤矿井下环境气体组分复杂且具有必需性、致灾性、预警性的特点，煤矿气体的定量检测对矿井灾害危险性早期辨识、继发性及次生灾害准确预警、应急救援科学决策具有重要意义。本书系统总结了煤矿气体的分析方法和监测技术，介绍了傅里叶变换红外光谱气体分析原理，分析了煤矿气体红外光谱预处理方法，建立了煤矿气体红外光谱分析模型，提出了目标气体特征变量提取与选择方法，并阐述了煤矿气体红外光谱分析系统的结构、使用方法及其应用等内容。

本书可供从事煤矿、消防、化工、环保等相关领域气体红外光谱分析研究的科技工作者、高等院校师生、工程技术人员参考使用。

图书在版编目（CIP）数据

煤矿气体红外光谱分析理论与应用／梁运涛，汤晓君著. —北京：科学出版社，2022.9
ISBN 978-7-03-073155-5

Ⅰ. ①煤… Ⅱ. ①梁…②汤… Ⅲ. ①红外分光光度法–应用–煤矿–矿山安全–研究 Ⅳ. ①TD7

中国版本图书馆 CIP 数据核字（2022）第 168472 号

责任编辑：刘宝莉 乔丽维／责任校对：任苗苗
责任印制：师艳茹／封面设计：蓝正设计

科学出版社 出版
北京东黄城根北街 16 号
邮政编码：100717
http://www.sciencep.com

北京中科印刷有限公司 印刷
科学出版社发行 各地新华书店经销

*

2022 年 9 月第 一 版 开本：720×1000 B5
2024 年 1 月第二次印刷 印张：16 3/4
字数：335 000
定价：150.00 元
（如有印装质量问题，我社负责调换）

前　　言

　　"富煤、贫油、少气"的资源禀赋决定了煤炭在我国能源结构中的主体地位，中国煤炭生产和消费量占世界的 40%以上；在未来相当长的时期内，我国以煤炭为主的能源供应和消费格局难以改变，预计到 2050 年仍将占 50%以上，因此煤矿的安全开采直接关系到国民经济可持续发展和国家能源战略安全。截至 2020 年底，我国共有井工煤矿 4108 个，开采容易自燃煤层、自燃煤层的井工煤矿占比为 58.2%，严重影响煤矿安全生产。近年来，随着我国加大科技投入、健全政策法规、提升管理水平，煤矿事故总量和死亡人数持续下降。煤矿气体组分复杂且具有必需性、致灾性、预警性的特点。准确高效分析煤矿气体的成分和浓度，科学评价煤矿井下矿井火灾、瓦斯爆炸等热动力灾害的发生发展状态，进而为救援工作提供及时准确的环境爆炸危险性信息，从根本上防范继发性及次生灾害事故，对保障煤矿安全生产具有重要的理论和现实意义。

　　目前，煤矿气体检测方法主要包括传感器检测法、气相色谱法和光谱法。传感器检测法主要包括催化式气体传感器检测法、热导式气体传感器检测法、电化学式传感器检测法、光干涉式传感器检测法；气相色谱法包括气-固色谱法和气-液色谱法；光谱法主要包括不分光红外光谱法、可调谐半导体激光吸收光谱法和傅里叶变换红外光谱法。传感器检测法具有体积小、成本较低的优点，可以检测多种井下环境气体；气相色谱法具有灵敏度高、分离度好、精度高的优点；光谱法具有灵敏度高、检测限低的优点。然而，当前广泛采用的各种气体检测方法由于受限于方法本身或现场条件，均存在一定的局限性，如人工取样分析耗时费力，效率较低；便携式电化学传感器在氧浓度较低时，检测结果偏差较大；地面在线式色谱法虽然可以实现在线分析，但是存在分析周期长、需要定期校准更换色谱柱、时效性差、系统误差大、束管管路维护困难等问题。

　　光谱分析法是在 20 世纪发展起来的一项重要分析方法。采用傅里叶变换红外光谱法开发的气体分析仪稳定性好、寿命长、操作简单、可免维护工作，是开发煤矿气体监测仪的良好备选方法。但是，光谱法也存在一些问题，如气体红外光谱交叠严重，难以区分；长时间工作后，光谱基线容易发生漂移，甚至畸变；非目标气体的存在，会对目标组分气体的分析形成干扰等问题，这会给目标气体分析结果带来偏差，甚至得到错误的分析结果。在国家重大科学仪器设备开发专项

"基于光谱技术的煤矿气体检测仪器装备研制与应用"（2012YQ240127）项目资助下，作者针对傅里叶变换红外光谱法在气体分析应用中存在的问题，开展了相关研究，提出了相应的解决方法，在此基础上开发了傅里叶变换红外光谱气体在线分析仪，并完成了本书的撰写。

全书共六章，第 1 章介绍煤矿气体检测的应用背景，分析常用的传感器检测法、气相色谱法、光谱法的原理和研究进展，从适用气体、优缺点、应用范围等方面对比不同分析方法在煤矿井下的技术适用性；第 2 章介绍傅里叶变换红外光谱气体分析的基础知识；第 3 章介绍煤矿气体红外光谱的预处理方法；第 4 章提出目标组分气体红外光谱分析的建模方法；第 5 章提出目标组分气体红外光谱的特征变量提取方法；第 6 章对研发的煤矿气体红外光谱分析系统的设计及其使用方法进行详细介绍。

感谢科技部、辽宁省科技厅的大力支持，感谢中煤科工集团沈阳研究院有限公司、煤矿安全技术国家重点实验室、西安交通大学、深圳市业通达实业有限公司、内蒙古平庄能源股份有限公司、东北大学等国家重大科学仪器设备开发专项参与单位的支持。感谢国家科学技术学术著作出版基金的资助。在本书撰写过程中，田富超博士、张峰博士，博士研究生王斌，硕士研究生王文婧、王金成、陈成锋、赵珍珍、孙业峥、张宇生等完成了大量的材料收集与整理工作，以及部分书稿的撰写工作，在此对他们的辛勤付出表示感谢。

本书内容涉及面广，由于作者水平所限，书中难免存在不足之处，敬请读者批评指正。

目　　录

第1章 绪　　论

我国煤矿灾害的种类较多，根据国家矿山安全监察局公布的历年煤矿灾害事故数据，2000～2020年由煤矿气体引发或参与的火灾、爆炸、突出、窒息等重特大事故达462起，占全国煤矿重特大事故起数的78.89%[1]。图1.1为2000～2020年煤矿重特大事故类型分析。因此，准确高效地分析煤矿气体种类和浓度(本书所述的气体浓度均为气体体积分数)对矿井火灾、瓦斯爆炸等事故的早期预警，尤其是救灾过程中的次生灾害预警,保障作业人员的生命安全等具有十分重要的意义，同时也为制定防灾减灾措施提供参考依据[2, 3]。

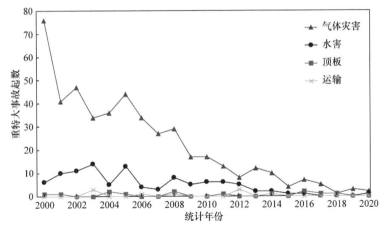

图 1.1　2000～2020 年煤矿重特大事故类型分析

1.1　煤矿气体概述

煤矿气体是煤矿井下环境各种气体的总称，主要包括氮气(N_2)、氧气(O_2)、二氧化碳(CO_2)、一氧化碳(CO)、甲烷(CH_4)、乙烯(C_2H_4)、乙炔(C_2H_2)、乙烷(C_2H_6)、丙烷(C_3H_8)、正丁烷(n-C_4H_{10})、异丁烷(i-C_4H_{10})、丙烯(C_3H_6)、氢气(H_2)、二氧化硫(SO_2)、硫化氢(H_2S)及一氧化氮(NO)、二氧化氮(NO_2)、氨气(NH_3)等[4]。煤矿气体组分复杂且具有必需性、致灾性和预警性的特点[5]。必需性是指矿井通风风流对维系井下人员作业环境所必需的职业健康保障功能，如 O_2；致灾性是指矿井灾害气体对煤矿安全生产的危害性，如 CH_4 是瓦斯爆炸过程中的主要灾害气体；预警性是指煤矿特定气体成分和浓度变化特征与灾害的发生发展存在一定的对应关系，可以预测灾害发生的概率和危险程度，如 CO 是煤自然发火的主要标志气体[6]。

1.1.1 煤矿气体来源

煤矿采动过程中，煤层赋存的气体(如 CH_4、N_2、CO_2、H_2S 等)会逸散到采场空间。矿井采掘过程中也会产生新的有毒有害气体，例如，井下炸药爆炸后产生 CO_2、CO、H_2S、NO_2 等气体。采取防灭火措施时，往往要注入 N_2、CO_2。以上这些都是煤矿气体的来源，而不同种类的气体来源又有所不同[7]。

1. N_2 和 O_2 主要来源

矿井内 N_2 和 O_2 主要来源于地面空气，地面空气是由干空气和水蒸气组成的成分相对稳定的混合气体。其中干空气的组成如表 1.1 所示[8]，水蒸气的浓度随地区和季节而变化，平均浓度约为 1%。

表 1.1　干空气的组成[8]

气体成分	浓度/%	分子量	气体常数/[J/(kg·K)]
氮气(N_2)	78.09	28.016	296.8143
氧气(O_2)	20.95	32.000	259.8429
氩气(Ar)	0.93	39.944	208.2100
二氧化碳(CO_2)	0.03	44.010	188.9268
氖气(Ne)	0.001818	21.183	392.5157
氦气(He)	0.000524	4.0026	2077.3150
氪气(Kr)	0.000114	83.80	99.2203
氙气(Xe)	0.0000087	131.30	63.3257
氢气(H_2)	0.00005	2.01594	4124.4580
甲烷(CH_4)	0.00015	16.04303	518.2724
氧化氮(N_2O)	0.00005	44.0128	188.9146
臭氧(O_3)	0.000007(夏) 0.000002(冬)	47.9982	173.2286
二氧化硫(SO_2)	0~0.0001	64.0828	129.7487
二氧化氮(NO_2)	0~0.000002	46.0055	180.7319
氨气(NH_3)	0~微量	17.03061	488.2185
一氧化碳(CO)	0~微量	28.01055	296.8403
碘(I_2)	0~0.00001	253.8088	32.7595
氡(Rn)	6×10^{-13}	—	—

注：在通风工程中，干空气的标准状态：P=101.325kPa，t=20℃，ρ=1.204kg/m³。

地面空气经过通风设施进入矿井后，与井下煤岩涌出的气体及煤炭生产所产生的气体混合，共同构成井下气体环境。井下气体在成分和性质上与地面空气相比有了较为显著的变化，如 O_2 浓度降低，CO_2 浓度增加，同时还混入了有害气体和物质，如 CO、SO_2、H_2S、NO_2、NH_3 等，易燃易爆气体，如 CH_4、H_2 等，以及尘埃和烟雾等。

2. CH_4 主要来源

CH_4 在煤体或围岩中以游离态和吸附态赋存，其中 90% 为游离态，10% 为吸附态。游离态 CH_4 容易进入巷道，影响煤矿井下气体成分。进入巷道的游离态 CH_4 有三个主要来源，分别是煤壁落煤、采空区遗煤及邻近层涌出。裸露煤壁和开采落煤产生的 CH_4，由于储存空间变大，压力减小而逸出至巷道。采空区遗煤同样逸出 CH_4，由于风流作用进入巷道，邻近层 CH_4 由煤层发育裂隙或开采裂隙进入开采煤层的采场空间。

3. CO 主要来源

CO 普遍作为指标气体表征自然发火危险程度，其来源主要有：

(1) 矿井火灾。煤体氧化蓄热作用可导致自燃火灾，随着氧化自热的加剧，CO 产生量随氧化速率的升高呈指数形式增加，且自燃火灾具备隐蔽性，极易产生高浓度 CO。

(2) 瓦斯、煤尘爆炸。瓦斯、煤尘发生爆炸后，空气中 CO 浓度范围为 2%～4%。

(3) 井下爆破。由于炸药爆炸反应不完全、与周围某些矿物介质起反应等，爆破会产生大量的 CO。

(4) 其他来源。如煤体原生赋存、无轨胶轮车尾气、采煤机割煤等[9]。

4. CO_2 主要来源

井下 CO_2 主要来源有：

(1) 煤体缓慢氧化。煤体自热氧化具有缓慢性、持续性特征，CO_2 随着氧化作用不断产生，属于主要来源。

(2) 坑木腐朽变质。部分中小煤矿存在坑木支护的方式，木材在湿度较大的井下环境容易腐朽变质，可产生 CO_2。

(3) 采掘工作面爆破作业。岩巷掘进工作面、石门揭煤工作面等爆破作业产生 CO_2。

(4) CO_2 突出等事故。煤矿井下地质条件复杂，处于地下深处的碳酸盐类岩分解产生的大量 CO_2 通过煤岩裂隙迁移至煤层后，由于煤体吸附 CO_2 的能力强于

CH_4，在井巷掘进和石门揭煤过程中容易发生 CO_2 突出事故。例如，2010 年 5 月 11 日，甘肃窑街煤电公司金河煤业 1 号井发生 CO_2 突出事故，造成重大伤亡。

5. H_2S 主要来源

井下 H_2S 主要来源有：

(1) 含硫煤体氧化。煤体的成分较为复杂，含硫煤体发生氧化作用后，经过复杂的物化反应就会生成 H_2S。

(2) 硫化矿物的水解。煤矿井下环境潮湿，部分硫化矿物会在此环境发生水解。

(3) 含有硫化氢的采空区积水。采掘工作会导致围岩含水层失去平衡条件，涌入采掘煤层后形成的采空区、废巷等区域，由于积水与外界不连通且含有成分不一的杂质，大量 H_2S 在积水中聚集。一旦发生透水事故，将会逸出大量 H_2S。

(4) 坑木的腐烂。

6. NO_2 主要来源

井下 NO_2 主要来源于爆破工作。空气中的 O_2 遇到爆破产生的 NO 时，容易氧化生产 NO_2。

7. SO_2 主要来源

井下 SO_2 主要来源有：

(1) 含硫煤炭的氧化。含有较高硫成分的煤炭在氧气氛围下缓慢氧化生成 SO_2。

(2) 爆破作业使用含硫量较高的炸药。

(3) 含硫矿尘的爆炸。

8. H_2 主要来源

煤层中含有少量的 H_2，属于有机质变质过程的产物。煤体受热变质时，在高温下热分解产生 H_2。矿井发生火灾或爆炸事故可产生 H_2。蓄电池充电硐室亦有少量 H_2 排出。

9. 其他气体主要来源

煤层采空区存在漏风、采掘周期超过煤层自然发火期均可引发自燃火灾。由于煤分子化学结构复杂，煤层自然发火过程中可生成多种指标气体，包括 CO、烷烃(C_2H_6、C_3H_8 等)、烯烃(C_2H_4、C_3H_6 等)、炔烃(C_2H_2 等)等。

指标气体随自燃火灾的发展而产生，且与煤温变化具有一定的对应关系。CO

作为广泛使用的指标气体，出现时间较早、产生量较大。烯烃类大多出现在煤温100℃之后，表明煤自然发火已进入快速氧化阶段。烷烃类出现时间位于 CO 和烯烃类之间。当煤自然发火处于激烈氧化阶段时，将出现炔烃类气体。因此，可通过检测不同的指标气体判断煤自燃火灾的发展阶段[10]。

1.1.2 煤矿气体性质

煤矿气体的性质是气体分析方法的重要检测根据，需清楚地了解煤矿气体的性质。

1. N_2 的性质

N_2 无色、无味、无毒、不助燃，属于惰性气体，相对密度为 0.97。若 N_2 浓度位于合理范围内，则对人体无害；若 N_2 浓度过高，则降低了 O_2 浓度，会导致人员窒息性伤害。例如，在废弃的煤矿井下旧巷或隔离火区内，由于通风条件差，O_2 被采空区遗煤缓慢氧化逐渐消耗，从而 N_2 浓度升高，人在该条件下易缺氧而窒息。由于 N_2 的不助燃性质，可用于井下防灭火工作；利用 N_2 可稀释瓦斯浓度，防止瓦斯积聚[11]。

2. O_2 的性质

O_2 无色、无味、化学性质活泼、可助燃，相对密度为 1.11。凡是井下人员工作或者通行的地点，必须保证氧含量处于合理区间内。

劳动强度及体质强弱会影响人的耗氧量。劳动强度可用呼吸系数表示，即单位时间内人体产生的 CO_2 与消耗的 O_2 的体积比。

$$呼吸系数 = \frac{所产生的CO_2的体积}{所消耗的O_2的体积} \tag{1.1}$$

一般人的呼吸系数为 0.8～1.0。矿井的呼吸系数为单位时间内自矿井排出的 CO_2 量与矿井吸入 O_2 量之比，它随着井下化学和物理变化而异。矿井的呼吸系数一般为 0.3～0.8，对于 CO_2 涌出量大的矿井，呼吸系数可能大于 1。若采掘工作面劳动强度大的工人呼吸系数为 1，则每人每分钟供风量为 V。

$$V = \frac{V_0}{n_1 - n_2} \tag{1.2}$$

式中，n_1 为大气中 O_2 的浓度，20.9%；n_2 为《煤矿安全规程》规定的 O_2 浓度的下限值，20%[12]；V_0 为每人耗氧量，0.003m^3/min。

将各参数代入式(1.2)，得到每人每分钟供风量为 0.333m^3/min。因人的耗氧量只占总耗氧量的一小部分，为满足该地区全部物质耗氧量的要求及必要的安全系数,《煤矿安全规程》[12]规定,每人每分钟供风量不得小于 4m³/min。通风良好的巷道,浓度变化量不大,在通风不良或采空区的旧巷内,O_2 浓度显著降低。作业人员进入上述巷道之前,应进行 O_2 浓度检查,不能贸然进入,以免发生窒息危险。

最有利于人体呼吸的 O_2 浓度为 21%左右,采掘工作面的进风流 O_2 浓度不得低于 20%。人体缺氧症状与空气中 O_2 浓度的关系如表 1.2 所示。

表 1.2 人体缺氧症状与空气中 O_2 浓度的关系

O_2 浓度/%	人体缺氧症状
17	静止时无影响,劳作时会引起呼吸困难
15	呼吸急促,眼睛晕眩,心跳加快,无法工作
10~12	大脑失去判断能力,时间稍长会发生生命危险
6~9	呼吸停止,若无救治将导致死亡

3. CO_2 的性质

CO_2 无色、无味、易溶于水、不助燃,相对密度为 1.52。由于 CO_2 比空气重,巷道底部、下山的掘进迎头等地方 CO_2 浓度较高。空气中微量的 CO_2 会刺激人体的呼吸作用,浓度过高会导致人员中毒或者窒息。采掘工作面的进风流中,CO_2 浓度不得超过 0.5%。

采区回风巷和采掘工作面回风巷回风流中 CO_2 浓度达到 1.5%时,必须停止工作,撤出人员,查明原因,制定处置措施。总回风巷或一翼回风巷中 CO_2 浓度超过 0.75%时,必须查明原因,并及时进行处理。人体中毒症状与空气中 CO_2 浓度的关系如表 1.3 所示。

表 1.3 人体中毒症状与空气中 CO_2 浓度的关系

CO_2 浓度/%	人体中毒症状
1	呼吸次数增加
3	呼吸加快,心跳加速
5	耳鸣目眩,恶心呕吐,人体疲劳
6	呼吸极其困难
7~9	意识不清,会发生昏迷、瘫痪
9~11	数分钟内可导致死亡

4. CO 的性质

CO 无色、无味、微溶于水,相对密度为 0.97,能和空气混合均匀,可被少量吸附于活性炭,与酸、碱不起反应。CO 浓度处于 13%~75%时具有爆炸危险性。

CO 与血红蛋白的结合力比 O_2 高 200～300 倍,一旦空气中 CO 浓度过高,将会降低血液携氧能力、减少氧气的释放量,从而造成血液"窒息",对人体的血液与神经均有害。井下空气环境 CO 最大容许浓度为 0.0024%,人体中毒症状与空气中 CO 浓度的关系如表 1.4 所示。

表 1.4　人体中毒症状与空气中 CO 浓度的关系

CO 浓度/%	人体中毒症状
0.02	轻微头痛
0.08	恶心呕吐、四肢无力、出现轻度至中度意识障碍
0.32	半小时内出现中度昏迷
1.28	发生重度昏迷,导致死亡

5. H_2S 的性质

H_2S 无色、易溶于水、有臭鸡蛋味,相对密度为 1.19。由于常温常压下 1 体积的水可溶解 2.5 体积的 H_2S,H_2S 易积存于旧巷积水中。H_2S 能燃烧,其爆炸的浓度范围为 4.3%～45.5%。H_2S 浓度达到 0.0001%时可嗅到气味,但高浓度的 H_2S 会使嗅觉神经中毒麻痹,若人长时间处于高浓度的 H_2S 环境中,会引起鼻炎、气管炎等症状,严重者会迅速昏迷甚至死亡。井下空气环境 H_2S 浓度不得超过 0.00066%,人体中毒症状与空气中 H_2S 浓度的关系如表 1.5 所示。

表 1.5　人体中毒症状与空气中 H_2S 浓度的关系

H_2S 浓度/%	人体中毒症状
0.0025～0.003	有强烈臭味
0.005～0.01	眼刺痛、结膜充血、咳嗽等刺激症状
0.015～0.02	头痛乏力、恶心呕吐
0.035～0.045	眼结膜水肿、视线模糊、中度昏迷
0.06～0.07	重度昏迷,甚至死亡

6. NO_2 的性质

NO_2 红褐色、有刺激性气味、易溶于水,相对密度为 1.59。NO_2 溶于水会生成硝酸,刺激和腐蚀人的眼睛、呼吸道黏膜和肺部组织。NO_2 中毒有潜伏期,中毒者会出现一系列症状,如指头出现黄斑、咳嗽、头痛、呕吐等,严重者甚至死亡。井下空气环境 NO_2 浓度不得超过 0.00025%,人体中毒症状与空气中 NO_2 浓度的关系如表 1.6 所示。

表 1.6　　人体中毒症状与空气中 NO_2 浓度的关系

NO_2 浓度/%	人体中毒症状
0.004	咳嗽、胸闷
0.006	轻度头痛、身体无力
0.01	咳嗽加剧、呼吸困难
0.025	可能引发死亡

7. SO_2 的性质

SO_2 无色、有强烈的硫磺气味、易溶于水，相对密度为 2.26。在潮湿的煤矿井下，易积聚在巷道底部。SO_2 遇水后会缓慢生成硫酸，刺激眼睛及呼吸系统等的黏膜，可引起喉炎和肺水肿。井下空气环境 SO_2 最大容许浓度为 0.0005%，人体中毒症状与空气中 SO_2 浓度的关系如表 1.7 所示。

表 1.7　　人体中毒症状与空气中 SO_2 浓度的关系

SO_2 浓度/%	人体中毒症状
0.00003～0.0001	嗅到气味
0.0003～0.0005	容易觉察的气味，呼吸受阻
0.0006～0.0012	强烈刺激眼、鼻、咽及呼吸道黏膜
0.04～0.05	危及生命

8. NH_3 的性质

NH_3 无色、有臭味、易溶于水，相对密度为 0.59。NH_3 会刺激皮肤和呼吸道黏膜。井下空气环境 NH_3 最大容许浓度为 0.004%。

9. CH_4 的性质

CH_4 无色、无味、无毒、可燃、难溶于水，相对密度为 0.55。当 CH_4 浓度处于 5%～16%时有爆炸危险性，高浓度 CH_4 会引起窒息。工作面进风流中 CH_4 浓度不能大于 0.5%，采掘工作面和采区的回风流中 CH_4 浓度不能大于 1.0%，矿井及采区总回风流中 CH_4 最大容许浓度为 0.75%。

10. H_2 的性质

H_2 无色、无味、无毒、易燃，相对密度为 0.07。当 H_2 浓度处于 4%～74%时有爆炸危险性。在井下充电硐室和矿井火灾或爆炸事故中均会产生 H_2，其最大容许浓度为 0.5%。

1.2　煤矿气体检测方法

目前，煤矿气体检测方法主要包括传感器检测法、气相色谱法和光谱法。传感器检测法主要包括催化式气体传感器检测法、热导式气体传感器检测法、电化学式传感器检测法、光干涉式传感器检测法。气相色谱法包括气-固色谱法和气-液色谱法。光谱法主要包括不分光红外光谱法、可调谐半导体激光吸收光谱法和傅里叶变换红外光谱法。

1.2.1　传感器检测法

1) 催化式气体传感器检测法

催化式气体传感器检测法是利用可燃气体在涂有催化剂的催化元件表面发生氧化还原反应的一种气体分析方法。催化元件结构如图 1.2 所示[13]。该元件是以氧化铝作为载体，外表面涂有铂等稀有金属催化层，载体内部为铂丝线圈，通常采用惠斯通电桥检测电阻变化，如图 1.3 所示，通过测量电桥输出电压的大小，即可得到可燃气体浓度[14]。

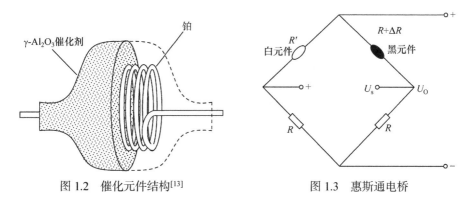

图 1.2　催化元件结构[13]　　　　图 1.3　惠斯通电桥

2) 热导式气体传感器检测法

热导式气体传感器检测法是通过对比被测气体与空气热导率的差异来分析气体浓度的一种气体分析方法。如图 1.4 所示，热导式气体传感器通常包括两个气室，一个是充满干空气的参比气室，另一个是充满被测气体的测量气室，每个气室都包含一个热敏电阻，其电阻随温度、湿度和气体成分而变化。当两个气室的温度和湿度相同时，热敏电阻的差异将表征气体浓度的大小[15]。

3) 电化学式传感器检测法

电化学式传感器检测法是通过测量气体在电极处发生氧化或还原反应产生的电信号来分析气体浓度的一种气体分析方法，电信号的强度与气体浓度成正比。

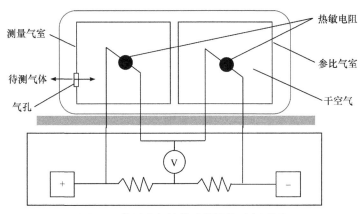

图 1.4　热导式气体传感器结构示意图[15]

电化学式传感器一般采用密闭结构设计，由电极、过滤器、透气膜、电解液、电极引出脚、壳体等组成，如图 1.5 所示[16]。待测气样经过滤器和透气膜扩散到电解液，对工作电极和对电极施加恒定电压，电活性物质在电场作用下将会吸附在电极表面，进而发生氧化还原反应产生电流。

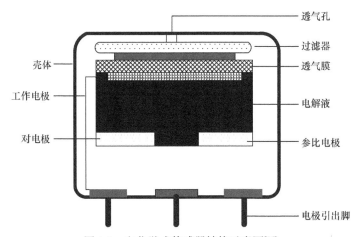

图 1.5　电化学式传感器结构示意图[16]

4) 光干涉式传感器检测法

光干涉式传感器检测法是通过对比被测气体与参比气体折射率不同而导致的干涉条纹变化特征来分析气体浓度的一种检测方法。光干涉式传感器工作原理如图 1.6 所示[17]。当测量气室未通入气样，与参比气室气体成分相同时，两束光光程相等，干涉条纹不移动。如果测量气室中气体的成分、压力或温度等条件发生变化，会使干涉条纹移动，若气样化学成分已知，则可用于定量分析该气体的浓度。

通过查看仪器的目镜得到在该浓度下的干涉条纹所对应的浓度刻度值，可测

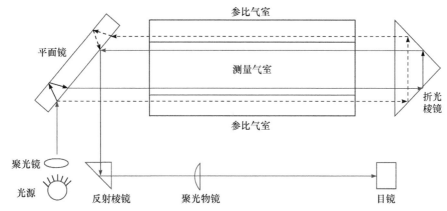

图 1.6　光干涉式传感器工作原理[17]

得气体浓度的大小，部分气体折射率如表 1.8 所示。

表 1.8　部分气体折射率

气体	折射率
空气	1.000272
CO_2	1.000418
CH_4	1.000411
H_2	1.000129
SO_2	1.000671
CO	1.000311
O_2	1.000253

1.2.2　气相色谱法

　　色谱法是利用待测气样不同气体成分在固定相和流动相中扩散系数的差异性实现气体分离的分析方法。当流动相为气体时，称为气相色谱法，按照固定相的不同又分为气-固色谱法和气-液色谱法。气-固色谱法的固定相是吸附剂颗粒，被测组分将反复物理吸附、脱附于吸附剂表面，而各组分吸附能力存在差异，导致滞留于色谱柱的时间不同，载气中各组分在一定时间后将按不同顺序从色谱柱流出；气-液色谱法的固定相是涂有液膜的固体颗粒，被测组分反复溶解、挥发于固定相，由于各组分的溶解能力不同，向前移动的速度有快有慢，各组分就产生彼此分离。气相色谱分配过程如图 1.7 所示[18]。

　　采用适当的鉴别和记录系统，制作标出色谱图，根据色谱图上的某些特征可对混合物进行定性定量分析。色谱图也称为色谱流出曲线，横坐标是流出时间，

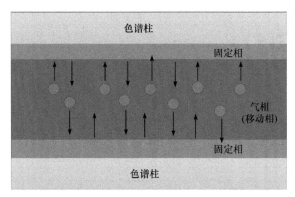

图 1.7　气相色谱分配过程[18]

纵坐标是电压信号(可转化为浓度)。可根据色谱流出曲线的位置进行定性分析，根据曲线的面积或峰高进行定量分析，如图 1.8 所示[19]。

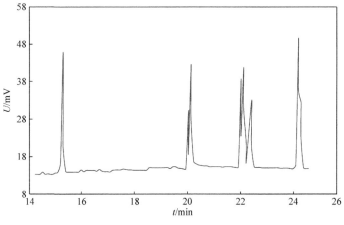

图 1.8　色谱分析曲线示意图[19]

1.2.3　光谱法

　　光谱法是基于极性气体分子独有的元素种类及空间关系所对应的特定红外谱段，分析红外光谱图的吸收波长位置，通过对比气体实时光谱吸收强度与红外谱图库的数据，进而检测出待测气体的方法。根据实现方式不同，光谱法分为色散型和非色散型，光谱法主要包括不分光红外光谱法、可调谐半导体激光吸收光谱法和傅里叶变换红外光谱法。煤矿气体红外光谱分布如图 1.9 所示[20]。

　　1) 不分光红外光谱法

　　不分光红外光谱法利用测量气体对特定波段光具有选择性吸收的特点，根据波长强度的变化计算出被测气体的浓度，可检测多种煤矿气体，如 CH_4、CO、CO_2 等[21, 22]。不分光红外光谱法原理如图 1.10 所示[23]。

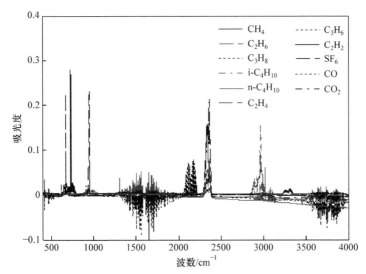

图 1.9 煤矿气体红外光谱分布[20]

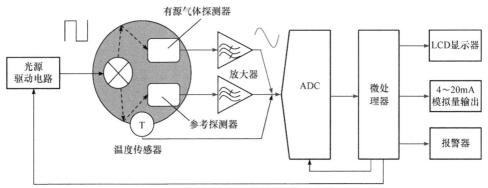

图 1.10 不分光红外光谱法原理[23]

2) 可调谐半导体激光吸收光谱法

激光具有窄线宽和波长可调谐特性,气体浓度能通过激光的特征吸收谱线来测定。可调谐半导体激光吸收光谱法工作原理如图 1.11 所示[24]。该方法使用激光作为光源,一般波长位于近红外区(0.78~2.5μm),利用可调谐半导体激光器的窄线宽和波长随注入电流的变化特性实现气体分子单条或数条近距离吸收线定量分析,可同时检测多种煤矿井下环境气体,如 CH_4、CO、CO_2、C_2H_4、C_2H_2、H_2S 等。

3) 傅里叶变换红外光谱法

傅里叶变换红外光谱法是利用气体分子对红外光的选择性吸收特性,对干涉后的红外光进行傅里叶变换,从而实现目标气体的定量分析,属于分散型红外光谱法,适用于煤矿气体在线分析,可同时分析 CH_4、CO、CO_2、C_2H_6、C_3H_8、i-C_4H_{10}、n-C_4H_{10}、C_2H_4、C_3H_6、C_2H_2 等气体。傅里叶变换红外光谱法工作原理如图 1.12 所示[25]。

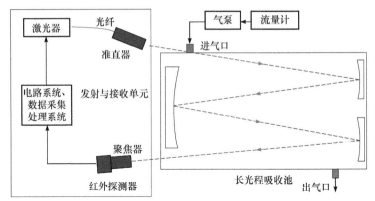

图 1.11　可调谐半导体激光吸收光谱法工作原理[24]

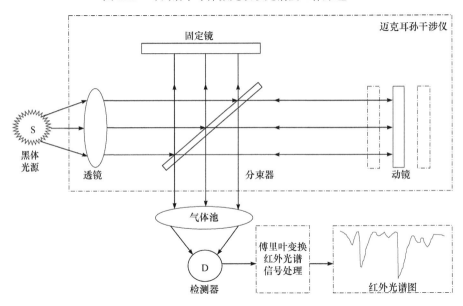

图 1.12　傅里叶变换红外光谱法工作原理[25]

1.3　煤矿气体检测方法的发展与应用

　　用于气体分析的传感器通常体积小、成本较低，可以检测多种井下环境气体，但普遍存在检测范围窄、测量精度不高、定期标校、稳定性差等问题。色谱法具有灵敏度高、分离度好、精度高的优点，目前已经成为煤自然发火标志气体定量分析普遍采用的方法，广泛用于地面实验室、束管监测系统和矿山救援指挥系统，但是存在分析周期长、需要定期校准更换色谱柱、操作烦琐、需要载气等问题，目前已经在井下本安气相色谱束管监测方面开展了初步探索。光谱分析类方法各有一定的优缺点：可调谐半导体激光吸收光谱法具有检测下限低、分离度好、定量精度高的优点，但存在造价较高的问题；不分光红外光谱法具有精度高、响应快、寿命长的优点，但是测量精度受气体交叉干扰和环境温度影响较大，对痕量气体的检测精度偏低；傅里叶变换红外光谱法具有光谱范围宽、分辨率高、信噪比高、扫描速度快的优点，适合在煤矿地面开展气体实时定量分析。

1.3.1　传感器检测法

1) 催化式气体传感器检测法

催化式气体传感器主要用于煤矿 0～4%CH_4 气体的检测，具有电路可靠、结构简单的显著特点，但使用寿命较短、调校周期需要 15d、贫氧环境检测误差大且易硫化物中毒。CH_4 浓度在 0～4%范围内时，测量值与 CH_4 浓度呈良好的线性对应关系；当 CH_4 浓度超过 13%时，催化反应随着 CH_4 浓度的上升而逐渐减弱，测量值下降，出现同一个输出电压信号对应两个浓度值的现象，即二值性问题，如图 1.13 所示，在应用过程中存在高浓度 CH_4 被误测偏低的风险。此外，当环境中 O_2 浓度过低时，CH_4 催化燃烧反应不完全，导致传感器输出值远远低于实际值，不适用于煤矿井下密闭区、灾害事故区域等贫氧环境的 CH_4 检测；并且，硫中毒会使催化元件失去活性，也不适用于存在 SO_2、H_2S 等气体的含硫煤层、废弃采空区等地点的 CH_4 检测。

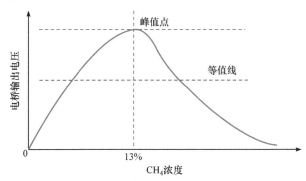

图 1.13　甲烷催化式气体传感器的二值性问题

2) 热导式气体传感器检测法

热导式气体传感器主要用于煤矿 1%～100%CH_4 气体的检测，如抽采管道瓦斯检测。热导式气体传感器结构简单、价格便宜、检测范围广，无催化剂老化问题，可在贫氧气体环境中使用。但由于气体的导热系数都较小，如 CH_4 的导热系数为 0.029W/(m·K)，仅是空气导热系数的 1.296 倍，当 CH_4 浓度低于 1%时，传感器的输出信号很弱，导致测量精度不足。由于煤矿井下 CO_2、C_2H_4、C_2H_2 气体的导热系数差异不大，对单一气体的检测结果可信度较高，但对混合气体则适用性较差。此外，水蒸气和CO_2对测量结果有较大影响，分别造成正偏差与负偏差，且绝对值几乎相等并具有相消作用，因此该技术应用于煤矿井下时要通过吸收剂消除水蒸气和CO_2的影响[26]。

3) 光干涉式传感器检测法

光干涉式传感器是 CH_4 浓度检测的标准便携仪器，适用于井下全量程 CH_4 浓度检测。光干涉式传感器比催化式气体传感器和热导式气体传感器有着更高的测量精度、更长的使用寿命，但易受 CO_2 交叉干扰，温度、湿度、压力等参数的差异也会引起折射率的变化，并且在采空区、密闭区等贫氧条件下检测误差较大[27]。

梁运涛等[28]采用峰值提取和高斯拟合方法，研究了不同 CH_4 浓度时的零级条纹位置和干涉条纹位移量，实现了光干涉零级条纹的自动定位和光干涉条纹位移量的精准识别，如图 1.14 所示；并根据煤矿井下复杂的气体环境研究了 CO_2、O_2 等环境气体对 CH_4 测量结果的影响，理论推导了环境气体的测定器显示值，研发了便携式 CJG10X 型光干涉式数显 CH_4 测定器，基本误差优于煤炭行业标准《煤矿用光干涉式甲烷气体传感器》(MT 1098—2009)[29]的规定，如 CH_4 浓度为 1.49% 时，测量绝对误差在±0.03%以内，如图 1.15 所示。

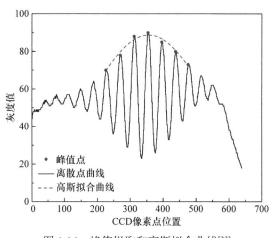

图 1.14　峰值提取和高斯拟合曲线[33]

4) 电化学式传感器检测法

电化学式传感器最早用于 O_2 浓度测量。20 世纪 80 年代中期，国内外相继开发了多种测试不同有毒有害气体浓度的电化学式传感器，具有良好的敏感性与选择性。在煤矿气体检测领域，电化学式传感器主要用于煤矿井下 O_2、CO、H_2S、SO_2 等气体检测，能耗小、对目标气体具有一定的靶向性，但测量结果易受温度影响，通常采取内部温度补偿的方式来保证测量准确度；容易受到其他气体的干扰，导致读数错误或误报警，需要对气样进行过滤处理。

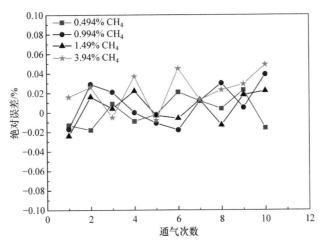

图 1.15　4 种不同浓度的甲烷标气测量绝对误差分析[33]

1.3.2　气相色谱法

1990 年，煤炭科学研究总院抚顺分院罗海珠等[30]率先将气相色谱法应用于煤矿气体检测领域，开发了用于测定常量气体和微量气体的煤矿气体色谱分析装备系统，配置热导检测器、火焰离子化检测器、电子捕获检测器、火焰光度检测器，可以实现一次进样对 O_2、N_2、CO、CO_2、CH_4、C_2H_6、C_2H_4、C_2H_2 等多组分气体进行定性定量分析。我国相继研发了 JSG8 型色谱束管监测系统[31]、ZS32F 型地面色谱束管监测系统[32]，通过束管系统取气至地面气相色谱仪自动分析，最低检测浓度可达到 0.5×10^{-6}。气相色谱法极大地提高了煤矿气体检测能力，提升了我国煤炭自然发火预测预报水平。

气相色谱法具有灵敏度高、分离度好、定量准确度高等优点，目前已经成为煤自然发火标志气体和矿井环境气体定量分析的常用方法。但传统气相色谱法的缺点也很明显，存在以下问题：

(1) 一般在井上应用，使用地点范围较小。气相色谱仪检测 O_2、N_2 时可配置热导检测器，检测 CO、CO_2、CH_4、C_2H_6、C_2H_4 等气体使用氢火焰离子化检测器，而氢火焰离子化检测器使用时要保证内部温度高于 150℃，转化炉温度通常在360℃，因此不能应用到煤矿井下爆炸危险环境，而是抽气泵通过束管将气体送至地面气相色谱仪。

(2) 分析周期长。气相色谱仪分析周期包括气体从井下运送至井上和仪器分离检测的时间之和，因此需要 7～12min，在该时间段内，井下气体环境可能已经发生了变化，分析所得的结果无法实时反馈井下情况，时效性较差，不适合分析灾变时期实时变化的井下环境。

(3) 需要定期校准更换色谱柱、操作烦琐、需要载气，操作人员水平对检测结果影响较大，无法适应灾变时期抢险救灾的快速分析。

为解决上述问题，张军杰等[33]研发了本安气相色谱仪，可用于煤矿井下气体的原位检测。本安气相色谱仪结构示意图如图 1.16 所示。基于本安气相色谱仪，开发了本安气相色谱束管监测系统，系统拓扑图如图 1.17 所示。本安气相色谱仪采用模块化设计，模块内部采用毛细管色谱柱与微型热导检测器，初步实现了井下环境气体的在线监测，分析时间小于 3min，工业试验效果良好。

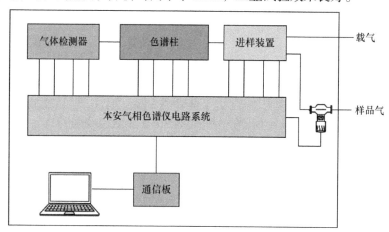

图 1.16　本安气相色谱仪结构示意图[40]

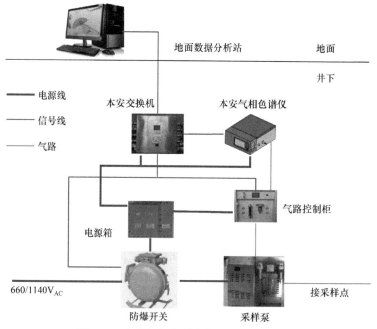

图 1.17　本安气相色谱束管监测系统拓补图

1.3.3　不分光红外光谱法

不分光红外光谱法诞生于 19 世纪 30 年代，应用于工业环境单一气体分析领域，20 世纪 90 年代后期，随着红外光源、探测器技术的发展，通过改进调制装置、光源以及嵌入式系统，其趋于向功耗更低、体积更小的方向发展。国外几种典型的不分光红外线分析仪(nondispersive infrared analyzer，NDIR)对比分析如表 1.9 所示[34]。

表 1.9　国外几种典型的 NDIR 对比分析[34]

项目	美国 Thnemo 公司 Model-60i	法国 ESA 公司 MIR9000	英国 XENTRA 公司 4900	日本 HORIBA 公司 ENDA-600	加拿大 ABB 公司 AO-2000	德国 SmartGas 公司 R134A
测量组分	O_2、SO_2、CO_2、CO、NO_2、NO	HCl、SO_2、CO_2、CO、NO_x	O_2、SO_2、CO_2、CO、NO	O_2、SO_2、CO_2、CO、NO_x	NO_2、NO、CH_4、CO、CO_2、C_2H_2	NO、CH_4、SF_6、CO、CO_2、C_2H_2
检测范围	O_2:1%~25% SO_2:(1~10000)×10^{-6} CO_2:2%~25% CO:(1~2500)×10^{-6} NO_2:(1~500)×10^{-6} NO:(1~2000)×10^{-6}	HCl:1%~25% SO_2:(0~500)×10^{-6} CO_2:(0~500)×10^{-6} CO:(0~60)×10^{-6} NO_x:(0~500)×10^{-6}	O_2:1%~25% SO_2:(1~200)×10^{-6} CO_2:0~25% CO:(1~200)×10^{-6} NO:(1~200)×10^{-6}	O_2:10%~25% SO_2:(50~5000)×10^{-6} CO_2:5%~50% CO:(50~5000)×10^{-6} NO_x:(10~5000)×10^{-6}	NO_2:(0~1500)×10^{-6} NO:(0~500)×10^{-6} CH_4:(0~500)×10^{-6} CO:(0~1000)×10^{-6} CO_2:(0~500)×10^{-6} C_2H_2:(0~300)×10^{-6}	NO:(0~2000)×10^{-6} CH_4:(0~2000)×10^{-6} SF_6:(0~2000)×10^{-6} CO:(0~2000)×10^{-6} CO_2:(0~2000)×10^{-6} C_2H_2:(0~2000)×10^{-6}
最低检测限	O_2:0.01% SO_2:1×10^{-6} CO_2:0.5% CO:1×10^{-6} NO_2:0.5×10^{-6} NO:1×10^{-6}	O_2:<0.05% SO_2:<5×10^{-6} CO_2:<2% CO:<2×10^{-6} NO:<2×10^{-6}	O_2:<0.05% SO_2:<5×10^{-6} CO_2:<2% CO:<2×10^{-6} NO:<2×10^{-6}	O_2:<5% SO_2:<50×10^{-6} CO_2:<5% CO:<50×10^{-6} NO_x:<10×10^{-6}	NO_x:<20×10^{-6} SO_2:<25×10^{-6} CO_2:<5×10^{-6} CO:<10×10^{-6} C_2H_2:<5×10^{-6} CH_4:<10×10^{-6}	NO:2×10^{-6} CH_4:2×10^{-6} SF_6:2×10^{-6} CO:2×10^{-6} CO_2:2×10^{-6} C_2H_2:2×10^{-6}

2000 年后，我国才开始深入研究红外气体分析方法及装备，相继研发了 Gasboard-3000 在线红外烟气分析仪，可以同时测量 SO_2、CO、CO_2、NO 和 O_2 等 5 种气体浓度。钱伟康等[35]开展了基于红外原理的多组分气体监测研究，通过多窗口红外传感器组合实现了对大气中常规气体的定量检测与分析；叶刚等[36]开展了基于红外原理的多组分气体在线监测系统的设计研究；此外，GJG10H、GJG100H(B)等类型红外气体传感器也在煤矿井下气体检测方面得到了应用，提高了 CH_4 的检测精度[37]。梁运涛等[38]以红外气体窄带吸收方法为基础，提出了不同温差下的零点校正吸光度温度补偿方法(见图 1.18)，得到了温度补偿后的矿用红外气体传感器气体浓度计算模型，解决了环境温度差异引起的测量误差。Tian 等[23]研发了井下 JSG 系列红外光谱束管在线监测系统(图 1.19)，实现了采空区 CH_4、CO、

CO_2、C_2H_4 等气体的在线监测，并在全国 50 余个生产矿井开展了自燃火灾光谱原位在线监测系统工程应用，实现了煤矿火灾的原位监测预警。

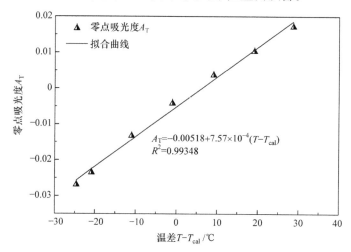

图 1.18　不同温差下的零点校正吸光度温度补偿[38]

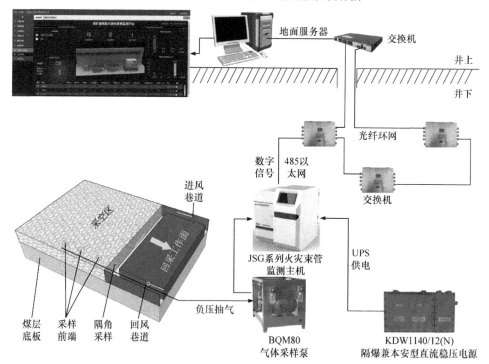

图 1.19　JSG 系列红外光谱束管在线监测系统图[23]

不分光红外光谱法具有精度高、响应快、性能稳定、寿命长的特点，尤其 CO、CO_2 的吸收谱线区域没有与其他气体的吸收谱线相重叠，因此使用不分光红外光谱法检测 CO、CO_2 的结果较为准确，在井下应用发展较为成熟。但其使用的红外光源波长位于中红外波段(2.5～25μm)，CH_4 气体会在波长 3.31μm 处产生吸收从而引起光强度的减弱，而其他烷烃气体如 C_2H_6、C_3H_8 也会吸收该区域的红外光，导致吸收谱线重叠，容易增大测量误差。

1.3.4 可调谐半导体激光吸收光谱法

激光具有窄带特性，气体浓度可以通过激光的特征吸收谱线来测定。Kormann 等[39]采用量子级联激光器(quantum cascade laser, QCL)和可调谐半导体激光吸收光谱法-波长调制光谱法，利用 CO 在 4.6μm 附近的吸收峰在 36m 超长气室取得了 $0.5×10^{-9}$ 的检测下限；Lathdavong 等[40]在高温、高湿环境下开展了 CO 浓度检测研究。近年来，可调谐半导体激光吸收光谱法逐渐在煤矿气体检测领域得到应用，潘卫东等[24]利用可调谐半导体激光吸收光谱法，选取 1626.8nm 附近的吸收峰作为检测谱线，结合波长调制和弱信号提取方法实现了痕量 C_2H_4 气体 $10×10^{-6}$ 的检测下限；于庆[41]、冯文彬[42,43]研发了矿用光谱设备中的多气体谱线调制方法和矿用激光光谱多参数灾害气体分析检测装置，具有高精度、高灵敏度、宽量程、低误差等特点，克服了水蒸气、粉尘、背景气体等因素的干扰，并在煤矿井下气体检测领域进行了一定的推广；Wei 等[44]采用可调谐 CO_2 激光器作为光源，设计了混合气体光声光谱检测系统，实现了大气环境中 NH_3、C_2H_4、SF_6 气体的检测，检出下限分别为 $1.65×10^{-6}$、$0.6×10^{-6}$、$0.023×10^{-6}$。倪家升等[45]开展了基于光纤气体检测方法的煤矿自然发火预测预报系统研究，利用分布反馈式半导体激光器实现了对 CO 浓度的 10^{-6} 量级的定量分析，并研发了一种基于光纤传感技术的煤矿 CH_4 在线检测系统；王伟峰等[46]、杜京义等[47]利用可调谐半导体激光吸收光谱法设计了一种煤自燃多组分指标气体激光光谱动态监测装置，可以实现对煤自燃过程中产生的 CH_4、CO、CO_2、O_2、C_2H_4 和 C_2H_2 气体的实时监测。Jiang 等[48]采用可调谐半导体激光吸收光谱法，针对 1560nm 波段 CO 吸收峰被 CO_2、CH_4、C_2H_2、C_2H_6、C_2H_4 等烷烃气体交叠的问题(见图 1.20)，分析了 2330nm 波段 CO 和 CH_4 吸收峰线宽、调制系数的差异，如图 1.21 所示，设置波长扫描宽度实现两种气体邻近峰的同时扫描，并提出一种采用二次谐波波谷宽度作为评价因子的智能识别方法，实现了 CH_4 气氛下 CO 痕量气体的准确识别。

可调谐半导体激光吸收光谱法具有检测下限低、交叉干扰小、定量精度高、标校时间长、寿命长、可实时监测等优点。受研发和制造成本限制，主要采用 1.66μm 波长激光器检测 CH_4，同时由于分布式反馈激光器(distributed-feedback laser, DFBL)的研究进展缓慢，在煤矿气体监测领域仅开展了探索性研发，现有的 JSG6N 型激光束管监测系统[49]、KJ428 矿用分布式激光火情监测系统初步解决了 C_2H_4、C_2H_2 等痕量气体分析精度低的问题[50]，但交叉干扰问题依然未能有效解决。

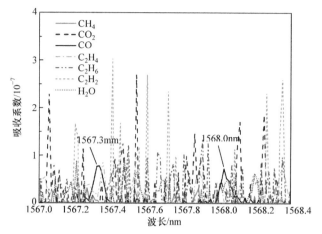

图 1.20　1560nm 波段 CO 吸收峰的交叠特征[48]

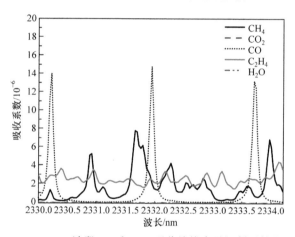

图 1.21　2330nm 波段 CO 和 CH₄ 吸收峰线宽及调制系数的差异

1.3.5　傅里叶变换红外光谱法

傅里叶变换红外光谱法逐渐应用于大气环境的检测。Marzec[51]第一次将傅里叶变换红外光谱法应用于煤矿气体检测领域；Griffith 等[52]使用开放光程傅里叶变换红外光谱分析系统在外场环境下检测气体成分及浓度；Wang 等[53]得出煤直接氧化能够生成 CO、CO_2，含羧基的稳定络合物分解能够生成 CO、CO_2；Geng 等[54]认为，煤的灰分含量与 $3620cm^{-1}$ 处结晶水的光谱峰面积密切相关。

在国内煤矿气体检测领域，傅里叶变换红外光谱法主要用于煤微观结构和氧化燃烧特性的试验研究。刘国根等[55]通过红外光谱研究了褐煤和风化烟煤，发现芳香环的缩聚程度与煤化程度呈正相关关系，风化后烟煤会产生再生腐殖酸，这是判断煤风化的依据；冯杰等[56]利用红外光谱法定量研究了活性煤的官能团；

张国枢等[57]、陆伟等[58]、褚廷湘等[59]采用红外光谱分析发现，煤在低温氧化阶段含氧官能团的比例随温度的升高而增加，而脂肪烃相对变化不大；洪林等[60]采用管式电阻炉和傅里叶变换红外光谱法，分析了神东矿区煤样在燃烧过程不同阶段的 C_2H_4、C_2H_2 等自然发火标志气体红外光谱图；王继仁等[61]利用傅里叶变换红外光谱法，得出了煤微观反应特性与组分量质差异自燃理论；陆卫东等[62]针对神东矿区研究了煤层中所产生的气体种类的变化和煤层中 CO 浓度随温度的变化规律。梁运涛等[63,64]应用傅里叶变换红外光谱法得到了 8 种不同变质程度的原煤样及氧化煤样的气体产物实时生成规律；同时，利用傅里叶变换红外光谱仪(Fourier transform infrared spectrometer，FTIR)对 CO、C_2H_4 和 C_2H_2 等矿井典型自然发火气体进行了浓度预测分析，得到了煤矿井下 10 种极性气体用于光谱定量分析的吸收峰、特征吸收峰及相关性系数，如表 1.10 所示[65]。

表 1.10　煤矿井下 10 种极性气体吸收峰与特征吸收峰及相关性系数[65]

气体种类	吸收峰/cm^{-1}	特征吸收峰/cm^{-1}	相关性系数
CH_4	3200~2800 1400~1200	3200~2800	0.9538
C_2H_6	3100~2825 1500~1375 880~750	3100~2825	0.9372
C_3H_8	3050~2825	3050~2825	0.9605
n-C_4H_{10}	3025~2800 1500~1340	3025~2800	0.9135
i-C_4H_{10}	3000~2850 1500~1340	3000~2850	0.9685
C_2H_4	3250~2900 1950~1830 1500~1410 1100~800	1100~800	0.9826
C_3H_6	3000 左右 1500 左右 960~920 700~660	960~920	0.9340
C_2H_2	1050~825	1050~825	0.9712
CO	2250~2025	2250~2025	0.9523
CO_2	2390~2280	2390~2280	0.9397

在傅里叶变换红外光谱气体定量分析算法方面，王连聪[66]针对多组分混合烷烃气体红外光谱定性定量分析过程中特征吸收峰谱线交叠的问题，分别找出了 CH_4、C_2H_6、C_3H_8、n-C_4H_{10} 和 i-C_4H_{10} 等 5 种矿井烷烃气体的特征指纹吸收峰。指

纹吸收峰作为气体红外光谱辅助定性定量方法，解决了矿井烷烃气体在特征频率区谱图交叠严重无法分离的难题，实现了烷烃气体的辅助定性定量分析。汤晓君等[67, 68]、白鹏等[69]采用支持向量机(support vector machine, SVM)算法回归模型，实现了对 7 种烷烃气体的定量分析。李玉军等[70]利用粒子群算法与支持向量机算法相结合的方法建立了分析模型，对 CH_4、C_2H_6 和 C_3H_8 三组分气体主吸收峰区域的 550 个红外光谱数据进行了特征变量提取，并基于本底值直接消除的红外光谱分析方法，采集特定浓度的水蒸气谱图作为标尺，建立水蒸气扣除算法得到了水蒸气对背景功率光谱的影响及优化方法。

傅里叶变换红外光谱法光谱范围宽，可使用多种红外光源，满足大多数气体分子对于其特定波段红外光的吸收；分辨率高，在特定范围内分辨率为 0.1～0.005cm^{-1}，可检测多组分混合气体的复杂光谱图；信噪比高，先通过干涉仪产生干涉图像，再经傅里叶变换转变为红外光谱图，能量损耗小，增强了探测器的信噪比，可测量微量气体成分；扫描速度快，完成一次多组分混合气体分析过程不超过 1min，且不需要定期调校。但红外光谱吸收带较宽，烷烃气体图谱交叠严重，仪器体积大、对使用环境要求高，适用于地面实验室全谱段气体定量分析。

1.4 技术适用性对比分析

1. 工况环境分析

煤矿井下应用工况环境复杂，具有大气压力波动范围广、温度及相对湿度变化范围大、粉尘浓度高、电磁干扰强的特点。煤矿井下极端工况环境参数及变化范围如表 1.11 所示。同时存在煤岩垮落、机械振动、意外冲击等其他因素，且不同应用地点的环境条件差异较大，对煤矿气体检测方法的应用有着不同程度的影响[71]。

表 1.11 煤矿井下极端工况环境参数及变化范围

特征参数	变化范围
大气压力	80～116kPa
环境温度	15～35℃
相对湿度	70%～100%
粉尘浓度	50～1000mg/m^3
电磁强度	148～168MHz

井下环境对气体分析方法应用的影响具体表现在以下方面：

(1) 煤尘大，污染气体检测环境。回采工作面、掘进工作面处进行采掘工作时，若使用大型机械设备来完成煤炭破碎、煤巷掘进等相关工程，将会有大量粉末状的煤尘飘浮于空气中；若使用炸药等进行炮采工作，在煤尘形成的同时会产生大量的有害气体(如 CO、氮氧化物)，如果炮采含硫量较高的煤矿或炸药本身含有硫杂质，还有可能生成 H_2S、SO_2 等有害气体。

(2) 电磁干扰，降低气体检测精度。置于采掘工作面的大型机械设备(如采煤机、装煤机、刮板输运机等)启动停止时，会释放一定程度的电磁脉冲。

(3) 温度高，引起气体检测误差。煤层所处位置越深，围岩散热作用越强烈，其温度就越高。大型设备的长时间运转增加了向环境释放的热量。煤炭接触氧气会进行缓慢的氧化作用，氧化的时间越长、接触的面积越大，氧化作用生成的热量经过对流释放到环境中的热量就越多。诸多因素使煤矿温度上升。

(4) 相对湿度高，引起气体检测误差。由于矿井下煤尘大、温度高，需要通过水汽进行降尘降温，再加之部分煤岩之间存在矿井水，使得井下环境的相对湿度达到 90%以上[72]。

2. 交叉干扰分析

催化式气体传感器检测法易受硫化物影响，不适于在高硫矿井和超过 4%的瓦斯环境使用；热导式气体传感器检测法无选择性，不适于在 4%以下低瓦斯段精准测量时使用；光干涉式气体检测无选择性，不适于贫氧环境使用；电化学式传感器检测法使用的强氧化性电解液不具备靶向性，气体检测存在大量交叉干扰问题，表 1.12 给出了煤矿井下几种常见气体间待测气体交叉干扰特征。傅里叶变换红外光谱法、不分光红外光谱法受相对湿度的影响较大，存在烃的交叉干扰统计；激光的单色特性决定了激光气体检测抗交叉干扰能力强，但采用近红外段激光器检测 CO、C_2H_4 时，与 CH_4 吸收峰有交叠现象。

表 1.12　煤矿井下几种常见气体间的交叉干扰统计

目标气体	干扰气体
H_2S	SO_2、C_2H_2
NH_3	H_2S、SO_2、C_2H_2
CO	H_2、C_2H_2、C_2H_4
SO_2	CO、NO、NO_2、C_2H_2
NO	H_2S、NO_2、C_2H_2
NO_2	H_2S、SO_2
H_2	CO、NO、C_2H_2、C_2H_4
烃类气体	C_2H_4、C_2H_2、H_2S、CO、SO_2、NO、NO_2、H_2

3. 适用性对比分析

传感器检测法、气相色谱法、光谱法在煤矿井下实际应用过程中均取得了一定的效果。《煤矿用红外气体分析仪通用技术条件》(NB/T 10162—2019)[73]和《煤矿自然发火束管监测系统通用技术条件》(MT/T 757—2019)[74]规定了煤矿井下常见灾害气体检测相关的测量范围、测量误差等指标。但受限于气体检测方法本身或现场环境条件，其存在不同程度的局限性。表 1.13 对常见的气体分析方法从适用气体、优缺点、应用领域、代表仪器进行了对比分析。

表 1.13　常见气体分析方法适用性对比分析

项目	传感器检测法				气相色谱法	光谱法		
	催化式	热导式	光干涉式	电化学式		傅里叶变换红外光谱法	不分光红外光谱法	可调谐半导体激光吸收光谱法
适用气体	CH_4	CH_4	CH_4	O_2、H_2S、NH_3、CO、SO_2、NO、NO_2、CH_4、C_2H_4、C_2H_2、H_2	煤矿全组分气体	CH_4、CO、CO_2、C_2H_6、C_2H_4、C_2H_2、C_3H_8、i-C_4H_{10}、n-C_4H_{10} 等	CH_4、CO、CO_2、C_2H_4、SF_6 等	CH_4、CO、CO_2、C_2H_4、C_2H_2、H_2S 等
优点分析	灵敏度高、线性度高、精度高	检测范围广、寿命长、可贫氧环境使用	精度高、寿命长	精度高、灵敏度高	灵敏度高、分离度好、多组分测量	光谱范围宽、分辨率高、信噪比高	灵敏度高、可测组分多	检测下限低、灵敏度及精度高、单色性好
缺点分析	范围窄、寿命短、高浓激活、硫化物中毒	湿度影响大、CO_2气体干扰	压力及温湿度影响大、烷烃气体干扰	寿命短、零点漂移、存在交叉干扰	分析周期长、操作维护复杂	气体交叉干扰、湿度影响大、无法分析双原子气体	烷烃气体谱线重叠、受温度影响大	受温湿度影响大
应用领域	井下日常(0~4%)CH_4检测	抽采管道(1%~100%)CH_4检测	全量程(0~100%)CH_4巡检	便携仪、监测监控	井下自然发火监测、实验室多组分气体分析	实验室多组分气体分析	井下气体在线监测	井下气体在线监测
代表仪器	GJC4、KG9701A	GJT100S	CJG10X	GTH1000、GTH500	KBGC-4A、GC-4000	CFTIR1000、Tensor 27、Spectrum100	JSG5、GJG10H	GJG100J

1.5 本书主要内容及特色

1. 本书主要内容

本书共六章,第 1 章介绍煤矿气体检测的应用背景,以及常用的传感器检测法、气相色谱法、光谱法的方法原理和研究进展,从适用气体、优缺点、应用范围等方面对比了不同的气体分析方法在煤矿井下的适用性。

第 2 章总结了傅里叶变换红外光谱法的基础知识,包括光谱波段的划分、分子气体产生光谱吸收的原理、傅里叶变换红外光谱图获取方式及 FTIR 的结构。

第 3 章分析了傅里叶变换红外光谱存在的一些问题,包括基线漂移甚至畸变的原因、噪声的来源及其分布特性等内容,提出分段线性化基线校正法等傅里叶变换红外光谱的预处理方法。

第 4 章介绍煤矿气体光谱分析的建模方法,包括最小二乘法、逆向最小二乘法、偏最小二乘法、主元回归法、神经网络法、支持向量机法等,并给出相关应用示例。

第 5 章针对煤矿多组分气体红外光谱交叠严重、吸收谱线与气体浓度在非线性条件下难以区分的问题,论述了目标气体红外光谱的特征变量提取方法,包括特征变量、前向选择法、后向选择法、遗传算法与偏最小二乘法等,并给出应用示例。特征变量提取的目标就是提高分析模型输入的选择性,降低建模的难度,提高分析结果的准确性。

第 6 章系统阐述了研发的煤矿气体红外光谱仪结构及其使用方法,包括硬件设计、分析仪结构、软件平台等,介绍煤矿气体红外光谱分析系统的井下、离线与束管三种工作方式,确定分析仪的安装方式并开展现场工程测试,并得到煤矿气体红外光谱仪使用与维护方法。

2. 本书特色

多组分气体的在线定量分析广泛应用于矿山安全、油气勘探、环境保护、应急救援、设备状态监测等领域,傅里叶变换红外光谱法具有光谱范围宽、分辨率高、信噪比高、扫描速度快、稳定性好、使用寿命长的特点,可以定量分析非极性气体以外的环境气体,是气体分析领域的一种重要方法。对于分子结构接近的气体,红外光谱交叠严重导致难以提取,且 FTIR 的部件工况特性易受环境条件影响,使得光谱的谱图存在基线漂移甚至畸变,以上问题限制了傅里叶变换红外光谱法的推广应用。本书具有以下四个特色:

(1) 在介绍 FTIR 工作原理的基础上,分析了气体的傅里叶变换红外光谱法存在的一些问题的来源与特点,提出了针对此类问题的光谱预处理方法,存在问题与解决方案的衔接介绍比较清楚。

(2) 系统阐述了多组分气体傅里叶变换红外光谱法的建模方法，并给出了详细的应用案例，有利于读者比对常用的建模方法。

(3) 结合煤矿气体差时分析建模困难的行业难题，论述了傅里叶变换红外光谱特征变量提取与提取方法，并给出了详细的应用案例，使得读者易于对比常用的特征变量提取与选择方法，在实际应用中合理提取灵敏度高、选择性好的特征变量，降低建模难度。

(4) 以煤矿气体分析为例，给出了完整的基于傅里叶变换红外光谱法的专用气体分析仪的开发流程，包括仪器参数的选择、外围干扰的补偿等，可供拟开发类似仪器的同行参考。

参 考 文 献

[1] 梁运涛, 田富超, 冯文彬, 等. 我国煤矿气体检测技术研究进展[J]. 煤炭学报, 2021, 46(6): 1701-1714.

[2] 王德明, 邵振鲁. 煤矿热动力重大灾害中的几个科学问题[J]. 煤炭学报, 2021, 46(1): 57-64.

[3] 梁运涛, 辛全昊, 王树刚, 等. 煤自然发火过程颗粒堆积体结构形态演化实验研究[J]. 煤炭学报, 2020, 45(4): 1398-1405.

[4] 王德明. 煤矿热动力灾害学[M]. 北京: 科学出版社, 2018.

[5] 梁运涛, 侯贤军, 罗海珠, 等. 我国煤矿火灾防治现状及发展对策[J]. 煤炭科学技术, 2016, 44(6): 1-6, 13.

[6] 梁运涛, 罗海珠. 中国煤矿火灾防治技术现状与趋势[J]. 煤炭学报, 2008, 33(2): 126-130.

[7] 桂来保, 罗海珠, 梁运涛. 松散煤体氧自由扩散特性的定量分析[J]. 安徽理工大学学报(自然科学版), 2004, 24(1): 12-14.

[8] 王德明. 矿井通风与安全[M]. 徐州: 中国矿业大学出版社, 2007.

[9] 王连聪, 梁运涛. 煤无氧升温中 CO 产生及变化规律的光谱分析[J]. 煤炭学报, 2017, 42(7): 1790-1794.

[10] 田富超, 陈明义, 秦玉金, 等. 煤的瓦斯吸附解吸升温氧化耦合实验平台及其试验方法[P]: 中国, CN202110739292.0. 2021-06-30.

[11] 戚颖敏. 扑灭大面积火灾保证火区下安全开采的通风方法[J]. 煤矿安全, 1986, 34(s1): 82-85.

[12] 国家煤矿安全监察局, 国家安全生产监督管理总局. 煤矿安全规程[M]. 北京: 煤炭工业出版社, 2016.

[13] 童敏明. 催化传感器的研究与应用技术[M]. 徐州: 中国矿业大学出版社, 2002.

[14] 陈杰. 矿用 CH₄、CO 传感器失效机理与解决方案[D]. 北京: 煤炭科学研究总院, 2014.

[15] van Herwaarden A W. Overview of calorimeter chips for various applications[J]. Thermochimica Acta, 2005, 432(2): 192-201.

[16] 何根. 矿用一氧化碳变送器[D]. 哈尔滨: 哈尔滨理工大学, 2014.

[17] 林浩, 李恩, 梁自泽, 等. 光干涉甲烷检测器的光路改进与零点补偿[J]. 煤炭学报, 2015,

40(1): 218-225.

[18] 罗海珠, 钱国胤. 各煤种自然发火标志气体指标研究[J]. 煤矿安全, 2003, 34(s1): 86-89.

[19] 傅若农. 国内气相色谱近年的进展[J]. 分析试验室, 2003, 22(2): 94-107.

[20] 梁运涛, 孙勇, 罗海珠, 等. 基于小样本的煤层自然发火烷烃气体的光谱分析[J]. 煤炭学报, 2015, 40(2): 371-376.

[21] Wong J Y, Schell M. Zero drift NDIR gas sensors[J]. Sensor Review, 2011, 31(1): 70-77.

[22] Calaza C, Meca E, Marco S, et al. Assessment of the final metrological characteristics of a MOEMS-based NDIR spectrometer through system modeling and data processing[J]. IEEE Sensors Journal, 2003, 3(5): 587-594.

[23] Tian F C, Liang Y T, Zhu H Q, et al. Application of a novel detection approach based on non-dispersive infrared theory to the in-situ analysis on indicator gases from underground coal fire[J]. Journal of Central South University, 2022, 29: 1840-1855.

[24] 潘卫东, 张佳薇, 戴景民, 等. 可调谐半导体激光吸收光谱技术检测痕量乙烯气体的系统研制[J]. 光谱学与光谱分析, 2012, 32(10): 2875-2878.

[25] 冯明春, 徐亮, 金岭, 等. 傅里叶变换红外光谱仪动镜倾斜和动态校准研究[J]. 光子学报, 2016, 45(4): 169-173.

[26] 何道清, 张禾, 谌海云. 传感器与传感器技术[M]. 北京: 科学出版社, 2004.

[27] 翟波, 戴峻, 王晓虹. 光干涉甲烷传感器标校与非线性补偿研究[J]. 煤矿安全, 2017, 48(4): 115-117, 121.

[28] 梁运涛, 陈成锋, 田富超, 等. 甲烷气体检测技术及其在煤矿中的应用[J]. 煤炭科学技术, 2021, 49(4): 40-48.

[29] 国家安全生产监督管理总局. 煤矿用光干涉式甲烷气体传感器(MT/T 1098—2009)[S]. 北京: 煤炭工业出版社, 2010.

[30] 罗海珠, 钱国胤. 煤吸附流态氧的动力学特性及其在煤自燃倾向性色谱吸氧鉴定法中的应用[J]. 煤矿安全, 1990, 21(6): 1-11.

[31] 邓军, 张群, 金永飞, 等. JSG-8 型矿井火灾束管监测系统应用关键技术[J]. 矿业安全与环保, 2013, 40(3): 47-49, 54.

[32] 张军杰. 煤矿束管监测系统的现状与发展趋势[J]. 煤矿安全, 2019, 50(12): 89-92.

[33] 张军杰, 梁运涛, 秦玉金, 等. 一种本质安全型气相色谱仪及使用方法[P]: 中国, ZL202010293295.1. 2021-4-6.

[34] 孙友文. 温室气体的 NDIR 现场检测技术及红外 DOAS 遥感方法[D]. 北京: 中国科学院大学, 2013.

[35] 钱伟康, 黄晓琅, 钱建秋. 基于非分光(NDIR)原理实现多组分气体监测研究[J]. 计算机工程与应用, 2012, 48(s2): 92-95.

[36] 叶刚, 赵静, 陈建伟. 基于 NDIR 原理的多组分气体在线监测系统的设计与实现[J]. 计算机应用与软件, 2019, 36(8): 115-119, 188.

[37] 刘怀森, 程伟, 高修忠, 等. GJG10H 型红外甲烷传感器[J]. 煤炭科技, 2010, (1): 80-81.

[38] 梁运涛, 田富超, 董浩喆, 等. 一种矿用 NDIR 气体传感器及浓度定量分析温度补偿方法[P]: 中国, CN202110314407.1. 2021-3-24.

[39] Kormann R, Fischer H, Gurk C, et al. Application of a multi-laser tunable diode laser absorption

spectrometer for atmospheric trace gas measurements at sub-ppbv levels[J]. Spectrochimica Acta Part A: Molecular and Biomolecular Spectroscopy, 2002, 58(11): 2489-2498.

[40] Lathdavong L, Shao J, Kluczynski P, et al. Methodology for detection of carbon monoxide in hot, humid media by telecommunication distributed feedback laser-based tunable diode laser absorption spectrometry[J]. Applied Optics, 2011, 50(17): 2531-2550.

[41] 于庆. 基于光谱吸收的气体检测技术在煤矿中的应用[J]. 矿业安全与环保, 2012, 39(3): 26-29, 32.

[42] 冯文彬. 矿用激光光谱多参数灾害气体分析检测装置[J]. 煤矿安全, 2015, 46(4): 100-102, 105.

[43] 冯文彬. 矿用光谱设备中的多气体谱线调制技术[J]. 煤矿安全, 2015, 46(5): 117-120.

[44] Wei Y B, Chang J, Lian J, et al.Multi-point optical fibre oxygen sensor based on laser absorption spectroscopy[J]. Optik-International Journal for Light and Electron Optics, 2015, 13(5): 431-432.

[45] 倪家升, 常军, 刘统玉, 等. 基于光纤气体检测技术的煤矿自然发火预测预报系统[J]. 应用光学, 2009, 30(6): 996-1002.

[46] 王伟峰, 邓军, 侯媛彬. 煤自燃危险区域高密度网络化监测预警系统设计与应用[J]. 煤炭技术, 2018, 37(3): 218-220.

[47] 杜京义, 殷聪, 王伟峰, 等. 基于 TDLAS 的痕量 CO 浓度检测系统及温压补偿[J]. 光学技术, 2018, 44(1): 19-24.

[48] Jiang M, Wang X F, Xiao K T, et al. A calibration-free carbon monoxide sensor based on TDLAS technology[C]//Proceeding of Applied Optics and Photonics China, Beijing, 2021: 1156909.

[49] 吴兵, 雷柏伟, 彭燕, 等. JSG4 井下型火灾束管监测系统的开发[J]. 矿业安全与环保, 2013, 40(5): 48-51.

[50] 谢巧军, 刘杰. 分布式激光火情监控系统在寸草塔二矿的应用[J]. 陕西煤炭, 2019, 38(3): 102-105, 62.

[51] Marzec A. New structural concept for carbonized coals[J]. Energy & Fuels, 1997, 11(4): 837-842.

[52] Griffith D W T,Galle B. Flux measurements of NH_3, N_2O and CO_2 using dual beam FTIR spectroscopy and the flux-gradient technique[J]. Atmospheric Environment, 2000, 34(7): 1087-1098.

[53] Wang H, Dlugogorski B Z, Kennedy E M. Analysis of the mechanism of the low-temperature oxidation of coal[J]. Combustion and Flame, 2003, 134(1-2): 107-117.

[54] Geng W H, Nakajima T, Takanashi H, et al. Analysis of carboxyl group in coal and coal aromaticity by Fourier transform infrared (FT-IR) spectrometry[J]. Fuel, 2009, 88(1): 139-144.

[55] 刘国根, 邱冠周, 胡岳华. 煤的红外光谱研究[J]. 中南工业大学学报(自然科学版), 1999, 30(4): 44-46.

[56] 冯杰, 李文英, 谢克昌. 傅立叶红外光谱法对煤结构的研究[J]. 中国矿业大学学报, 2002, 31(5): 25-29.

[57] 张国枢, 谢应明, 顾建明. 煤炭自燃微观结构变化的红外光谱分析[J]. 煤炭学报, 2003, 28(5): 473-476.

[58] 陆伟, 王德明, 仲晓星, 等. 基于绝热氧化的煤自燃倾向性鉴定研究[J]. 工程热物理学报, 2006, 27(5): 875-878.

[59] 褚廷湘, 杨胜强, 孙燕, 等. 煤的低温氧化实验研究及红外光谱分析[J]. 中国安全科学学报, 2008, 18(1): 171-177.

[60] 洪林, 王继仁, 邓存宝, 等. 煤炭自燃生成标志气体的红外光谱分析[J]. 辽宁工程技术大学学报, 2006, 25(5): 645-648.

[61] 王继仁, 金智新, 邓存宝. 煤自燃量子化学理论[M]. 北京: 科学出版社, 2007.

[62] 陆卫东, 王继仁, 邓存宝, 等. 神东矿区煤炭自燃标志气体的红外光谱分析[J]. 煤矿安全, 2007, 38(9): 1-3, 6.

[63] Liang Y T, Tian F C, Luo H Z, et al. Characteristics of coal re-oxidation based on microstructural and spectral observation[J]. International Journal of Mining Science and Technology, 2015, 25(5): 749-754.

[64] 梁运涛, 王树刚, 蒋爽, 等. 煤炭自然发火介尺度分析: 从表征体元宏观模型到孔隙微观模型[J]. 煤炭学报, 2019, 44(4): 1138-1146.

[65] Liang Y T, Tang X J, Zhang X L, et al. Portable gas analyzer based on Fourier transform infrared spectrometer for patrolling and examining gas exhaust[J]. Journal of Spectroscopy, 2015, (2): 1-7.

[66] 王连聪. 基于光谱定量的矿井极性气体特征吸收峰提取[C]//第十届全国煤炭工业生产一线青年技术创新交流会, 西安, 2016: 534-542.

[67] Tang X J, Liang Y T, Dong H Z, et al. Analysis of index gases of coal spontaneous combustion using Fourier transform infrared spectrometer[J]. Journal of Spectroscopy, 2014, 414: 1-8.

[68] 郝惠敏, 汤晓君, 白鹏, 等. 基于核主成分分析和支持向量回归机的红外光谱多组分混合气体定量分析[J]. 光谱学与光谱分析, 2008, 28(6): 1286-1289.

[69] 白鹏, 刘君华. SVM 在混合气体光谱分析中的应用[J]. 仪器仪表学报, 2006, 27(10): 1242-1247.

[70] 李玉军, 汤晓君, 刘君华. 基于粒子群优化的最小二乘支持向量机在混合气体定量分析中的应用[J]. 光谱学与光谱分析, 2010, 30(3): 774-778.

[71] 张江石, 李志伟, 安宇, 等. 矿井气压变化和瓦斯涌出的关系分析与实证研究[J]. 煤矿安全, 2009, 40(9): 83-85.

[72] 石发强. 矿井煤尘和湿度对红外瓦斯传感器的影响[J]. 煤矿安全, 2013, 44(8): 172-174.

[73] 国家能源局. 煤矿用红外气体分析仪通用技术条件(NB/T 10162—2019)[S]. 北京: 煤炭工业出版社, 2019.

[74] 国家煤矿安全监察局. 煤矿自然发火束管监测系统通用技术条件(MT/T 757—2019)[S]. 北京: 煤炭工业出版社, 2019.

第 2 章　傅里叶变换红外光谱气体分析原理

红外光谱气体分析的原理是光源发射出的连续波长光透过气体样品后，样品中的不同组分分子会根据量子学规律发生一系列的运动，吸收某些特定波长的光。获取被吸收后的光信号，并通过数据处理，得到以波长或波数为横轴、透射率或者吸光度为纵轴的光谱，被吸收光的相应波长/波数位置会出现吸收峰。不同组分气体的分子结构不同，各自的红外光谱会有所差异，这种差异包括吸收峰所处的波长或波数、吸光度等。利用这些信息，可以通过光谱分析得到待测气体的组分及其浓度[1]。本章重点介绍光谱的形成、获取光谱的方法、仪器的结构及参数对光谱的影响等内容。

2.1　光谱波段划分

光是一种电磁波，具有良好的干涉性，光谱仪也是利用光的干涉性设计的。光在空间传播，其波长区间为 10nm～1mm。整个波段的光并非都是可见的，其中可见部分称为可见光，人们常将其分为红、橙、黄、绿、青、蓝、紫 7 种颜色。呈现的颜色不同是因其波长不同，紫光的波长最短，红光的波长最长。邻近紫光波长的波段称为紫外光，邻近红光且波长比红光还长的波段称为红外光。常见的光谱波段划分如表 2.1 所示。

表 2.1　光谱波段划分表

名称	波长/μm	波数/cm⁻¹
毫米波	1000～10000	10～1
近红外(转动区)	25～1000	400～10
中红外(基频区)	2.5～25	4000～400
近红外(泛音区)	0.78～2.5	12820～4000
红光	0.622～0.78	16077～12820
橙光	0.597～0.622	16667～16077
黄光	0.577～0.597	17331～16667
绿光	0.492～0.577	20325～17331
青光	0.48～0.492	20833～20325
蓝光	0.455～0.48	21978～20833
紫光	0.35～0.455	28571～21978

名称	波长/μm	波数/cm⁻¹
近紫外	0.3～0.35	33333～28571
短紫外	0.2～0.3	50000～33333
远紫外	0.185～0.2	54054～50000
真空紫外	0.01～0.185	10^6～54054

光在特定介质中的速度是恒定的，光的频率有别于常规时间信号频率，用波长的倒数即波数表示，其量纲是[长度]⁻¹。采用 CGS(centimeter-gram-second)单位制，波数的单位是 cm⁻¹，毫米波是从 1cm⁻¹ 开始的，而红外光是从 10cm⁻¹ 开始的。光谱线的差距可以解释为能级差别。能级与光的频率成正比，因此与波数也成正比。红外光谱通常用波数记录，与光速和普朗克常数无关[2]。紫外光谱波长短且范围较窄，有时也用波长记录，单位采用 nm。

2.2　分子振动与光谱吸收

根据量子学原理，分子的运动能量由平动能 $E_平$、转动能 $E_转$、振动能 $E_振$ 和电子能 $E_电$ 组成，即

$$E = E_平 + E_转 + E_振 + E_电$$

分子的转动能级之间比较接近，分子吸收能量低的低频光产生转动跃迁。低频光波长较长，处于红外波段的远红外区，分子的纯转动光谱出现在远红外区。振动能级间隔比转动能级间隔大很多，振动能级跃迁频率比转动能级跃迁频率高很多，振动所吸收的红外光频率处于中红外区。电子能级间隔又比振动能级间隔大很多，电子能级跃迁频率已经超出红外区，落入紫外区和可见光区。从理论上说，整个波长范围内的光均能实现分子气体的光谱分析。但是光的能量与光的波长成反比，远红外光波长较长、能量弱，获取稳定的远红外光信号对光电探测器的灵敏度要求高，实现比较困难，因此一般不采用。而可见光和紫外光因为波长短，获取光谱的仪器的精密程度很难达到很高的水平，使得分子结构稍微接近气体组分，其吸收峰很难区分。因此，气体的光谱主要采用中红外区段进行分析。

光谱的形成是与分子中原子间的振动模式息息相关的，不同的振动模式对应不同的红外光谱带。振动模式主要分为伸缩振动和弯曲振动。这两类振动中，根据原子数和振动方向不同又分为不同种类，如双原子伸缩振动、对称伸缩振动、反对称伸缩振动、变角剪式振动、面内弯曲振动、面外弯曲振动、面内摇摆振动、卷曲振动等。这几种振动模式示意图如图 2.1 所示。

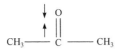

(a) 丙酮 C＝O 的双原子
伸缩振动(1716cm⁻¹)

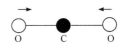

(b) CO_2 的对称伸缩振动(1388cm⁻¹)

(c) 线形三原子基团的反对称伸缩振动

(d) 弯曲形三原子基团的变角剪式振动

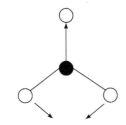

(e) 四原子 XY_3 组成的平面形基
团的面内弯曲振动

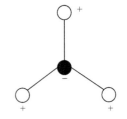

(f) 四原子 XY_3 组成的平面形
基团的面外弯曲振动

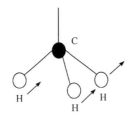

(g) —CH_3 基团的面内摇摆振动
(1050～920cm⁻¹)

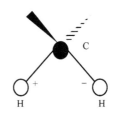

(h) —CH_2— 的卷曲振动

图 2.1　常见的几种分子振动模式

　　不同的振动模式会产生不同的振动光谱,振动光谱分为红外光谱和拉曼光谱,主要靠振动分子的偶极矩和极化率判定。正、负电荷中心间的距离 d 和电荷中心所带电量 q 的乘积叫作偶极矩, 数学表达式为 $\mu=qd$。偶极矩是一个矢量,方向规定为从正电中心指向负电中心。根据讨论的对象不同,偶极矩可以是键偶极矩,也可以是分子偶极矩,分子偶极矩可由键偶极矩经矢量加法后得到,试验测得的偶极矩可以用来判断分子的空间构型。在物理学中, 感受到外电场的作用, 中性原子或分子会改变其正常电子云形状,衡量这个改变的物理量称为极化性,用方程 $P=\alpha E$ 表达, 其中 P 是电子云形状的改变而产生的电偶极矩, E 是外电场, α 是极化率。红外活性与拉曼活性区分如下：如果振动时分子的偶极矩发生变化，则该振动是红外活性的，在红外光谱中出现吸收谱带；如果振动时分子的极化率发生变化，则该振动是拉曼活性的，在拉曼光谱中出现吸收谱带；如果振动时分子的偶极矩和极化率都发生变化，则该振动既是红外活性的，也是拉曼活性的，在红外光谱和拉曼光谱中都出现吸收谱带[3]。

2.2.1　分子的转动光谱

气体分子之间的距离很大，因此可以自由转动。吸收光辐射后，能观察到气体分子转动光谱的精细结构；而液体分子之间的距离很小，分子之间的碰撞会使分子的转动能级受到干扰，因此几乎观察不到液体分子转动光谱的精细结构。

根据量子力学，非极性的双原子分子转动时偶极矩不发生变化，因此不吸收红外光，转动量子数不发生变化，转动时不产生转动光谱。对于极性的双原子分子，当分子围绕通过分子重心并垂直价键轴的轴转动时，偶极矩发生变化，因此会吸收红外光，使转动能级跃迁，从而产生红外光谱。每个气体分子都可以围绕不同的轴进行转动，如 CO 分子可以围绕 3 个轴转动，如图 2.2 所示。

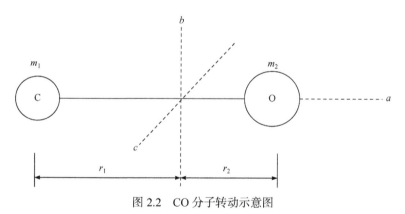

图 2.2　CO 分子转动示意图

当 CO 分子围绕价键轴(a 轴)转动时，分子的偶极矩没有发生变化，因此不出现红外光谱。当 CO 分子围绕通过分子重心并垂直价键轴的轴(b 和 c 轴)转动时，分子的偶极矩发生变化，吸收红外光，因此在红外区出现转动光谱。气体分子的转动光谱大多出现在微波区和远红外区。

2.2.2　分子的纯振动光谱

纯振动光谱是忽略转动光谱对振动光谱影响的振动光谱，每种振动模式又根据分子中原子结构不同而需要具体分析，如双原子的伸缩振动。

从量子力学的角度考虑，可以将双原子分子的原子核看成质点，该质点相对于平衡位置的位移 q 等于核间距的变化，把这个质点看成一个谐振子，则这个谐振子的动能 T 和势能 V 分别为

$$T = \frac{1}{2}\mu q^2 \tag{2.1}$$

$$V = \frac{1}{2}kq^2 \tag{2.2}$$

式中，k 为振动力常数；μ 为双原子分子的折合质量，$\mu = m_1 m_2/(m_1+m_2)$，m_1、m_2 分别表示两个原子的质量。

根据量子力学，谐振子的总能量 $E_振$ 为

$$E_振 = \frac{h}{2\pi}\sqrt{\frac{k}{\mu}}\left(n+\frac{1}{2}\right) \tag{2.3}$$

式中，h 为普朗克常数，$h=6.624\times10^{-34} \text{J} \cdot \text{s}$。

根据谐振子选择定则，在振动过程中，偶极矩不发生变化的振动不产生振动光谱。振动过程中偶极矩发生变化，符合 $\Delta n=1$ 的跃迁都是允许的，而按照麦克斯韦-玻尔兹曼分布定律，大多数的振动能级跃迁都是从电子基态中的 $n=0$ 能级向 $n=1$ 能级跃迁的。当振动能级从 $n=0$ 到 $n=1$ 跃迁时，谐振子基频振动吸收的波数为

$$v = \frac{h}{2\pi c}\sqrt{\frac{k}{\mu}} \tag{2.4}$$

式中，c 为光速，cm/s；v 为波数，cm^{-1}。

对于多原子分子，振动情况更复杂。双原子分子的伸缩振动方向肯定是沿着两个原子核的连线进行的，但是在多原子分子中，除两个原子之间的伸缩振动外，还有三个及三个以上原子之间的伸缩振动。除此之外，分子中还存在各种模式的弯曲振动。多原子所有的这些振动称为简正振动，振动方程为

$$h\tilde{v} = hcv \tag{2.5}$$

式中，$\tilde{v}$ 为光的频率，s^{-1}。

简正振动的数目与原子数目和分子构型有关，其关系为：对于由 N 个原子组成的非线性分子，其简正振动数目为 $(3N-6)$ 个。对于由 N 个原子组成的线性分子，其简正振动数目为 $(3N-5)$ 个。在多原子分子的红外光谱中，基频振动谱带的数目总是等于或小于简正振动的数目，原因在于有的简正振动是拉曼活性的而非红外活性的。简正振动的吸收谱带会出现在拉曼光谱中而非红外光谱中。对称性相同的同种基团会发生简并现象，即同一分子中两个对称的相同基团简正振动频率相

同时，只出现一个吸收谱带。

2.2.3　分子的振-转光谱

在实际应用中，原子在振动能级的跃迁时总是伴随着转动能级的跃迁，因此实际测量得到的红外光谱是宽谱带而非线状光谱。

在振-转光谱中，可以把分子振动当成谐振子处理，把转动当成刚体处理。振转能级的能量是振动能级和转动能级的能量之和，即

$$E_{振-转} = \frac{h}{2\pi}\sqrt{\frac{k}{\mu}}\left(n+\frac{1}{2}\right) + BhcJ(J+1), \quad J=0,1,2,\cdots \tag{2.6}$$

式中，J 为转动量子数；B 为转动常数，cm^{-1}。

若从振动量子数为 $n=0$、转动量子数为 J 的能级向振动量子数为 $n=1$、转动量子数为 J' 的能级跃迁，则吸收红外光波数为

$$v_{振-转} = \frac{\Delta E_{振-转}}{hc} = v_振 + B\left[J'(J'+1) - J(J+1)\right] \tag{2.7}$$

在振-转能级跃迁中，转动能级跃迁的选律为：基团振动时，若偶极矩变化平行于基团对称轴，则 $\Delta J = \pm 1$；若偶极矩变化垂直于基团对称轴，则 $\Delta J = J' - J = 0, \pm 1$。

当 $\Delta J = -1$ 时，即 $J' = J-1$，有

$$v_{振-转} = v_振 - 2BJ, \quad J=1,2,3,\cdots \tag{2.8}$$

即可得到一系列间隔为 $2B$ 的谱线，这组谱线称为 P 支。

当 $\Delta J = 0$，即 $J' = J$ 时，有

$$v_{振-转} = v_振 \tag{2.9}$$

$v_{振-转}$ 与 $v_振$ 无关，得到纯振动光谱，称为 Q 支。

当 $\Delta J = 1$ 时，即 $J' = J+1$，有

$$v_{振-转} = v_振 + 2B(J+1), \quad J=1,2,3,\cdots \tag{2.10}$$

即可得到一系列间隔为 $2B$ 的谱线，这组谱线称为 R 支。

对于不同原子构型的分子，振动模式不同，P 支、Q 支、R 支在光谱中的出现也不同。以线性气体分子 CO_2 为例，当偶极矩变化平行于基团对称轴时，在振-转光谱中只出现 P 支和 R 支，而不出现 Q 支。当 CO_2 分子反对称伸缩振动时，偶极矩变化平行于分子轴，按照选律，$\Delta J = \pm 1$ 时，在振-转光谱中只出现 P 支和 R 支；在 CO_2 分子弯曲振动时，偶极矩变化垂直于分子轴，按照选律，$\Delta J = 0, \pm 1$，在振-转光谱中出现 P 支、Q 支和 R 支。

分子中不同的基团具有不同的振动模式，即使相同的基团也可以具有不同的振动模式(双原子分子除外)。在中红外区，基团的振动模式分为两类：伸缩振动和弯曲振动。伸缩振动是指基团中的原子在振动时沿着价键方向来回运动，弯曲振动是指基团中原子运动方向垂直于价键方向。

双原子分子(如 O_2、Cl_2 等)基团中原子沿着价键的方向来回运动，键角不发生变化，因此振动是拉曼活性的而不是红外活性的；但分子中的 X—X 基团(如 C—C、C=C 等)在伸缩振动时，如果偶极矩不发生变换，振动是拉曼活性的，如果偶极矩发生变换，振动则是红外活性的；分子中 X—Y 基团的伸缩振动肯定是红外活性的。

无论是红外活性还是拉曼活性，每一种振动模式都存在一个振动频率。而在一个分子中如果出现多个相同基团，振动模式虽然相同，但振动频率不一定相同。在不同分子中，即使基团相同，其振动频率也会有差别。红外光谱和拉曼光谱都属于振动光谱，傅里叶变换红外光谱的形成取决于样品中各个基团的振动模式。

2.3 朗伯-比尔定律

红外光谱可以用来对物质的组分及各组分的相对含量进行分析。分析的主要依据是朗伯-比尔定律(Lambert-Beer law)。朗伯-比尔定律表述为：当一束光通过样品时，任一波长光的吸收强度与样品中各组分的浓度成正比，与光程成正比，即

$$A(v) = -\lg T(v) = -\lg \frac{B(v)}{B_0(v)} = a(v)bc \tag{2.11}$$

式中，$A(v)$ 和 $T(v)$ 分别为在波数 v 处的吸光度和透射率；$B(v)$ 和 $B_0(v)$ 分别为在波数 v 处的透射光强度和入射光强度；$a(v)$ 为某组分气体在波数 v 处的吸光度系数；b 和 c 分别为光在样品中通过的光程和样品浓度。

对于一个柱形气室，光从气室一端进入，从另一端传出，中间没有反射，此时光程等于气室的长度[4]。

红外光谱的吸光度具有加和性。对于 N 个组分的混合样品，在波数 v 处的总吸光度为

$$A(v) = \sum_{i=1}^{N} a_i(v)bc_i \tag{2.12}$$

在红外光谱中，不同基团在不同波数处的吸光度系数不同，通常有各自的主吸收峰。在主吸收峰处，强极性基团，如 O—H、C—O 等，或键极数目多的基团，吸光度系数相对较大。因此，在同样浓度情况下，强极性基团振动主吸收峰相对要高强，弱极性基团振动主吸收峰则相对较低。

式(2.11)和式(2.12)表明，朗伯-比尔定律只适用于吸收光谱。在进行红外光谱的定量分析时，应将透射光谱转换成吸收光谱，因为透射率与样品浓度没有正比关系，但吸光度与样品浓度具有良好的线性关系。朗伯-比尔定律在理想情况下成立，但实际获得的光谱则需要视情况而定。

2.4　傅里叶变换红外光谱获取

实验室用 FTIR 大多是采用干涉仪获得红外光谱的干涉图，通过傅里叶变换将其变换成式(2.11)中的 $B(v)$ 和 $B_0(v)$ ，生成透射光谱图或者吸收光谱图，其中比较有代表性的干涉仪是迈克耳孙干涉仪。

2.4.1　迈克耳孙干涉仪

干涉仪是 FTIR 光学系统中的核心部分。FTIR 的最高分辨率和其他性能指标主要由迈克耳孙干涉仪决定。

迈克耳孙干涉仪的原理是一束入射光经过分光镜分为两束光，随后这两束光各自被对应的平面镜反射回来，干涉中两束光的不同光程可以通过调节干涉臂长度以及改变介质的折射率实现，从而形成不同的干涉图。

迈克耳孙干涉仪及附属装置示意图如图 2.3 所示，它由光源、固定镜、分束器、检测器、透镜和动镜组成。干涉光的产生过程如下：红外光源 S 发出的红外光，经过透镜后变为平行光射向分束器，分束器将辐射束分为两束，一束为反射束，一束为透射束。这两束光束经固定镜和动镜反射后又回到分束器，并第二次经过分束器。

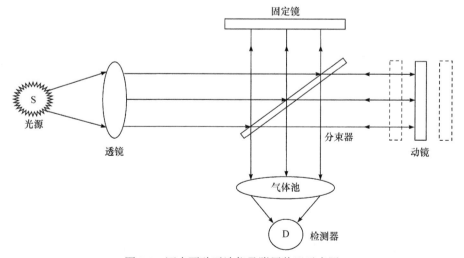

图 2.3　迈克耳孙干涉仪及附属装置示意图

因为这两束光频率相同、振动方向相同且相位差恒定(即满足干涉条件)，能够发生干涉，从而形成相干光束。形成的干涉光射向样品室，透过样品的红外光经聚焦后到达检测器，即可获取每一时刻干涉光的强度。而在干涉过程中，固定镜的光程确定，而动镜的光程可以通过调节干涉臂长度实现改变，记录动镜移动过程的干涉光强度，即可得到干涉图[5]。

检测器将得到的干涉光信号送入计算机进行傅里叶变换处理，把干涉图还原成光谱图。其中干涉图的干涉信号 $I_D(x)$ 表达式为

$$I_D(x) = \int_{-\infty}^{+\infty} RTB_0(v)\cos(2\pi vx)\mathrm{d}v \tag{2.13}$$

式中，R、T 分别为分束器的反射比和透射比；v 为波数，cm^{-1}；$B_0(v)$ 为波数 v 处的入射光光强，与红外光源的温度及检测器与光强的接触面积有关；x 为光程差，由动镜和固定镜到分束器的距离决定。

由式(2.13)可知，当分束器的性能参数 R 和 T、红外光源的温度即 $B_0(v)$ 发生变化时，干涉信号 $I_D(x)$ 将发生变化。在长期的运行过程中，动镜、固定镜和检测器的位置均可能发生一定的倾斜，从而引起光程差或者检测器与光强的接触面积变化，干涉信号也会随之变化。

对于动镜和固定镜的倾斜问题，早先的处理方法是对其进行监测及自动校准。后来用直角镜替换平面镜，从而使得光谱图稳定准确。

2.4.2　干涉图的获取

FTIR 使用的红外光源发出波长连续的光，该连续光从远红外到中红外，再到近红外，由无数个无限窄的单色光构成。当红外光源发出的红外光通过干涉仪时会产生干涉光，红外光源的干涉图是由无数个无限窄的单色干涉光组成的。正弦单色光的干涉图是一条余弦波，余弦波的波长等于单色光的波长。两色光的干涉图是由两个单色光的干涉图叠加而成，即两个余弦波的叠加结果。同理，多色光是由多个单色光的干涉图叠加而成[6]。

干涉仪正常工作时，动镜匀速移动，检测器检测到的光强是光程差的函数，用符号 $I'(\delta)$ 表示为

$$I'(\delta) = 0.5I(v)\left(1 + \cos\frac{2\pi\delta}{\lambda}\right) \tag{2.14}$$

在光谱测量中，只有余弦调制项的贡献是主要的，式(2.14)可变为

$$I(\delta) = 0.5I(v)\cos(2\pi v\delta) \tag{2.15}$$

检测器检测到的干涉图强度不仅正比于光源的强度，而且正比于分束器的效率、检测器的响应和放大器的特性。以上三个因素对某一特定仪器的影响会保持

不变，是一个常量。式(2.15)乘以一个与波数有关的因子 $H(v)$，变为

$$I(\delta) = 0.5H(v)I(v)\cos(2\pi v\delta) \qquad (2.16)$$

设 $0.5H(v)I(v) = P(v)$，则有

$$I(\delta) = P(v)\cos(2\pi v\delta) \qquad (2.17)$$

式(2.17)是干涉图最简单的方程，参数 $P(v)$ 代表经仪器特性修正后的波数为 v 的单色光光源强度。对变量波数进行积分，可得光程差 δ 处干涉光强度 $I(\delta)$ 为

$$I(\delta) = \int_0^{+\infty} P(v)\cos(2\pi v\delta)\mathrm{d}v \qquad (2.18)$$

对于 FTIR，干涉光强度 $I(\delta)$ 为

$$I(\delta) = \int_{-\infty}^{+\infty} B(v)\cos(2\pi v\delta)\mathrm{d}v \qquad (2.19)$$

式中，$B(v)$ 为波数 v 处的透射光光强；v 为波数，与波长 λ 的关系为

$$v = \frac{1}{\lambda} \qquad (2.20)$$

选取两束光强分别为 5cd 和 3cd、波数均为 1000cm^{-1} 和 1200cm^{-1} 的两色光入射迈克耳孙干涉仪，利用式(2.19)进行两束单色光叠加得到干涉图，如图 2.4 所示。

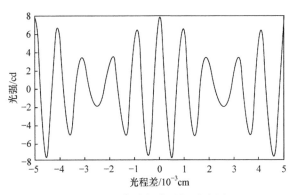

图 2.4　两束单色光叠加干涉图

干涉仪动镜在 $(-\infty, +\infty)$ 移动的过程中，每增加无限小的光程差都要采集数据，才能得到式(2.19)的干涉光强度，但是在实际测量中无法实现。为了获取光谱图，只能让干涉仪动镜在一定的范围内移动，并在移动过程中以相等的抽样间隔采集数据，即对干涉光强度进行截短与离散化处理。再由这些离散化数据形成干涉图，对这个干涉图进行傅里叶逆变换，便可得到一定波长范围内具有一定波长分辨率的红外光谱图。

对干涉图进行数据采集时，动镜处于匀速运动状态，采样间隔常用 He-Ne(氦氖)激光器控制。He-Ne 激光光束和红外光光束一起通过分束器，分别到达动镜和固定镜，形成干涉。干涉仪中有一个独立的检测器，用来检测从分束器出来的激光干涉信号。He-Ne 激光波长为 0.6329μm，光谱带宽非常窄，单色性很好，有很好的相干性，因此在动镜移动过程中得到的 He-Ne 激光干涉图是一个不断延伸的余弦波。在红外光干涉图数据信号的采集过程中，用激光干涉信号触发，在激光干涉图的过零点进行红外光干涉图采样，即可保证光程差间隔的一致性。在测量中红外和远红外光谱时，每经过一个 He-Ne 激光干涉图余弦波周期采集 1 个数据点。在测量近红外光谱时，每经过半个 He-Ne 激光干涉图余弦波周期采集 1 个数据点。

根据采样时动镜的移动方向，干涉图数据的采集方式主要分为单向数据采集和双向数据采集。单向数据采集方式是指干涉仪动镜向前移动时采集数据，向后返回时不采集数据。双向数据采集方式是指干涉仪动镜向前移动时采集数据，向后返回时也采集数据。根据不同的波数分辨率需求，仪器会自动选用相应的采集方式。

根据采样时动镜处于光程差零点哪一侧，干涉图的采集又分为单边数据采集和双边数据采集。这种分类方法以光程差零点的动镜位置为分界点，单边数据采集是指只在远离分束器一侧采集数据，双边数据采集是指在干涉图光程差零点位置的两侧都采集数据。单边数据采集方式一般适用于高分辨率采集数据，因为在高分辨率采集数据时，动镜移动的距离长，需要的时间多，采集的数据点多，在靠近分速器的一侧，由于动镜和分束器距离有限，无法满足分辨率要求，因此无法采样。双边数据采集方式一般适用于低分辨率采集数据，是在光程差零点位置两侧均采集数据，且两侧采集的数据点数相等，即动镜在光程差零点位置两侧移动的距离相等。采用双边数据采集的优点是可以提高光谱的信噪比。然而，FTIR 光程差零点两侧对应的数据点无法做到是完全相同的，为此，可以双边采集数据经过傅里叶变换后求平均值，从而降低噪声水平。

在 FTIR 快速扫描模式中采用的是双向数据采集。当样品的成分变化非常快时，采用快速扫描模式采集数据，动镜向前和向后采集得到的数据是不同的。若采用单边数据采集的方式进行双向采集，可以得到两张不同的光谱图。若采用双边数据采集的方式进行双向采集，可以得到四张不同的光谱图。

2.4.3 有限分辨率的影响

由式(2.19)可知，干涉仪的动镜必须扫描无限长的距离，且采样间隔必须无限小时，才能得到分辨率无限高的一张光谱图。但是在实际应用中，干涉图的最大光程差受到限制，动镜只能在(-L, +L)有限的范围内移动，只能测量到某一有限的极大光程差 L，则傅里叶变换的光谱被截短为

$$B(v) = \int_{-\infty}^{+\infty} I(x)T(x)\cos(2\pi vx)\mathrm{d}x \tag{2.21}$$

式中，矩形函数 T(x)称为切趾函数。

$$T(x) = \mathrm{rect}\left(\frac{x}{2L}\right) = \begin{cases} 1, & |x| \leqslant L \\ 0, & |x| > L \end{cases} \tag{2.22}$$

式(2.22)表示截取(-L, +L)区间内的干涉图来复原光谱图，而此区间外的干涉图数值全部赋为 0。

由于受到截短函数的影响，此时的复原光谱图变为原光谱图与截短函数傅里叶变换的卷积，即

$$B_t(v) = B(v) * F^{-1}\left[T(x)\right] = B(v) * t(v) \tag{2.23}$$

式中，*为卷积。

$$t(v) = 2L\mathrm{sinc}(2\pi vL) \tag{2.24}$$

式(2.24)为仪器线型(instrument line shape, ILS)函数，该函数与光谱分辨率相关。利用瑞利判据或 Sparrow 判据，可以对 FTIR 的光谱分辨率进行量化分析。

红外光谱的分辨率用波数表示，是指分辨两条相邻谱线的能力。如果两条相邻谱线的强度和半高宽相等，则合成的谱线有一个大约 20%的下凹，表明这两条谱线已经分开。FTIR 的分辨率由干涉仪动镜移动的距离决定[7]。

瑞利判据给出的分辨率标准为：对于两条强度和半高宽相等的光谱线，当其中一条谱线的主极大位置正好与另一条谱线的第一极小位置相重合时，这两条谱线即可分辨。根据瑞利判据，当 ILS 函数为 $\mathrm{sinc}^2(z/2)$ 时，分辨率 $\Delta z = 2\pi$，此时两峰中间凹陷点的强度值约为主峰强度值的 80%。

Sparrow 判据以仪器输出光谱的形状作为其可分辨的依据：对于两条强度和半高宽相等的光谱线，当合成光谱分布曲线中两峰之间有下凹时，即认为可分辨。依据 Sparrow 判据，当 ILS 函数为 $\mathrm{sinc}^2(z/2)$ 时，分辨率 $\Delta z = \pi$，这正好是瑞利判据的 2 倍。

针对分辨率的不同判据引入区分两峰的不同定义，常用的是瑞利判据。无论哪种判据，分辨率都是正比于最大光程差的倒数的。

分辨率确定方法为：现有一个宽谱带，里面包含两个窄谱带(强度不一定相同)，宽谱带是由这两个窄谱带合成的。现假设这两个窄谱带是强度相等的单色谱线，波数分别为 v_1 和 v_2，波长分别为 λ_1 和 λ_2，则分辨率定义为 $\Delta v = v_1 - v_2$。

以两个单色谱线干涉图为例，从光程差零点开始，当光程差增加到这两个单色谱线干涉图相差一个余弦波时，认为这两个单色谱线干涉图可以分辨开，这个光程差称为可以分开两条谱线的最大光程差。

如果光谱的分辨率要求达到 2cm⁻¹，则最大光程差为

$$\delta_{\max} = \frac{1}{\Delta v} = 0.5 \text{cm} \tag{2.25}$$

FTIR 的最高分辨率的数值取决于这台仪器动镜的最长有效移动距离，分辨率同时还受多种因素制约，如噪声、采样点误差、切趾函数等。图 2.5 和图 2.6 给出了最大光程差分别为 0.01m 和 0.1m 下的光谱图。可以看出，图 2.6 中的两条谱线更容易被分辨，光谱图的分辨率更高。切趾函数也会对红外光谱的分辨率造成

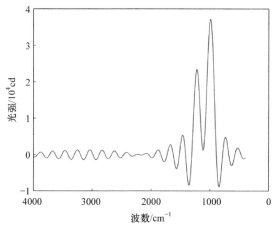

图 2.5　最大光程差为 0.01m 下的光谱图

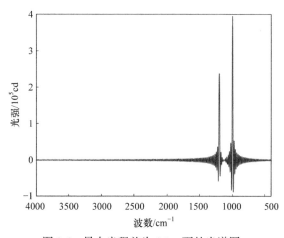

图 2.6　最大光程差为 0.1m 下的光谱图

影响。切趾函数有二十多种，傅里叶变换红外光谱学中常用的有以下 7 种。

1) 矩形切趾函数

$$G(\delta) = \begin{cases} 1, & |\delta| \leqslant \delta_{max} \\ 0, & |\delta| > \delta_{max} \end{cases} \tag{2.26}$$

从式(2.26)可以看出，矩形切趾函数只是截短一个函数，并没有对被截短的信号做任何处理。这种方式的优点是矩形切趾的主瓣比较窄，对光谱的分辨率影响不大，但其旁瓣峰值较大，这对光谱信号的分析是不利的。在此基础上对截短信号进行加权，便可得到其他切趾函数。

2) 三角形切趾函数

$$G(\delta) = \begin{cases} 1 - \dfrac{|\delta|}{\delta_{max}}, & |\delta| \leqslant \delta_{max} \\ 0, & |\delta| > \delta_{max} \end{cases} \tag{2.27}$$

3) 汉明切趾函数

$$G(\delta) = \begin{cases} 0.54 + 0.46\cos\dfrac{\pi|\delta|}{\delta_{max}}, & |\delta| \leqslant \delta_{max} \\ 0, & |\delta| > \delta_{max} \end{cases} \tag{2.28}$$

4) 汉宁切趾函数

$$G(\delta) = \begin{cases} \cos^2\dfrac{\pi|\delta|}{2\delta_{max}}, & |\delta| \leqslant \delta_{max} \\ 0, & |\delta| > \delta_{max} \end{cases} \tag{2.29}$$

5) 高斯切趾函数

$$G(\delta) = \begin{cases} \exp\left[-\dfrac{1}{\ln 2}\left(\dfrac{\pi\delta}{2\delta_{max}}\right)^2\right], & |\delta| \leqslant \delta_{max} \\ 0, & |\delta| > \delta_{max} \end{cases} \tag{2.30}$$

6) Happ-Genzel 切趾函数

$$G(\delta) = \begin{cases} a + b\cos\dfrac{\delta\pi}{2\delta_{max}}, & |\delta| \leqslant \delta_{max} \\ 0, & |\delta| > \delta_{max} \end{cases} \tag{2.31}$$

7) Norton-Beer 切趾函数

$$G(\delta) = \sum_{i=0}^{n} C_i \left(1 - \delta^2\right)^i, \quad \sum_{i=0}^{n} C_i \equiv 1, \quad n = 0,1,2,3,4 \tag{2.32}$$

Norton-Beer 切趾函数的常用系数见表 2.2。

表 2.2 Norton-Beer 切趾函数常用系数

切趾函数	系数 C_0	系数 C_1	系数 C_2	系数 C_3	系数 C_4	切趾程度
1	0.5480	−0.0833	0.5353	0	0	弱
2	0.26	−0.154838	0.894838	0	0	中
3	0.09	0	0.5875	0	0.3225	强

以上 7 种切趾函数及其傅里叶变换如图 2.7 所示。

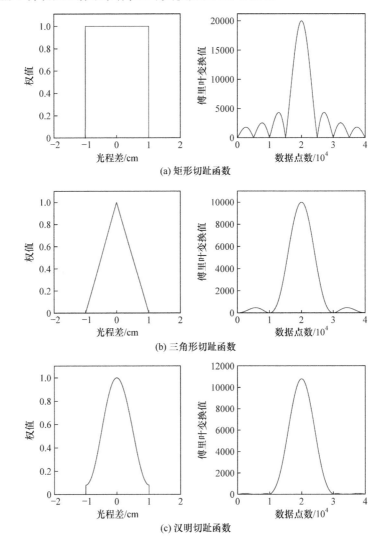

(a) 矩形切趾函数

(b) 三角形切趾函数

(c) 汉明切趾函数

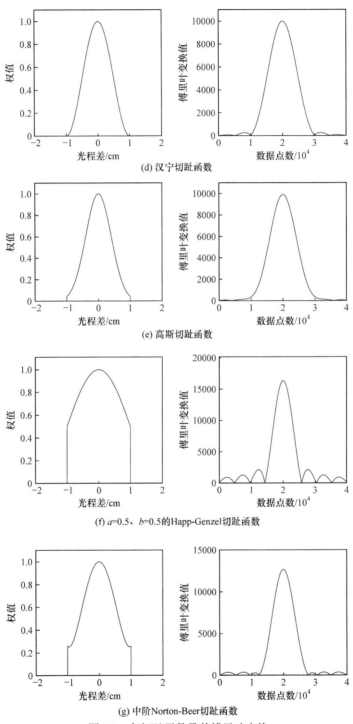

(d) 汉宁切趾函数

(e) 高斯切趾函数

(f) a=0.5、b=0.5的Happ-Genzel切趾函数

(g) 中阶Norton-Beer切趾函数

图 2.7　各切趾函数及其傅里叶变换

从图 2.7 可以看出，矩形切趾函数的旁瓣最大，三角形切趾函数次之。部分切趾函数的旁瓣虽然有较大改善，如汉明切趾函数、汉宁切趾函数和高斯切趾函数，但是主瓣宽度增加，光谱的分辨率便会降低。对于同一个样品的同一个干涉图，使用不同的切趾函数切趾后进行傅里叶变换，得到的光谱切趾效果不同，分辨率也有差别。每台 FTIR 通常都设置几种切趾函数可供选择，使用者可以根据不同的需求选择不同的切趾函数。在高分辨率光谱测试或要求进行光谱定量分析时，推荐使用中阶 Norton-Beer 切趾函数或 Happ-Genzel 切趾函数；在高分辨率红外仪器分辨率检定时，只能采用矩形切趾函数，而不能采用其他切趾函数进行傅里叶变换；在实际红外光谱定量测定时，不能采用矩形切趾函数，具体使用哪种切趾函数应视情况而定[8]。

2.4.4　光谱的形成

在获得干涉图后，还不能得到完整的红外光谱图，并由此进行气体的定量或者定性分析，还需要由干涉图得到准确的红外光谱图才可以。由干涉图得到光谱图，还需要对干涉数据进行一系列的处理，包括切趾、相位校正、傅里叶变换等步骤，如图 2.8 所示。

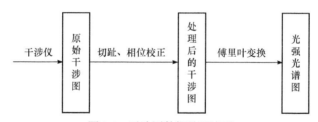

图 2.8　干涉图数据处理流程

1. 切趾

干涉图切趾是抑制旁瓣的重要手段，因此需要寻找一种合适的权重函数对干涉图进行加权处理，实现干涉图的切趾。该权重函数的幅度随光程差的增加而衰减，在信号处理中称为窗函数，在光谱学中称为切趾函数。

2. 相位校正

相位误差是仪器测得的干涉图经过傅里叶变换后的光谱图与真实光谱图之间的相位差。对于实际仪器采集的干涉图，相位误差一般分为两类，一类由光学元件的差异导致，主要表现在不同的光学元件厚度、不同的折射率对入射光相位偏移的影响，以及电子学系统中元器件因素影响频率的变化；另一类主要由谱峰的定位不精确导致。相位误差已经成为制约高质量复原光谱的主要技术瓶颈，其校正方法主要有 Mertz 乘积法、Forman 卷积法等。Forman 卷积法是在时域(光程差域)内完成的，相位校正精度比较高，但有很多的卷积运算，计算量大，时效性不好，而且不便于硬件实现。Mertz 乘积法是在频域(波数域)内完成的，算法相对简单，在硬件系统上容易实现，但当系统中存在非线性相位误差时，采用这种方法进行校正达不到理想的效果，而且光谱分辨率也会因选择非对称的切趾函数而降低。

1) Mertz 乘积法

理论上光程差零点两侧是对称的干涉图，但实际的 FTIR 零点的位置不确定，导致采样干涉图不对称。假设光程差零点偏移量为 ε，对应的光谱相位差为 ϕ，满足 $\phi = 2\pi v \varepsilon$，那么测得的干涉信号与光程差之间的关系可表示为

$$I_{\mathrm{D}}(\delta) = \int_{-\infty}^{+\infty} B(v) \mathrm{e}^{\mathrm{i}2\pi v(\delta + \varepsilon)} \mathrm{d}v = \int_{-\infty}^{+\infty} B(v) \mathrm{e}^{\mathrm{i}\phi(v)} \mathrm{e}^{\mathrm{i}2\pi v \delta} \mathrm{d}v \tag{2.33}$$

式中，$B(v)$ 为光强；$I_{\mathrm{D}}(\delta)$ 为非对称干涉信号；$\phi(v)$ 为相位误差。

对式(2.33)进行傅里叶变换，可得

$$B(v)\mathrm{e}^{\mathrm{i}\phi(v)} = \int_{-\infty}^{+\infty} I_{\mathrm{D}}(\delta) \mathrm{e}^{-\mathrm{i}2\pi\delta} \mathrm{d}\delta = B_{\mathrm{r}}(v) + \mathrm{i}B_{\mathrm{i}}(v) \tag{2.34}$$

式中，$B_{\mathrm{r}}(v)$ 和 $B_{\mathrm{i}}(v)$ 分别为干涉信号 $I_{\mathrm{D}}(\delta)$ 傅里叶变换的实部和虚部。

复数光谱可以表示为

$$B(v) = B_{\mathrm{r}}(v)\cos\phi(v) + B_{\mathrm{i}}(v)\sin\phi(v) \tag{2.35}$$

由式(2.35)得相位误差 $\phi(v)$ 的表达式为

$$\phi(v) = \arctan\frac{B_{\mathrm{i}}(v)}{B_{\mathrm{r}}(v)} \tag{2.36}$$

式中，$B_{\mathrm{r}}(v)$ 和 $B_{\mathrm{i}}(v)$ 分别为短双边干涉信号对应复数光谱的实部和虚部。

采用 Mertz 乘积法进行相位校正时，从光程差零点的两侧选取很短的双边干涉信号，如从双边干涉信号中取 128、256、512、1024 个数据点进行复数傅里叶变换，可以由式(2.35)计算出用于整个干涉信号相位校正的相位误差 $\phi(v)$。由此可见，要得到一张红外光谱图，需要对测得的干涉信号进行两次傅里叶变换。Mertz 乘积法具体步骤如下：

(1) 对短双边干涉信号进行切趾处理。将短双边干涉信号光程差零点的左侧部分平移到右侧，得到对称的双边干涉信号，再经过傅里叶变换得到复数光谱。

(2) 根据短双边干涉信号和单边干涉信号的点数，对相位误差进行插值处理，得到与单边干涉信号对应的带内复数光谱长度一致的修正相位 $\phi(v_i)$。

(3) 对单边干涉信号进行傅里叶变换得到复数光谱。用修正相位对带内复数光谱进行相位校正，得到经相位校正后的实数谱，由式(2.36)两边取正切值，并交叉相乘可得

$$B(v_i) = B_r(v_i)\cos\phi(v_i) + B_i(v_i)\sin\phi(v_i) \tag{2.37}$$

式中，$B_r(v_i)$ 和 $B_i(v_i)$ 分别为单边干涉信号对应复数光谱的实部和虚部；$B(v_i)$ 为经相位校正后的光强光谱。

分别采集标准气体浓度为 1%的丙烷的光谱图和干涉图，以 FTIR 出厂时测得的同组分气体光谱图作为标准光谱图，通过 Mertz 乘积法和 Forman 卷积法程序对 FTIR 进行相位校正，从吸收峰峰位波数的偏移进行量化评估，比较两种方法的优缺点。本次试验采用的标准光谱图和复原光谱图的分辨率均为 1，即每个数据点之间的间隔为 0.25cm^{-1}。标准气体浓度为 1%的丙烷红外光谱图、实际红外光谱图及其 Mertz 乘积法校正后光谱图如图 2.9 所示。将 4 个吸收峰对应的峰值和波数列入表 2.3。

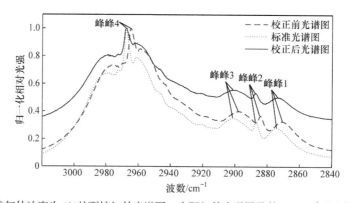

图 2.9　标准气体浓度为 1%的丙烷红外光谱图、实际红外光谱图及其 Mertz 乘积法校正后光谱图

表 2.3　丙烷吸收峰偏移校正结果(Mertz 乘积法)

数据类别	峰峰 1 /cm^{-1}	峰峰 2 /cm^{-1}	峰峰 3 /cm^{-1}	峰峰 4 /cm^{-1}	最大波数偏移量/cm^{-1}	平均波数误差/cm^{-1}	校正效果 /%
标准	2874.50	2887.00	2901.25	2967.75	——	——	——
校正前	2871.50	2884.25	2897.50	2965.00	3.75	3.06	——
校正后	2873.75	2887.25	2901.25	2967.50	0.75	0.31	89.9

可以看出，在实验室利用 FTIR 对标准气体浓度为 1%的丙烷进行光谱采集时，吸收峰峰位的波数偏移较为严重，最大波数偏移量为 3.75cm^{-1}，相当于偏移了 15 个数据点，对光谱分析带来非常严重的影响，经过 Mertz 乘积法校正后，偏移得到了较大幅度的修正，最大波数偏移量为 0.75cm^{-1}，相当于偏移了 3 个数据点，对光谱分析带来的影响较小，整体校正效果保持在 89.9%左右，效果较好。

2) Forman 卷积法

Forman 卷积法在零光程位置取小光程差的双边干涉图计算出相位差，然后在干涉图域用该相位差与整个干涉图作卷积，获得对称干涉图，完成相位校正。Forman 卷积法具体步骤如下：

(1) 对短双边干涉图进行切趾处理。

(2) 短双边干涉图经傅里叶变换得到复数光谱，由式(2.36)求出相位误差 $\phi(v)$，然后计算 $e^{i\phi(v)}$ 的傅里叶变换 $F(\delta)$，得到

$$F(\delta) = \text{FFT}\left(e^{i\phi(v)}\right) \tag{2.38}$$

$$F(\delta) = \int_{-\infty}^{+\infty}\left[\cos\phi(v) + i\sin\phi(v)\right]e^{-i2\pi\phi(v)\delta}d\delta \tag{2.39}$$

(3) 对 $F(\delta)$ 进行切趾处理，然后与采样干涉图 $I_D(\delta)$ 作卷积。

(4) 判断卷积结果是否对称。

(5) 若不对称，则重复步骤(1)～(4)，直到干涉图对称，对单边干涉图进行傅里叶变换，即得反演光谱。

采用与图 2.9 相同的丙烷样品光谱图，利用 Forman 卷积法进行相位校正后得到的光谱图如图 2.10 所示。同样将 4 个吸收峰对应的峰值和波数列入表 2.4 中。

由表 2.4 可以看出，在实验室利用 FTIR 对标准气体浓度为 1%的丙烷进行光谱采集时，吸收峰峰位波数偏移较严重，最大波数偏移量为 3.75cm⁻¹，相当于偏移了 15 个数据点，对光谱分析带来非常严重的影响，经过 Forman 卷积法校正后，偏移得到了大幅度的修正，最大波数偏移量为 0.5cm⁻¹，相当于偏移了 2 个数据点，稍优于 Mertz 乘积法，对光谱分析带来的影响减少，校正效果保持在 89.9%左右，效果较好(为了凸显吸收峰偏移带来的影响，人为地放大了偏移量，使得校正后的光谱谱线位置偏移量比较大。大多数 FTIR 实际扫描得到的干涉图并不是很大，实际得到的光谱谱线位置的偏移量比 0.5cm⁻¹ 小)。

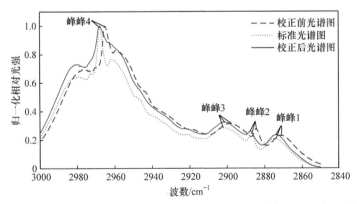

图 2.10　标准气体浓度为 1%的丙烷红外光谱图、实际红外光谱图及其 Forman 卷积法校正后光谱图

表 2.4　丙烷吸收峰偏移校正结果(Forman 卷积法)

数据类别	峰峰 1 /cm⁻¹	峰峰 2 /cm⁻¹	峰峰 3 /cm⁻¹	峰峰 4 /cm⁻¹	最大波数偏移量/cm⁻¹	平均波数误差/cm⁻¹	校正效果/%
标准	2874.50	2887.00	2901.25	2967.75	—	—	—
校正前	2871.50	2884.50	2897.50	2964.75	3.75	3.06	—
校正后	2874.00	2887.50	2901.25	2967.50	0.5	0.31	89.9

综上所述，Mertz 乘积法和 Forman 卷积法的优缺点比较如下：

(1) Mertz 乘积法在吸收峰偏移方面有着较好的校正效果，吸收峰最大波数偏移量为 0.75cm⁻¹，相当于偏移了 3 个数据点，在气体成分的分析中带来较小的影响，平均校正效果在 89.9%左右，校正效果良好。在运算时间和计算量方面，该方法运算时间快、计算量小，适合进行光谱的在线实时校正。

(2) 卷积次数 k=4 的 Forman 卷积法在吸收峰偏移方面的校正效果较好，吸收峰最大波数偏移量为 0.5cm⁻¹，相当于偏移了 2 个数据点，比 Mertz 乘积法校正效果更好，在气体成分的分析中带来较小的影响，平均校正效果也在 89.9%左右，校正效果良好。在运算时间和计算量方面，该方法运算时间很长，在卷积次数仅为 4 的情况下，其运算时长为 Mertz 卷积法和 Mertz 改进法的数十倍之多，运算量较大。

3. 傅里叶变换

理论上，傅里叶变换红外光谱是通过对干涉图进行傅里叶变换得到的。将 $\cos(2\pi v\delta) = \dfrac{1}{2}\left(e^{i2\pi v\delta} + e^{-i2\pi v\delta}\right)$ 代入式(2.19)，可得

$$I(\delta) = \int_{-\infty}^{+\infty} B(v)e^{i2\pi v\delta}\mathrm{d}v \tag{2.40}$$

$B(v)$ 与 $I(\delta)$ 构成一个傅里叶变换对为

$$B(v) = \int_{-\infty}^{+\infty} I(\delta)e^{-i2\pi v\delta}\mathrm{d}\delta \tag{2.41}$$

式中，$I(\delta)$ 为经过切趾和相位校正的干涉信号。

以标准气体浓度为 1%的甲烷样气为例介绍如何得到一张光谱图。①给 FTIR 通入背景气体。背景气体一般为常温常压下对红外光不吸收，且与其他气体不容易发生化学反应的气体，这里采用 N_2 作为背景气体。用 FTIR 对背景气体进行扫描，得到如图 2.11 所示的干涉图。将图 2.11 中峰值区域局部放大得到图 2.12。②向气体池中通入标准浓度为 1%的甲烷气体，通气足够长的时间后，用 FTIR 对样气进行扫描，得到如图 2.13 所示的干涉图，将图 2.13 中峰值区域局部放大得

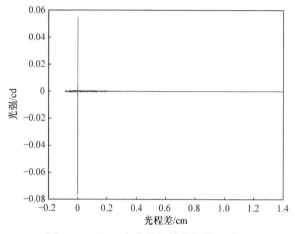

图 2.11 以 N₂ 为背景气体的扫描干涉图

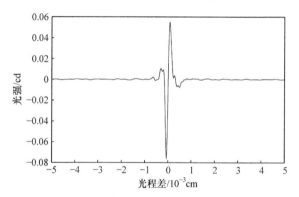

图 2.12 以 N₂ 为背景气体的扫描干涉图的峰值区域局部放大图

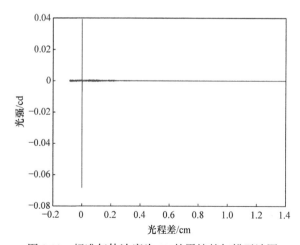

图 2.13 标准气体浓度为 1%的甲烷的扫描干涉图

到图 2.14。③比较图 2.12 和图 2.14 可以看出，直接从干涉图很难看出两者之间的差异。

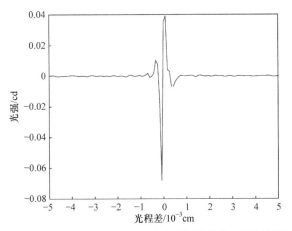

图 2.14　标准气体浓度为 1%的甲烷干涉图的峰值区域局部放大图

得到背景气体和样气的干涉图后，利用式(2.40)做傅里叶变换，得到背景气体和样气的光谱图，即式(2.11)中的 $B_0(v)$ 和 $B(v)$，分别如图 2.15 和图 2.16 所示。比较图 2.15 和图 2.16 可以得出，两者整体波形接近，但在 3000cm^{-1} 和 1300cm^{-1} 附近，图 2.16 中各有一个明显向下的吸收峰，而图 2.15 中没有出现，该吸收峰分别为甲烷的一次和二次吸收峰。

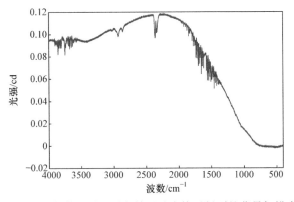

图 2.15　对背景气体干涉图进行傅里叶变换后得到的背景扫描光谱图

令图 2.15 和图 2.16 的两组光谱图数据为 $B_n(v)$ 和 $B(v)$，利用式(2.42)可以得到最终甲烷的透射光谱图，如图 2.17 所示。

$$T(v) = \frac{B(v)}{B_n(v)} \times 100\% \tag{2.42}$$

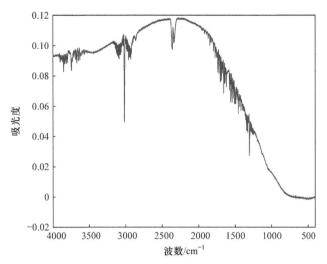

图 2.16   对样气干涉图进行傅里叶变换后得到的红外光谱图

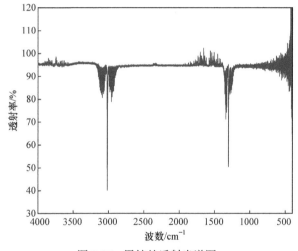

图 2.17   甲烷的透射光谱图

某一波长(或波数)光的吸收强度即吸光度 $A(v)$ 是透射率 $T(v)$ 倒数的对数，即

$$A(v) = \lg \frac{1}{T(v)} \tag{2.43}$$

根据式(2.43)，由图 2.17 可得到如图 2.18 所示的吸收光谱图。根据朗伯-比尔定律，相对于透射率，吸光度和气体浓度之间具有更好的线性关系。

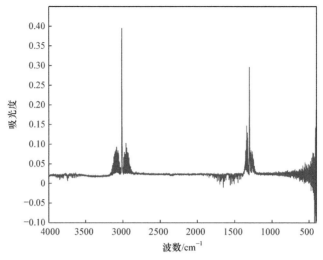

图 2.18　甲烷的吸收光谱图

2.4.5　FTIR 的结构

FTIR 主要由红外光学台和微处理器组成，具体结构如图 2.19 所示。核心部分为红外光学台，由红外光源、光阑、分束器、样品室、检测器以及各种红外反射镜等组成。红外光学台的体积越小，光学台内反射镜越少，红外光路越短，越有利于提高FTIR 的性能指标。红外光学台分为真空型和非真空型，真空型 FTIR 需要真空系统，虽然使用时能有效防止水汽和二氧化碳对红外光谱的干扰，但是操作麻烦，且不利于液体样品的测试。非真空型要求有较好的密封效果，防止光学台内各种零部件受潮。

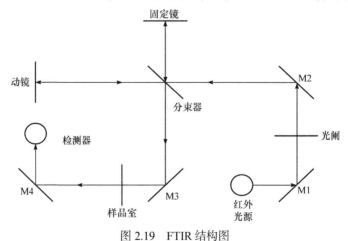

图 2.19　FTIR 结构图

1. 光源

红外光源是 FTIR 的关键部件之一，红外辐射能量的高低直接影响检测的灵敏度。理想的红外光源可以测试整个红外波段，红外光源分为三类，即中红外光源、远红外光源和近红外光源，其中应用最多的是中红外光源。中红外光源又分为两类：碳硅棒光源和陶瓷光源，每种光源又分为水冷却和空气冷却两类。目前分辨率很高的 FTIR 使用的是水冷却碳硅棒光源，而陶瓷光源基本上使用的是空气冷却。红外辐射能量最高的区间都在中红外区的中间部分，在低频端和高频端辐射能量较弱，其中低频端最弱。

2. 光阑

光阑的作用是控制光通量的大小。增大光阑孔径，光通量增大，有利于提高检测灵敏度，但也要注意探测器的饱和。缩小光阑孔径，光通量减少，检测灵敏度降低。FTIR 光阑孔径分为连续可变光阑和固定孔径光阑。连续可变光阑的孔径可以连续变化，采用这种光阑，不需要在红外光路中插入光通量衰减器。固定孔径光阑是在一块可转动板上打几个一定直径的圆孔，根据所测定光谱的分辨率选择不同的孔径大小。

3. 干涉仪

干涉仪是 FTIR 中最核心的部分，出于对测量精确度的要求，采用的干涉仪结构在传统的迈克耳孙干涉仪基础上进行了改进。常用的 FTIR 使用的干涉仪分为空气轴承干涉仪，机械轴承干涉仪，双动镜机械转动式干涉仪，角镜型迈克耳孙干涉仪，双角镜耦合、动镜扭摆式干涉仪，角镜型楔状分束器干涉仪，皮带移动式干涉仪和悬挂扭摆式干涉仪等。本节简要介绍前几种干涉仪的基本结构和工作原理。

1) 空气轴承干涉仪

空气轴承干涉仪是经典的迈克耳孙干涉仪，它可以方便、精确地改变和控制两相干光束间的光程差。迈克耳孙干涉仪由分束器、固定镜、动镜和动镜驱动机组成，固定镜和动镜是表面镀有全反射金属膜的平面镜，用于反射光束，固定镜背后有 3 个微调螺丝，用以调整固定镜的位置，以便使固定镜平面和动镜平面保持严格的垂直状态。分束器的后表面镀有半反射半透射膜，其作用是将光线分为两束，以 45° 入射角射向分束器，一部分光束透过分束器射向动镜，另一部分光束在分束器表面反射，射向固定镜。射向动镜和固定镜的光束再反射回来，在分束器界面上透射和反射，组成一束干涉光，如图 2.20 所示。

空气轴承干涉仪在动镜移动过程中要求动镜和固定镜严格垂直，才能保证从分束器透射和反射的两束光完全重合，形成干涉光。但是在实际测量中，动镜和固定镜的镜面不可能保持严格的垂直，因此在干涉仪的设计中采用了动态准直措

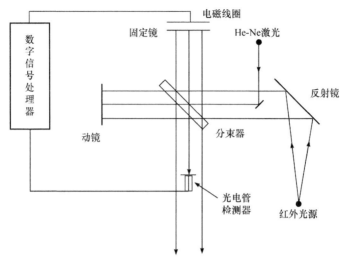

图 2.20　空气轴承干涉仪结构示意图

施，以确保在动镜移动过程中两个镜面完全垂直。

具体的动态准直过程为：He-Ne 激光光束被红外光路中的一面小平面镜反射到分束器，从分束器射出来的激光干涉信号被红外光路中三个非常小的光电二极管接收，将接收到的信号经过数字信号处理器处理，转换成三个激光干涉图。在动镜移动过程中，当三个激光干涉图相位不相同时，数字信号处理器将信息反馈给固定镜背后的压电元件或电磁线圈，实时对固定镜的倾角进行微调。这种实时动态调整的干涉仪使 FTIR 具有非常出色的重复性和长期稳定性。

FTIR 中的空气轴承干涉仪只有当通入的气体达到一定压力时，干涉仪才能工作，否则干涉仪会悬浮起来，空气轴承会自动处于静止状态，以免因移动损坏空气轴承。但通入气体的压力也不能过高，否则同样会损坏空气轴承。

2) 机械轴承干涉仪

FTIR 使用的机械轴承干涉仪的结构与空气轴承干涉仪基本相同，唯一的区别是机械轴承干涉仪中动镜移动时，不需要一定压力的气体通入轴承，这样的 FTIR 可以在没有气源的条件下工作，与传统的空气轴承干涉仪相比，使用更加方便。

机械轴承干涉仪使用高润滑耐磨材料，动镜在电磁驱动下能够几乎无摩擦地在机械轴承上移动。采用了动态调整方法，因此机械轴承干涉仪同样能够保证高度的稳定性和红外数据的重复性。对这两种干涉仪来说，测得光谱的最高分辨率可达 0.1cm^{-1}，但很难达到 0.01cm^{-1}。分辨率高于 0.1cm^{-1} 以后，动镜在轴承上移动距离过长，机械加工精度要求极高，需要采用皮带移动式干涉仪。

3) 双动镜机械转动式干涉仪

双动镜机械转动式干涉仪的结构如图 2.21 所示。转动基体上固定着四面平面镜，相当于两面动镜，转动基体绕轴来回转动，从两个固定镜反射回到分束器上的两束光产生光程差，形成干涉光。

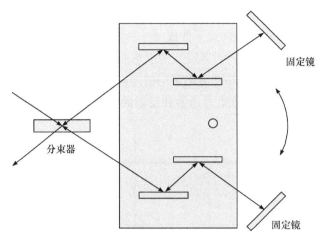

图 2.21　双动镜机械转动式干涉仪结构示意图

4) 角镜型迈克耳孙干涉仪

角镜型迈克耳孙干涉仪的结构示意图如图 2.22 所示。角镜型迈克耳孙干涉仪是迈克耳孙干涉仪的一种变形，不同的是它的固定镜和动镜采用的都是角镜，而传统的迈克耳孙干涉仪的固定镜和动镜采用的都是平面镜。

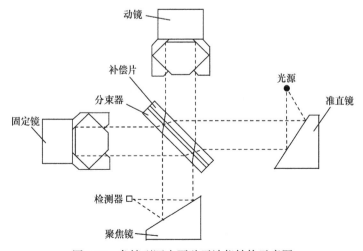

图 2.22　角镜型迈克耳孙干涉仪结构示意图

这种干涉仪的优点是由于它的动镜和固定镜采用了角镜，能保证射向角镜的入射光和从角镜反射出来的反射光绝对平行。因此，采用角镜型迈克耳孙干涉仪的 FTIR 没有对固定镜进行动态调整的系统。

这种干涉仪的缺点是为保证两个动镜光路的耦合，干涉仪的动镜扭摆角有限，因而光谱的分辨率也受到一定的限制，通常只能达到 0.5cm^{-1} 左右。

5) 双角镜耦合、动镜扭摆式干涉仪

双角镜耦合、动镜扭摆式干涉仪结构示意图如图 2.23 所示。干涉仪中有两块动镜和两块固定镜，固定镜和动镜均采用镀金立体角镜，动镜固定在扭摆式基体上，当基体绕轴扭摆时，从分束器透射和反射的两束光产生光程差，得到干涉光。

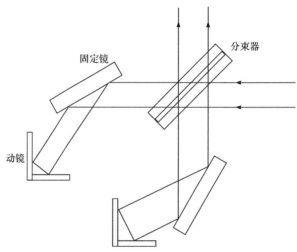

图 2.23　双角镜耦合、动镜扭摆式干涉仪结构示意图

这种干涉仪的优点是：①干涉仪中的反光镜采用的不是平面镜，而是立体角镜；②即使在动镜摆动时，立体角镜沿轴方向发生微小偏移，仍然能保证入射光线和反射光线绝对平行；③采用此种干涉仪的 FTIR 的抗干扰能力增强，干涉仪工作时不需要进行动态调整。

这种干涉仪的缺点是角镜比平面镜重，角镜型迈克耳孙干涉仪的动镜在机械轴承上移动的距离不能太长，因而光谱的分辨率也受到一定的限制，通常只能达到 0.5cm^{-1} 左右。

4. 分束器

分束器俗称分光片，是干涉仪中的重要部件。理想情况下，无论光束以何种角度入射分束器表面，通过分束器的光和表面反射的光应该各为 50%。实际加工出来的分束器的反射光与透射光很难做到各为 50%，这也是同一型号 FTIR 即使参数设置完全相同，对同一样品进行光谱扫描，得到的光谱也略有差别的原因之一。中红外 FTIR 中使用的分束器是基质镀膜分束器，其结构示意图如图 2.24 所示。这种分束器产生的干涉条纹能覆盖 5000cm⁻¹ 的范围，其中红外区 4000～400cm⁻¹ 均能完全覆盖。

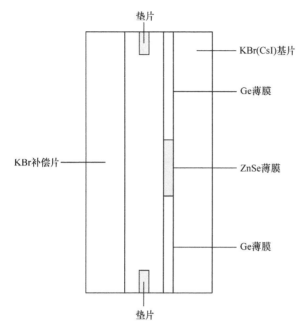

图 2.24　基质镀膜分束器结构示意图

中红外 FTIR 使用的分束器主要有 3 种，即 KBr/Ge 分束器、CsI/Ge 分束器、宽带 KBr 分束器。

(1) KBr/Ge 分束器。适用范围为 7000～375cm⁻¹。这种分束器容易受潮，需要存放在干燥的地方。

(2) CsI/Ge 分束器。适用范围为 4500～240cm⁻¹。这种分束器可以测定中红外和部分远红外区的光谱，但比 KBr/Ge 分束器更容易吸潮。

(3) 宽带 KBr 分束器。适用范围为 11000～370cm⁻¹，可以测量中红外和近红外区的光谱。这种分束器也会受水汽影响，不宜长期在潮湿环境中工作。

FTIR 大多采用密闭的光干涉系统，部分配有干燥器安放位置，以保持光干涉系统环境干燥。因此，FTIR 主要根据所需的波长范围来选择。

5. 检测器

检测器的作用是检测红外干涉光通过红外样品后的能量。检测器必须具有高的检测灵敏度、低的噪声、快的响应速度和较宽的测量范围。在测量光谱时，测定不同的波段需要使用不同的检测器，FTIR 采用的检测器主要分为热释电型和光电导型两类，前者主要是氘代硫酸三甘钛(deuterated triglycine sulfide, DTGS)检测器，后者主要是碲镉汞(mercury cadmium telluride，MCT)检测器。

1) DTGS 检测器

DTGS 检测器结构示意图如图 2.25 所示，它是由 DTGS 晶体制成的，在薄片两端引出两个电极通至检测器的前置放大器。DTGS 晶体在红外干涉光的照射下产生的极微弱信号经前置放大器放大并进行模数转换后，传输至计算机进行傅里叶变换。

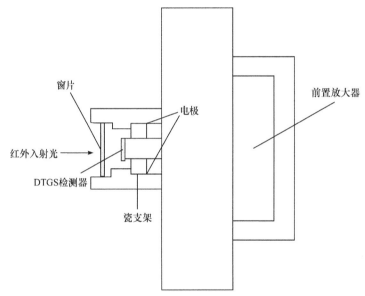

图 2.25　DTGS 检测器结构示意图

2) MCT 检测器

MCT 检测器是由宽频带的半导体碲化镉和半金属化合物碲化汞混合制成的，通过改变混合物的混合比例，可以得到测量范围不同、检测灵敏度不同的 MCT 检测器。MCT 检测器响应速度比 DTGS 检测器快很多，灵敏度也比 DTGS 检测器高，但检测范围比 DTGS 检测器窄，而且需要在低温环境下工作，因此需要制冷系统。早期的 MCT 探测器制冷采用液氮，需要定期添加液氮，因此维护比较麻烦。现在 FTIR 有的采用半导体制冷，基本不再需要维护。

低档的中红外 FTIR 光学台中只安装一个检测器，通常是 DTGS 检测器，而中高档 FTIR 通常是双检测器系统，这两个检测器一般是由一个中红外 DTGS 检测器和一个 MCT 检测器组成，或者将 MCT 检测器替换为远红外光、中红外光使用的检测器。

6. 微处理器

FTIR 中的微处理器用来控制动镜的匀速运动，采集干涉谱图，存储数据，实施切趾、相位校正、傅里叶变换等数据处理，同时还负责与上位机的通信。其中通信包括 USB 接口通信、网口通信和串口通信。这种微处理包括单片机、数字信号处理器等。

在进行数据采集时，有的微处理器采用自带的模数转换模块实现，有的则需要在其外围另外配置一个芯片实施。FTIR 干涉图常用的模数转换模块分辨率为 24 位，因此在选择处理器或者开发软件时，需要考虑其支持的运算位数。在进行采集时，大部分采用等光程采集，即在 He-Ne 激光干涉过零点触发干涉图采样。动镜运动较缓慢，因此数据采集的速率要求不高，大多数情况下，数千赫兹的采集速率便足够。

2.5　本　章　小　结

红外光谱作为"分子的指纹"，广泛应用于分子结构和物质化学组成的研究中。本章主要从光谱波段的划分、分子振动及朗伯-比尔定律方面介绍了傅里叶变换红外光谱气体分析的基本原理。红外光谱属于吸收光谱，光谱吸收是由化合物分子振动时吸收特定波长的红外光产生的，化学键振动所吸收红外光的波长取决于化学键动力常数和连接在两端的原子折合质量，即取决于分子的结构特征。

本章在傅里叶变换红外光谱气体分析原理的基础上，介绍了利用迈克耳孙干涉仪获取红外光谱的基本原理，并结合实例分析了红外光谱的获取过程。同时，还介绍了不同种类干涉仪的基本原理和结构，以及 FTIR 的结构。FTIR 是根据光的相干性原理设计的，因此是一种干涉型光谱仪，主要由光源、干涉仪、检测器、计算机和记录系统组成。

大多数 FTIR 使用迈克耳孙干涉仪，因此试验测得的原始光谱图是光源的干涉图。由干涉图得到光谱图，还需要对干涉数据进行一系列的处理，包括切趾、相位校正、傅里叶变换等步骤，本章也对此做了较为详细的介绍。

参 考 文 献

[1] 朱军, 刘文清, 刘建国, 等. 傅里叶变换红外光谱学方法用于气体定量分析[J]. 仪器仪表学报, 2007, 28(1): 80-84.

[2] van Agthoven M A, Fujisawa G, Rabbito P, et al. Near-infrared spectral analysis of gas mixtures[J].

Applied Spectroscopy, 2002, 56(5): 593-598.

[3] 张琳, 邵晟宇, 杨柳, 等. 红外光谱法气体定量分析研究进展[J]. 分析仪器, 2009, (2): 6-9.

[4] 刘中奇, 王汝琳. 基于红外吸收原理的气体检测[J]. 煤炭科学技术, 2005, 33(1): 65-68.

[5] 冯明春, 徐亮, 金岭, 等. 傅里叶变换红外光谱仪动镜倾斜和动态校准研究[J]. 光子学报, 2016, 45(4): 169-173.

[6] 李黎, 张宇, 宋振宇, 等. 红外光谱技术在气体检测中的应用[J]. 红外, 2007, 28(9): 29-37.

[7] 赵建华, 魏周君, 高明亮, 等. 红外光谱分辨率对气体定量分析的影响研究[J]. 光谱学与光谱分析, 2009, 29(12): 3195-3198.

[8] 张文娟, 张兵, 张霞, 等. 干涉成像光谱仪切趾函数对复原光谱的影响分析[J]. 红外与毫米波学报, 2008, 27(3): 227-232, 240.

第 3 章　煤矿气体红外光谱预处理方法

由第 2 章得到的气体红外光谱可能还存在一些问题，有些时候问题甚至很严重，以至于直接对其进行光谱分析，得到的分析结果偏差较大。例如，由于动镜没有完全对准或者抖动、光源电压的抖动，探测器特性发生变化等，往往会导致光谱基线漂移；吸收光谱中存在噪声，部分波数段噪声水平过高；因仪器分辨率有限等原因，部分波数段分辨率不够。上述问题都会给气体分析结果带来较大误差，需要对获得的光谱先做预处理[1]，再进行气体定量分析，才可以获得更为满意的结果。

3.1　光谱基线处理

在理想情况下，所测得的吸光度光谱的基线值应为零，而透射率光谱的基线值应为 100%。然而在实际的气体分析过程中，有时候测得的光谱并非是理想的，基线会发生倾斜、平移，甚至畸变，从而对气体的红外光谱分析带来不利的影响[2]。
图 3.1 为用 Spectrum Two 型 FTIR 扫描得到的煤矿气体红外光谱图，主要有

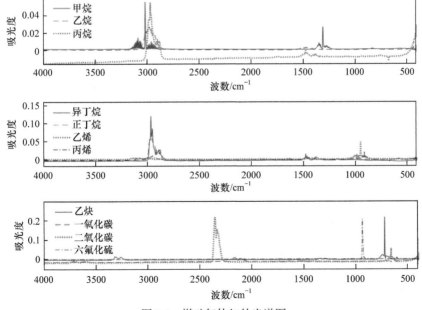

图 3.1　煤矿气体红外光谱图

甲烷、乙烷、丙烷、异丁烷、正丁烷、乙烯、丙烯、乙炔、一氧化碳、二氧化碳和六氟化硫。其中六氟化硫的浓度为 0.01%，其他组分气体的浓度均为 0.1%，所有样气采用氮气作为平衡气。扫描方式为：先用氮气清洗气室，用 FTIR 分别扫描背景光谱，然后通入样气，连续扫描一段时间(约 1h)后，读取各自的红外光谱图。从图 3.1 可以看出，丙烷发生了比较严重的基线漂移，整个基线向下平移且倾斜，基线值在 4000cm⁻¹ 处减小到 –0.02，在 1000cm⁻¹ 处减小到约 –0.01，而甲烷和乙烷的基线则基本没有漂移，在整个中红外波数段，基线值基本为 0。异丁烷和的二氧化碳的红外光谱也发生了轻微的基线漂移，基线有轻微的向下平移。

3.1.1 光谱基线发生漂移的原因

第 2 章介绍的 FTIR 工作原理是假设工作在理想状态的，也就是长时间工作后，FTIR 扫描背景光谱和扫描气体红外光谱时的温度、部件位置等工作条件参数完全一致。而实际上，这个条件是非常苛刻的，难以保证，这使得气体红外光谱图的基线发生漂移，甚至畸变成为必然。光谱基线发生漂移甚至畸变的主要原因是光源温度发生变化、动镜位置发生变化、分束器位置发生变化、探测器位置发生变化等[3]。

1. 光源温度变化对光谱基线的影响

根据普朗克黑体辐射定律，物体的辐射强度取决于物体本身的温度。以波数为变量的光源辐射功率密度为

$$W_v = \frac{2hc^2 v^3}{\exp\left(\dfrac{hcv}{kT}\right) - 1} \tag{3.1}$$

式中，W_v 为温度为 T 时的光源辐射功率密度，J/(s/cm)；h 为普朗克常数，$h = 6.626 \times 10^{-34}$ J·s；c 为光速，$c = 2.997 \times 10^8$ m/s；v 为波数，cm⁻¹；k 为玻耳兹曼常数；T 为温度，K。

假设光源温度为 T 时所测光谱为背景光谱，在温度为 T_0 时所测光谱为样品光谱，则透射率 Trans 为[4]

$$\text{Trans} = \frac{W_v'}{W_v} = \frac{\exp\left(\dfrac{hcv}{kT}\right) - 1}{\exp\left(\dfrac{hcv}{kT_0}\right) - 1} \approx \frac{\exp\left(\dfrac{hcv}{kT}\right)}{\exp\left(\dfrac{hcv}{kT_0}\right)} = \exp\left[\frac{hc(T_0 - T)}{kTT_0}v\right] \tag{3.2}$$

式中，W_v' 为温度为 T_0 时的光源辐射功率密度。

利用泰勒级数展开式(3.2)，得到

$$\text{Trans} \approx \exp\left[\frac{hc(T_0-T)}{kTT_0}v\right] = 1 + \frac{hc(T_0-T)}{kTT_0}v + \frac{1}{2!}\left[\frac{hc(T_0-T)}{kTT_0}v\right]^2 + \cdots \qquad (3.3)$$

在实际应用中，光源温度变化不大，即 T、T_0 相差不大，v 的系数接近于 0。因此，在中红外波段(400~4000cm^{-1})，透射率 Trans 与波数 v 近似为线性关系。为了仿真结果的直观性，设 T=800K。当光源温度整体漂移 10K，即 T_0=790K 或 810K 时，仿真光谱如图 3.2(a)所示。光谱基线与拟合的线性直线差别很小，可近似认为是线性的。当光源温度在±10K 范围内波动，即 $T_0\in$[790，810]K 时，仿真光谱如图 3.2(b)所示，光谱基线在 100%线附近波动较大且无规律，无法很好地消除，在实际应用中会影响光谱分析的准确度。

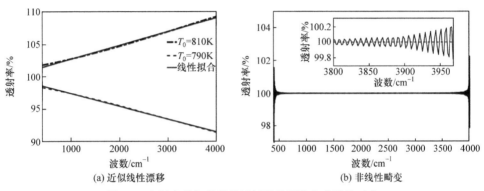

(a) 近似线性漂移   (b) 非线性畸变

图 3.2 由温度引起的基线近似线性漂移和非线性畸变

2. 干涉仪性能变化对光谱基线的影响

1) 动镜倾斜对光谱基线的影响

由第 2 章 FTIR 的几何光路与迈克耳孙干涉仪原理可知，动镜倾斜时，得到的光强光谱是原光强光谱的调制，调制函数为两个 sinc 函数的乘积，此时光强 $B'(v)$ 可表示为

$$B'(v) = B(v)\text{sinc}\left(2\pi v\alpha D_1\right)\text{sinc}\left(2v\beta D_2\right) \qquad (3.4)$$

式中，$B(v)$ 为动镜未倾斜时光强；D_1、D_2 为信号光束孔径的尺寸；α、β 分别为动镜在俯仰方向、左右方向的倾斜角度。

由式(3.4)可得透射率为

$$\text{Trans} = \frac{B'(v)}{B(v)} = \text{sinc}\left(2\pi v\alpha D_1\right)\text{sinc}\left(2v\beta D_2\right) \qquad (3.5)$$

对式(3.5)进行级数展开，可得

$$\text{Trans} = \text{sinc}\left(2\pi v \alpha D_1\right)\text{sinc}\left(2\pi v \beta D_2\right)$$

$$\approx \left[1 - \frac{\left(2\pi v \alpha D_1\right)^2}{3!} + \cdots\right]\left[1 - \frac{\left(2\pi v \beta D_2\right)^2}{3!} + \cdots\right]$$

$$\approx 1 - \frac{\left(2\pi v \beta D_2\right)^2}{3!} - \frac{\left(2\pi v \alpha D_1\right)^2}{3!} + \frac{\left(2\pi v \alpha D_1\right)^2\left(2\pi v \beta D_2\right)^2}{3! \times 3!} + \cdots \tag{3.6}$$

式(3.6)表明，光谱基线为波数 v 的偶数次幂多项式，呈抛物线形状。为了使重建光谱不因为调制度的影响而发生畸变，动镜倾斜角度的最大限定值为

$$\alpha_{\max} = \frac{1}{11.4 D_1 v_{\max}}, \quad \beta_{\max} = \frac{1}{11.4 D_2 v_{\max}} \tag{3.7}$$

图 3.3 为动镜最大倾斜角度情况下的仿真光谱基线图。可以看出，光谱基线与二次多项式拟合曲线基本重合，光谱基线呈抛物线形状。与拟合的线性直线相比，虽然存在一定的偏差，但差别较小。实际应用中，倾斜角度要远小于最大倾斜角度，在一定程度上基线可近似认为是线性或分段线性。

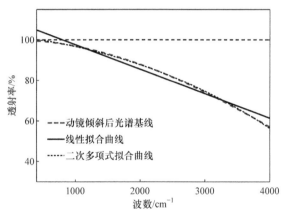

图 3.3　动镜最大倾斜角度情况下的仿真光谱基线图

2) 分束器性能变化对光谱基线的影响

假设分束器中分光板和起补偿作用的介质板都是由 ZeSe 材料构成的。根据 ZnSe 材料的特性可知，ZnSe 的折射率会随着温度的升高而降低。在波长为 10.6μm 时，0～120℃ 范围内干涉仪调制度随温度的变化趋势如图 3.4(a)所示。假设分束器正常工作温度为 40℃，当分束器工作温度变为 20℃ 和 60℃ 时，光谱基线图如图 3.4(b)所示。从图中可以看出，当分束器工作温度降低时，光谱基线整体上移；当分束器工作温度升高时，光谱基线整体下移。

3) 检测器对光谱基线的影响

在时间 t 内，单位频宽范围内检测器从干涉仪接收到的功率可表示为

$$W = E_0\left(v, T\right) E\eta\delta vt \tag{3.8}$$

式中，$E_0\left(v, T\right)$ 为红外光源的辐射率；E 为干涉仪的光通量；η 为分束器的效率；δv 为光谱分辨率。

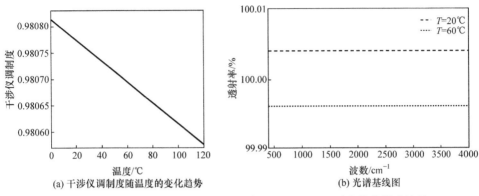

(a) 干涉仪调制度随温度的变化趋势　　　　(b) 光谱基线图

图 3.4　干涉仪调制度随温度的变化趋势及 20℃、60℃时基线的漂移情况

理想情况下，干涉仪的光通量等于检测器的光通量，检测器的光通量为

$$E_D = A_D\Omega_D \tag{3.9}$$

式中，A_D 为检测器敏感元面积；Ω_D 为光束聚焦在检测器上的立体角。

对于特定的光谱仪，光束聚焦在检测器上的立体角 Ω_D 是一定的。若检测器发生横向偏移，则 A_D 减小，W 也会相应减小，由式(3.9)可知，这会导致光谱基线整体下移。假设检测器发生横向偏移后，检测器有效面积 $A=0.95A_D$，相应的基线平移示意图如图 3.5 所示，即当检测器偏离光路时，会造成光谱基线叠加一恒定值。

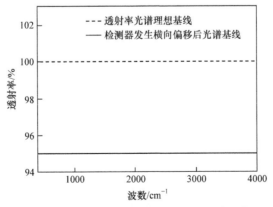

图 3.5　检测器发生横向偏移后的基线平移示意图

温度变化会影响到检测器中载流子浓度及电阻值的变化，检测器响应函数

的放大倍数会随着温度的变化而发生变化。当响应函数的放大倍数随温度线性变化时，会造成光谱基线叠加一恒定值，与图 3.4 和图 3.5 类似。当响应函数的放大倍数随温度非线性变化时，光谱基线会产生非线性波动，与图 3.2 或图 3.3 类似。

综上所述，光谱基线大体可分为三种，即倾斜、平移(直流分量)、非线性波动。在实际光谱中，基线以前两种情况为主，即光谱基线近似线性，因此可以采用分段线性化等方法进行基线估计或基线校正。

本小节以透射率光谱为例介绍光谱基线发生漂移的原因及发生基线漂移后的光谱形状，由吸光度与透射率的变换可知，吸光度光谱基线漂移的情况与此类似。

采用卤化物压片法测得的光谱，由于颗粒研磨得不够细，压出来的锭片不够透明而出现红外光散射现象，光谱的基线发生倾斜。在采用糊状法或液膜法测定透射光谱时，采集背景光谱的光路中如果没有放置相同厚度的晶片，测得的光谱基线会向上漂移，这是由于晶片并不是 100%透光而造成的。有时用红外显微镜或其他红外附件测定光谱还会出现干涉条纹。另外，FTIR 在经过长时间的工作后，光源发出的光谱与扫描背景光谱有出入，使得光谱的基线也会发生漂移。因此，在分析光谱之前会进行基线的校正。

3.1.2　光谱基线处理方法

基线的偏移主要分为三类：偏移量为常量的扁平基线、倾斜的基线及弯曲的基线。不同类型的偏移需要用不同的方法处理，基线校正的方法总体分为三类：第一类方法是用一条直线或曲线拟合基线，再从原始光谱中扣除拟合的数据，就得到校正后的光谱。第二类方法是基于频率域的方法，把光谱信号转换到频率域后，去除低频分量。基线一般存在于频率很低的区域中，而正常信号存在于频率较高的区域中，如果能够将基线和信号在频率域上分开，就可以通过移除光谱信号的低频信号部分来校正基线。第三类方法是基于多元统计的方法，这类方法仅限于理论研究，在实际应用中有很多的局限性。下面主要结合各类基线偏移来介绍第一类方法和第二类方法。

1. 第一类基线校正方法

第一类方法主要包括基线平移校正法、基线倾斜校正法、基线弯曲校正法和消除趋势项法。

1) 基线平移校正法

基线平移即整个吸光度光谱的基线相对于零线发生等距偏移。图 3.6 为 0.01%浓度甲烷的红外光谱图，该光谱图具有约 0.2 吸光度单位的偏移。可以看出，吸光度在所有波数处大致相同，基线相对于零线发生等距偏移。这类基线偏移主要由分束器环境温度、检测器存在方向偏移等引起的。这类偏移可用常量偏移校正法得到解决。

如果整个频谱沿着 y 轴有一个常数升高或降低，则从中增加或减去适当的常数进行光谱校正，使基线降至零。取最小吸光度，并从光谱中的所有其他吸光度中减去正确的偏移量，即

$$A_c = A_i - A_{min} \tag{3.10}$$

式中，A_c 为校正后的吸光度；A_i 为未校正光谱中任意 i 波数处的吸光度；A_{min} 为未校正光谱中的最小吸光度。

图 3.6 所示的基线等距偏移光谱减去最小吸光度(0.2)，获得如图 3.7 所示的校正后红外光谱图。

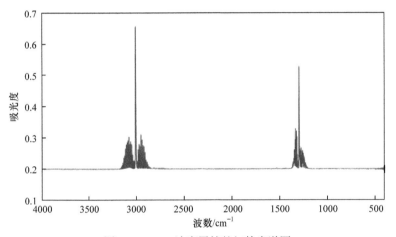

图 3.6　0.01%浓度甲烷的红外光谱图

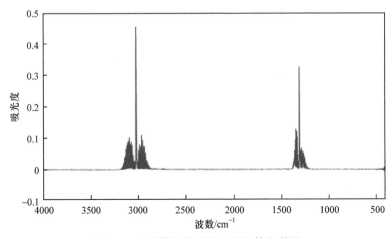

图 3.7　基线等距偏移校正后红外光谱图

2) 基线倾斜校正法

发生基线倾斜的甲烷红外光谱图如图 3.8 所示。这类情况主要是光源温度变化、动镜位置倾斜等原因引起的。这种类型的基线偏移可以通过重新扫描新背景来进行校正，或者采用多元散射校正法或标准正则变化法来解决。

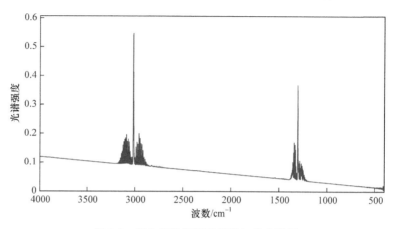

图 3.8   发生基线倾斜的甲烷红外光谱图

多元散射校正的使用要求建立一个待测样品的"理想光谱"，即光谱的变化与样品中成分的含量满足直接的线性关系，以该光谱为标准要求对所有其他样品的红外光谱进行基线校正。在实际应用中，"理想光谱"是很难得到的，该方法只是用来修正各样品红外光谱间的相对基线平移和偏移现象，取所有红外光谱的平均光谱作为一个理想的标准红外光谱即可，所有样品红外光谱的平均光谱为

$$\overline{A}_j = \frac{\sum\limits_{i=0}^{n} A_{i,j}}{n} \tag{3.11}$$

式中，$A_{i,j}$ 为 $n \times p$ 定标光谱数据矩阵，n 为定标样品数，p 为光谱采集所用的波长点数；$\overline{A}_j$ 为所有样品的原始红外光谱在各个波长点处求平均值所得到的平均光谱矢量。

将平均光谱作为标准光谱，每个样品的红外光谱与标准红外光谱进行一元线性回归运算，求得各光谱相对于标准红外光谱的线性平移量(回归常数)和倾斜偏移量(回归系数)，即

$$A_i = m\overline{A}_i + b \tag{3.12}$$

式中，A_i 为 $1×p$ 矩阵，表示单个样品红外光谱矢量；m 和 b 分别为各样品红外光谱 A_i 与其平均光谱 $\overline{A_l}$ 进行一元线性回归后得到的相对偏移系数和平移量。

在每个样品原始光谱中减去线性平移量，同时除以回归系数来修正光谱的基线相对倾斜，这样每个光谱的基线平移和偏移都在标准光谱的参考下予以修正，而和样品成分含量所对应的光谱吸收信息在数据处理的全过程中没有任何影响，进而提高光谱的信噪比，即

$$A_{i(\mathrm{MSC})} = \frac{A_i - b}{m} \tag{3.13}$$

利用多元散射校正法校正倾斜基线结果如图 3.9 所示。

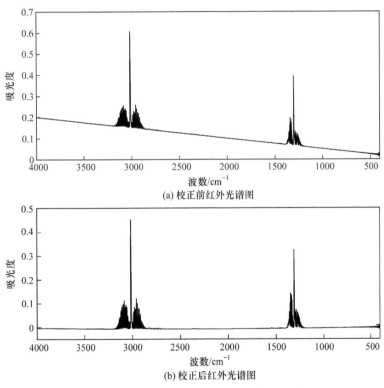

(a) 校正前红外光谱图

(b) 校正后红外光谱图

图 3.9　利用多元散射校正法校正倾斜基线结果

3) 消除趋势项法

完整的基线倾斜是比较少的，大多情况下呈现出来的是基线弯曲，如图 3.10 所示。这类偏移可以用消除趋势项法来校正。

消除趋势项法的原理是用多项式来拟合光谱的吸光度和波数，将拟合得到的多项式曲线作为基线，从原光谱中减去该曲线，得到校正后的光谱，即

$$x_{i,j(\text{DT})} = x_{i,j} - \hat{x}_{i,j} \tag{3.14}$$

式中，$x_{i,j}$ 为原光谱；$\hat{x}_{i,j}$ 为拟合得到的曲线。

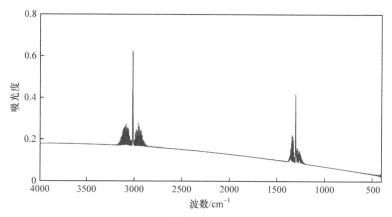

图 3.10　基线带曲率偏移的红外光谱图

利用消除趋势项法校正弯曲基线结果如图 3.11 所示，取拟合多项式的阶数为 2。

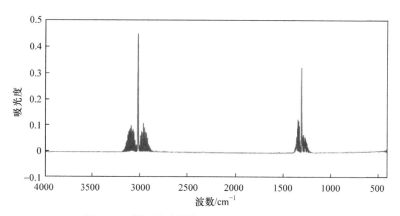

图 3.11　利用消除趋势项法校正弯曲基线结果

除了消除趋势项法，为了校正基线中的斜率或曲率，还可以使用一系列线段来代替倾斜或弯曲的基线，即采用分段线性化处理。在绝大多数情况下，采用这种方法编写的基线自动校正程序工作良好，特别是在分段较多的情况下，校正效果比较理想。图 3.12 显示了如何使用 5 个线段近似弯曲的基线。

一般应该使用最小数量的与基线平行的线段，如果是弯曲的基线，一系列短线段有时可以用作并行函数。但当绘制的函数不平行于光谱的基线时，基线校正将出现问题，如图 3.13 所示。

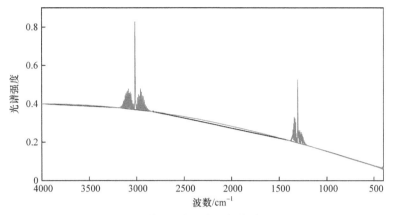

图 3.12　利用 5 个线段近似弯曲的基线

在基线校正中使用未平行于基线的函数的校正结果如图 3.13(a)所示，可以看出，通过非平行函数得到的校正后光谱图并没有降低基线的斜率，反而让基线的偏移增加。同时错误绘制并行函数也可引入伪峰或隐藏真实峰，在图 3.13(b)中，校正后的甲烷红外光谱图与图 3.7 所示的光谱图相同，基线偏移被很好地校正过来。另外，在光谱上所绘制的一条直线将被用作"平行"功能。

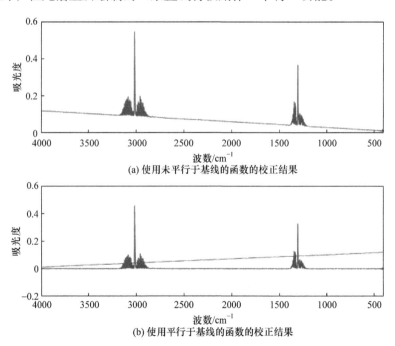

(a) 使用未平行于基线的函数的校正结果

(b) 使用平行于基线的函数的校正结果

图 3.13　利用软件进行基线校正的甲烷红外光谱图

　　上述方法的一项重要工作是寻找基准点来估计基线。一般情况下，基准点是根据目标气体和干扰气体的红外光谱来确定的，选择这些气体不吸收的谱段或者吸光率非常低的谱段作为基准点。比对图 3.1 中各组分的红外光谱图可以看出，在 3500cm⁻¹、2500cm⁻¹、1800cm⁻¹、1100cm⁻¹ 及 500cm⁻¹ 附近，各组分气体几乎无吸收，因此可将这 5 个点附近的光谱当成基准点来进行基线校正。考虑到噪声问题，通常取基准点附近多条谱线值的均值作为基准点的值[5]。

　　采用分段线性化基线校正法，对图 3.1 中光谱图进行基线校正，得到图 3.14。对比图 3.1 和图 3.14 可以看出，图 3.14 中各光谱图的基线值基本为零，校正效果良好。

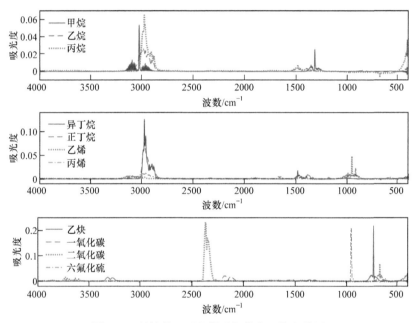

图 3.14　基线校正后的煤矿气体中红外光谱图

　　实际上，采用该方法进行基线校正时，仅考虑目标组分气体是不够的，还需要考虑待分析气体中存在的干扰气。图 3.15 是用空气做平衡气扫描得到的煤矿气体红外光谱图，图 3.15(c)和(h)基线基本没有漂移，而其他光谱图或多或少有一点漂移，其中以图 3.15(a)最明显。图 3.15(a)在 400cm⁻¹ 处，基线值基本为 0，而在 4000cm⁻¹ 处，基线值已小于−0.025。对比图 3.1 和图 3.15 可以看出，图 3.15 中的 3400~3850cm⁻¹ 波数段和 1300~2000cm⁻¹ 波数段总有向上或向下的毛刺，而图 3.1 中没有；此外，图 3.15 所有的光谱图中，二氧化碳的吸收峰总是存在

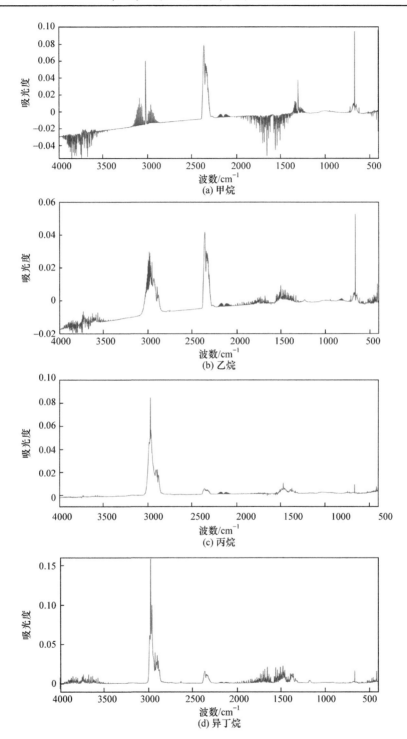

(a) 甲烷

(b) 乙烷

(c) 丙烷

(d) 异丁烷

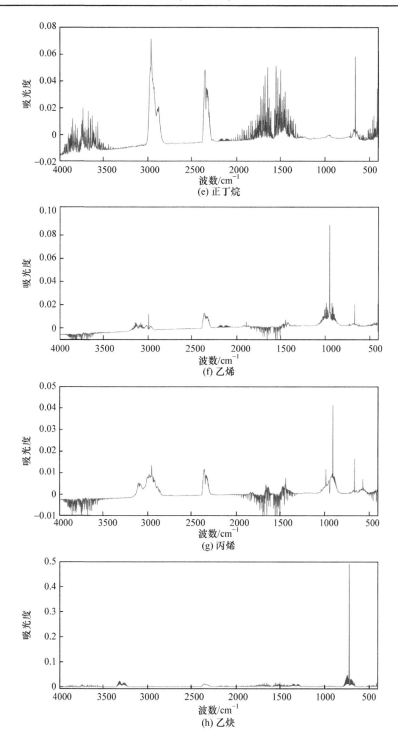

(e) 正丁烷

(f) 乙烯

(g) 丙烯

(h) 乙炔

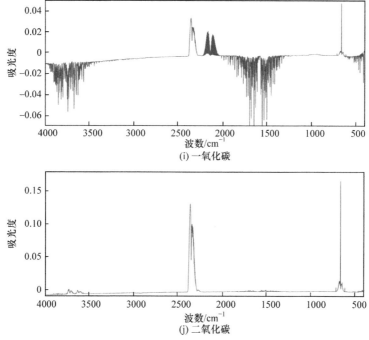

图 3.15　用空气做平衡气扫描得到的煤矿气体红外光谱图

的，而图 3.1 中只有二氧化碳的红外光谱图中存在二氧化碳吸收峰，原因是空气中存在水汽及浓度约为 0.06% 的二氧化碳，用空气做平衡气扫描得到的气体红外光谱图总是存在水汽吸收峰和二氧化碳吸收峰，3400～3850cm^{-1} 波数段和 1300～2000cm^{-1} 波数段的吸收峰就是水汽吸收峰。图 3.15 中，1800cm^{-1} 和 3500cm^{-1} 附近的光谱属于水汽的吸收谱带，煤矿空气中水汽的浓度时刻发生变化，因此这两个波数段不能用作基线校正的基准点，3500cm^{-1} 应换作 3300cm^{-1}。

若直接校正的是透射率光谱图，一种方法是将其转换成吸光度光谱图，采用上述方法校正，再将其转换成透射率光谱图。要对每条谱线分别执行一次对数运算和指数运算，因此这种方法相对而言计算量比较大。另一种方法是直接采用上述方式估计透射率光谱基线，后续处理不是直接将其从光谱中减去，而是让初始光谱进行点除估计基线，也就是初始光谱与估计基线两个向量对应项相除。这种方法对每条谱线只需要执行一次除法，相对而言计算量要小得多。

2. 第二类基线校正方法

第二类基线校正方法包括微分法、小波变换法、多项式拟合法。为缩减篇幅，不失一般性，这里只以甲烷为例加以说明。

1) 微分法

常用于基线校正的有一阶微分和二阶微分，一阶微分可以消除光谱中扁平的基线，二阶微分可以消除光谱中倾斜的基线。微分法通过对光谱矩阵进行差分来消除基线漂移，在一定程度上会改变吸收峰值的形状，放大背景噪声，严重时会导致光谱出现一定的畸变，因此在使用微分法校正基线前，通常都会进行平滑处理来去除噪声。

如图 3.16 所示，一阶微分和二阶微分后的光谱图均能对基线漂移有较好的校正效果，一阶微分可以去除线性偏移的基线，二阶微分可以去除二次非线性偏移的基线。该方法简单易操作，对于对应类型的基线漂移能起到良好的校正效果。

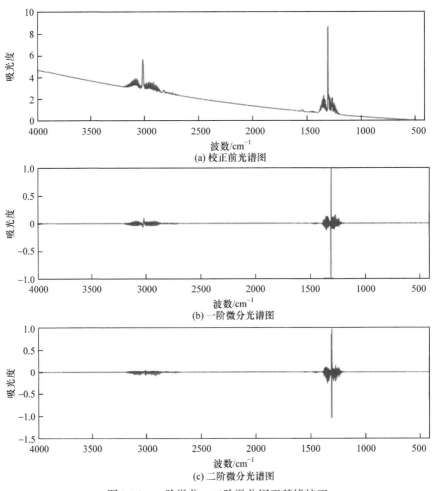

(a) 校正前光谱图

(b) 一阶微分光谱图

(c) 二阶微分光谱图

图 3.16　一阶微分、二阶微分用于基线校正

2) 小波变换法

小波变换是一种信号的时间-尺度(时间-频率)分析方法，将信号分解为一系列小波函数的叠加，而这些小波函数都是一个母小波经过平移和尺度伸缩得来的，假设母小波函数为 φ，位移量为 τ，尺度因子为 a，待分析信号为 $x(t)$，即小波变换表示为

$$\mathrm{WT}_x(a,\tau) = \frac{1}{\sqrt{a}} \int_{-\infty}^{\infty} x(t)\varphi\left(\frac{t-\tau}{a}\right)\mathrm{d}t \tag{3.15}$$

小波变换具有信号分频的特性，即可将信号分为高频和低频两部分，而各频率成分在时间轴上的位置保持不变，分离的低频部分又可以继续划分为高频和低频部分，如此继续划分，就可以将信号的不同频率成分从原信号中"解离"出来。基线干扰主要集中在低频段的小波系数上，而光谱信号通常分布在较高频段的小波系数上，利用两者分布频段的不同，用低频段小波系数置零的办法来实现分离。小波变换法用于基线校正的原理框图如图 3.17 所示。

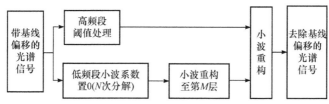

图 3.17　小波变换法用于基线校正的原理框图

在数学模拟软件中，利用小波分解与重构函数进行实现。

```
[C,L]=wavedec(x,5,'db1');          %x 为基线偏移的信号，选择
                                    'db1' 为小波基函数，分解层
                                    数为 5
cA3=appcoef(C,L,'db1',5);          %提取低频段小波系数 cA3
cA3_2=zeros(length(cA3),1);        %将低频段小波系数置零
cD5=detcoef(C,L,5);                %提取高频段每层的小波系数
cD4=detcoef(C,L,4);
cD3=detcoef(C,L,3);
cD2=detcoef(C,L,2);
cD1=detcoef(C,L,1);
C2=[cA3_2;cD5;cD4;cD3;cD2;cD1];    %处理后的系数
A0=waverec(C2,L,'db1');            %小波重构
```

　　利用小波分解与重构校正红外光谱基线偏移结果如图 3.18 所示。该方法对于基线偏移有较好的校正效果,可以处理包括曲线背景在内的各种形式的背景信号,具有广泛的适用性。但是在吸收峰附近会出现没有实际物理意义的负数据点,即 $3000cm^{-1}$ 与 $1300cm^{-1}$ 附近出现了伪吉布斯效应,谱峰有较大的失真,这也是小波变换法的缺陷。另外,小波基和参数的选择也会影响校正效果。

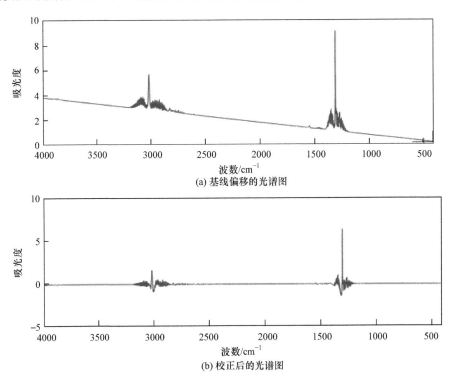

图 3.18　利用小波分解与重构校正红外光谱基线偏移结果

3) 多项式拟合法

　　多项式拟合法是一种含有自动阈值的基线估计法,通过对光谱信号进行 n 次多项式迭代拟合来估计光谱基线。对于吸光度光谱,将迭代结果与上一次迭代结果进行比较,选两者之间较小值作为该点的光谱值,当相邻两次迭代结果变化很小时,达到阈值后停止迭代,得到的光谱即为光谱基线。当信噪比较低时,基线校正性能较差。多项式拟合法用于基线校正的原理框图如图 3.19 所示。

　　在数学模拟软件中用简单的循环语句便可实现。

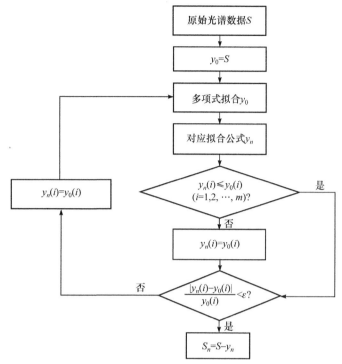

图 3.19　多项式拟合法用于基线校正的原理框图

```
e=1e-7;                        %设置一个误差的阈值
x3=x;
while (e2>=e)                  %当实际误差大于阈值时运行
    a=polyfit(xx',x3,2);   %这里多项式拟合阶数取 2
    x4=a(1).*xx'.*xx'+a(2).*xx'+a(3);
    for i=1:length(x)
        e2=0;
        x5(i)=min(x3(i),x4(i));
        e2=e2+abs(x4(i)-x3(i));
        x3(i)=x5(i);
    end
end
x_cor=x-x5;                    %x5 为计算出的基线，原信号减去基线
                              为校正后的信号
```

用多项式拟合法校正的红外光谱图如图 3.20 所示。从图中可以看出，对于偏移量有规律的光谱、倾斜的基线或弯曲的基线，该方法的校正效果良好，波形不会出现失真，且操作简单、速度快。

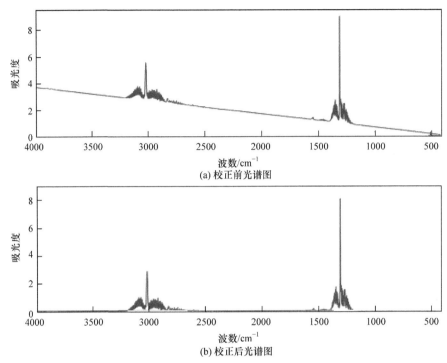

(a) 校正前光谱图

(b) 校正后光谱图

图 3.20 　用多项式拟合法校正的红外光谱图

在实际应用 FTIR 进行光谱测量时，基线校正主要有两种方法：自动校正和人工校正。人工校正即逐点地对光谱进行基线校正。对于倾斜的基线和漂移的基线，可以选择自动校正；对于出现干涉条纹的基线，只能采用人工校正。总的来说，人工校正的效果优于自动校正，但取决于操作者的经验、水平和责任心。因此，在自动分析过程中依然采用自动校正方法。

3.2　平滑处理

3.2.1　红外光谱噪声来源与特点

用 FTIR 扫描光谱时，检测器在接收样品光谱信息的同时也接收噪声信号[6]。仪器的噪声信号是随机的，有正有负，起伏变化。傅里叶变换红外光谱中噪声源主要包括探测器噪声、光子噪声、放大器噪声、采样误差、量化噪声和动镜运动速度不稳定造成的误差等。随着电子元器件性能的大幅提高，放大器噪声、采样误差和量化噪声的功率比探测器噪声要小 2 个数量级以上，因此可以忽略。对于 FTIR，动镜运动速度不稳定造成的误差一般也会压低于光子噪声功率。而探测器噪声与光子噪声的功率之间谁占主导地位取决于 FTIR 的工作波段。对于中红外的 FTIR，一般采用 DTGS 或 MCT 探测器，此时总噪声中探测器噪声占绝对主导地位，总噪声的强度基本与探测信号强度无关；但对于频率更高的波段，存在更高灵敏度的探测器，可能会出现光子噪声占主导地位的情况。FTIR 中噪声都是零均值的，其功率谱密度等于噪声的方差[7]。

FTIR 的噪声都会因元器件特性有所差异，因此理论计算噪声功率一般用于仪器设计时获得定性的信噪比大小。而对于给定的 FTIR，可直接计算测量数据统计光谱图中噪声的方差，即

$$S(v) = \lim_{T \to +\infty} \frac{1}{T} \left| X(v) \right|^2 \tag{3.16}$$

式中，$X(v)$ 为光谱图中波数 v 上的噪声幅值，可由测量获得的信号幅值减去信号真值获得。

FTIR 中噪声的功率与总测量时间 T 的平方根成反比，信号真值可近似取信号的长时间平均值。

噪声同时存在于待测物光谱与背景光谱中。背景光谱通常会采取长时间测量取平均值的方式来降低噪声幅度，因此背景光谱中的噪声幅度一般远小于待测物光谱中的噪声幅度，可以认为光谱中的噪声主要由待测物光谱中的噪声引起。

已知透射率的定义式为

$$T(v) = \frac{B(v)}{B_n(v)} \times 100\% \tag{3.17}$$

式中，$T(v)$ 为透射率；$B(v)$ 和 $B_n(v)$ 分别为光源透过待测物和背景的光强。

干涉图每个数据的噪声分布是相同的，傅里叶变换是线性变换，因此直接得到以光强为输出的光谱图，每条谱线的噪声分布也是基本相同的，假设为 $\delta B(v)$，则透射率变为

$$T(v) + \delta T(v) = \frac{B(v) + \delta B(v)}{B_n(v)} \times 100\% \tag{3.18}$$

式(3.18)与式(3.17)相减，可得

$$\delta T(v) = \frac{\delta B(v)}{B_n(v)} \times 100\% \tag{3.19}$$

由式(3.18)可以看出，透射率光谱的噪声分布与每条谱线的噪声分布基本相同，但是背景光谱值 $I_0(v)$ 两头小，尤其是低波数段，因此透射率光谱两头的噪声就大。

吸光度光谱噪声的分布与透射率光谱噪声的分布不同。吸光度的定义式为

$$A(v) = \lg \frac{1}{T(v)} = -\lg \frac{B(v)}{B_n(v)} \tag{3.20}$$

加上噪声之后的吸光度变为

$$A(v) + \delta A(v) = -\lg \frac{B(v) + \delta B(v)}{B_n(v)} \tag{3.21}$$

式(3.21)与式(3.20)相减，可得

$$\delta A(v) = -\lg \left[1 + \frac{\delta B(v)}{B(v)} \right] \tag{3.22}$$

一般情况下，噪声幅度远小于信号幅度，即 $\dfrac{\delta B(v)}{B(v)}$ 为小量。对式(3.22)右侧进行泰勒展开，舍去二阶以上小量，可得

$$\delta A(v) \approx -\frac{1}{\ln 10} \frac{\delta B(v)}{B(v)} \tag{3.23}$$

噪声在吸光度和吸光度光谱图上的方差分布满足如下关系：

$$S_{吸光度}(v) \approx \left(\frac{1}{\ln 10} \right)^2 \frac{S_{光谱图}(v)}{B^2(v)} \tag{3.24}$$

由式(3.24)可以看出，噪声在吸光度上的方差分布不仅与其在光谱图上的方差分布相关，还与光谱图上探测信号的强度相关。当吸收峰过强造成信号幅度较低时，或者待分析区域处于光谱信号幅度较低的低波数区时，吸光度光谱中噪声的方差会很大。因此，吸光度光谱和透射率光谱在噪声的分布上有所不同。

噪声的来源和本质往往难以确定，但都满足正态分布。如果光谱具有较差的信噪比，那么就需要对光谱进行改进。用于改进的试验方法有很多，其中比较常用的是增加扫描次数和选择适当的采样方法。如果通过上述方法依然不能改进光谱的信噪比，可以考虑光谱的平滑处理方法。光谱平滑的原理是降低噪声电平的频谱，从而提高光谱的信噪比。利用光谱平滑数据处理方法可以降低光谱的噪声，从而看清楚被噪声掩盖的真正的谱峰。对于在噪声光谱中的吸收峰，一般来说，噪声的吸收峰是窄的，而样品的吸收峰是宽的，特别是对固体和液体而言。

3.2.2　平滑处理方法

常见的平滑处理方法有四种：平均窗口平滑方法、中位值平滑方法、Savitzky-Golay 平滑方法及小波阈值去噪法。以下对每种方法进行简要介绍[8]。

1. 平均窗口平滑方法

平均窗口平滑方法是最简单的除噪平滑方法，其原理是在光谱中选取几个数据点，在这几个数据点的周围画个矩形框将其包围住，这个框就称为平滑窗口。计算这个矩形窗口$[i-p, i+p]$内若干点的平均值，作为平滑后新的数据点 $x_{i,\text{new}}$，即

$$x_{i,\text{new}} = \frac{1}{2p+1} \sum_{j=-p}^{p} x_{l+j} \tag{3.25}$$

例如，假设平滑窗口中包含 9 个数据点，取这 9 个数据点的 y 轴值，将其相加，除以 9 计算平均值，将计算出的平均 y 轴值赋给平滑窗口中 x 轴的中间点，即第 5 个数据点，再将平滑窗口移动一个数据点，同样计算出对于新的这组 9 个数据点的平均值，向平滑窗口 x 轴的中点数据分配新的平均值，以此类推，直到完成对整个光谱图的平滑处理。通过对平滑窗口的移动得到整个频谱 y 值的移动平均值，因此平滑后的光谱图表示的是 y 轴平均值相对于波数的关系。平滑处理将光谱中的噪声进行了平均处理，即

$$SNR \propto p^{1/2} \tag{3.26}$$

式中，p 为平滑窗口点的数量。

平滑量与平滑窗口中包括点的数量 p 是成正比的，p 取值越大，就能消除更多的噪声，但测量数据失真也会越大，应该根据实际情况选择适当的 p 值。平滑窗口中包含的数据点必须是奇数，否则将没有平滑窗口的中间数据点，另外，需要将平滑光谱的末端进行截断，因为这些数据点不能成为平滑窗口的中心点。

2. 中位值平滑方法

移动窗口滤波方法平滑数据时，不仅需要知道前 p 个点的测量值，还需要预先知道后 p 个点的测量值，因而不能用于在线优化。在线优化可以用中位值代替移动窗口平滑中的平均值，就得到了中位值平滑方法，即

$$x_{i,\text{new}} = \text{median}(x_i) \tag{3.27}$$

另外，中位值比平均值具有更好的稳健性，能排除测量数据中奇异值的干扰。

3. Savitzky-Golay 平滑方法

无论是平均窗口平滑方法还是中位值平滑方法，都会使原来数据中的峰形失

真。因此，Savitzky 等[9]提出了一种新的窗口平滑方法，他们采用多项式在最小二乘意义下拟合原数据，推导出了 Savitzky-Golay 平滑方法。该方法采用汉明窗或者汉宁窗来代替平均窗口平滑方法中的矩形窗口，从而不会使峰形失真，或者大幅减小失真度。Savitzky-Golay 平滑方法的具体算法介绍如下。

Savitzky-Golay 平滑方法是基于平均窗口平滑方法的改进方法，平滑的关键在于矩阵算子的求解。设滤波窗口的宽度为 $n=2m+1$，各测量点为 $x=(-m,-m+1,\cdots,0,\cdots,m-1,m)$，采用 $k-1$ 次多项式对窗口内的数据点进行拟合。

$$y = a_0 + a_1x + a_2x^2 + \cdots + a_{k-1}x^{k-1} \tag{3.28}$$

根据式(3.28)，可以得到 n 个这样的方程，组成了 k 元线性方程组，即

$$\begin{bmatrix} y_{-m} \\ y_{-m+1} \\ \vdots \\ y_m \end{bmatrix} = \begin{bmatrix} 1 & -m & \cdots & (-m)^{k-1} \\ 1 & -m+1 & \cdots & (-m+1)^{k-1} \\ & & \vdots & \\ 1 & m & \cdots & m^{k-1} \end{bmatrix} \begin{bmatrix} a_0 \\ a_1 \\ \vdots \\ a_{k-1} \end{bmatrix} + \begin{bmatrix} e_{-m} \\ e_{-m+1} \\ \vdots \\ e_m \end{bmatrix} \tag{3.29}$$

写成矩阵形式为

$$\boldsymbol{Y} = \boldsymbol{XA} + \boldsymbol{E} \tag{3.30}$$

要使方程组有解，一般取 $k<n$，通过最小二乘拟合确定系数矩阵 $\boldsymbol{A}$，因此 $\boldsymbol{A}$ 最小二乘解 $\hat{\boldsymbol{A}}$ 为

$$\hat{A} = \left(\boldsymbol{X}^{\mathrm{T}}\boldsymbol{X}\right)^{-1}\boldsymbol{X}^{\mathrm{T}}\boldsymbol{Y} \tag{3.31}$$

由此可得 y 的最小二乘拟合值为

$$\hat{y} = \boldsymbol{XA} \tag{3.32}$$

将 $\hat{y}$ 用于平均窗口平滑方法，用汉明窗或者汉宁窗来代替平均窗口平滑方法中的矩形窗口，则完成了 Savitzky-Golay 平滑方法的实现。取 $n=5$、$k=2$ 时，Savitzky-Golay 平滑方法对甲烷红外光谱的平滑结果如图 3.21 所示。可以看出，相对于初始光谱，平滑后的光谱曲线毛刺减少，因此更为光滑，同时其峰值也减小，两个相邻较近的吸收峰之间的谷底反而抬高。

当使用 Savitzky-Golay 平滑方法时，除设置平滑窗口中的数据点数外，最小二乘法方程中使用的次数也必须设定。多项式中的最高阶次为 2 阶的未知数为 x_2。在选择平滑窗口的数据点数时，应该先从小选起，逐步增大，鉴于数据点数越多，平滑程度越大，分辨率越低，失真也越大，不同数据点数情况下用 Savitzky-Golay 平滑方法平滑的甲烷红外光谱图如图 3.22 所示，平滑窗口数据点数分别为 5、7、9。可以看出，当数据点数增加时，光谱的一些毛刺减少，光谱细节信息也减少，平滑的程度增加。

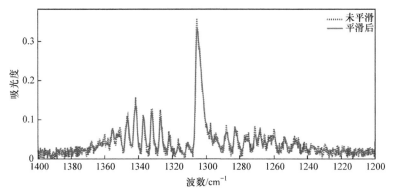

图 3.21　$n=5$、$k=2$ 时 Savitzky-Golay 平滑方法对甲烷红外光谱的平滑结果

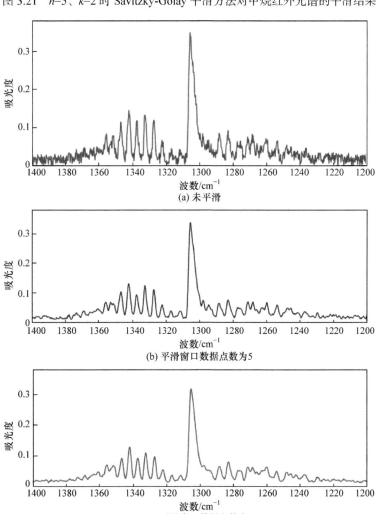

(a) 未平滑

(b) 平滑窗口数据点数为5

(c) 平滑窗口数据点数为7

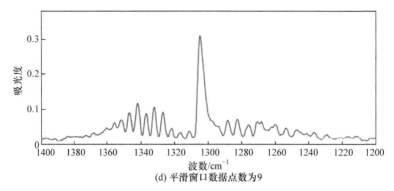

(d) 平滑窗口数据点数为9

图 3.22　不同数据点数情况下用 Savitzky-Golay 平滑方法平滑的甲烷红外光谱图

　　Savitzky-Golay 平滑方法需要通过扩大吸收峰来平滑光谱，如果光谱过度平滑，可能会引起吸收峰形状的失真，甚至几个吸收峰会合并在一起。图 3.22 中甲烷红外光谱过度平滑后得到的光谱图如图 3.23 所示。

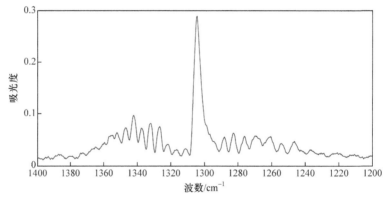

图 3.23　光谱过度平滑引起的失真

　　比较图 3.22 和图 3.23 可以看出，1350 和 1270cm^{-1} 附近的吸收峰的谱带宽度在平滑后增加了，破坏了重要光谱信息。为了防止影响数据，需要先对平滑窗口选取少量数据点平滑，然后逐渐增加数据点，并仔细观察光谱中的吸收峰是否平滑，如果吸收峰的谱带开始出现明显的加宽，或者吸收峰开始逐渐合并在一起，则需要减小平滑窗口的数据点数。

　　综上所述，平滑算法在如何计算平滑窗口中的平均值方面不同。在平滑窗口可以使用的数据点中，对中心部分的数据点会运用更多的权重平均值，而对末端的数据点会应用更少的权重平均值。无论运用何种平滑方法，如何描述执行平滑的过程，至少必须报告平滑窗口中使用的平滑算法和数据点的数量，如术语 "7 点 boxcar" 和 "9 点 Savitzky-Golay" 是描述光谱实现平滑的方式。

4. 小波阈值去噪法

信号在时空分布上有一定的连续性，在小波域有效信号所产生的小波系数模值较大，而高斯白噪声在空间上(或者时间域)没有连续性，因此噪声经过小波变换，在小波域仍然表现为很强的随机性，通常认为是高斯白噪声。因此，在小波域，有效信号对应的系数很大，而噪声对应的系数很小。假设噪声在小波域对应的系数仍满足高斯白噪声分布，噪声的小波系数对应的方差为σ，那么根据高斯分布的特性，绝大部分(99.99%)噪声系数都位于$[-3\sigma, 3\sigma]$区间内(切比雪夫不等式、3σ准则)。因此，只要将区间$[-3\sigma, 3\sigma]$内的系数置零，就能最大程度地抑制噪声，同时只是稍微损伤有效信号，这就是常用的硬阈值函数。除硬阈值函数外，常用的还有软阈值函数，软阈值函数是为了解决硬阈值函数导致去噪后波形产生局部抖动的问题。不同于硬阈值函数将区间置零，软阈值函数是将模小于 3σ 的小波系数全部置零，而将模大于3σ的小波系数做一个比较特殊的处理，即大于3σ的小波系数统一减 3σ，小于-3σ的小波系数统一加 3σ，经过软阈值函数处理后，小波系数在小波域就比较光滑了，因此用软阈值去噪得到的图像看起来更平滑。

相对而言，硬阈值函数去噪所得到的峰值信噪比较高，但是有局部抖动的现象，软阈值函数去噪所得到的峰值信噪比不如硬阈值函数去噪，但是结果看起来很平滑。

一般的小波阈值去噪过程如图 3.24 所示。

图 3.24　小波阈值去躁过程

在数学模拟软件中，该过程可以用函数 XD=wden(X,TPTR,SORH, SCAL,N, 'wname')实现。其中，X 为原始信号；TPTR 为阈值选取的方法，包括'rigrsure'、'heursure'、'sqtwolog'和'minimaxi'四种方法，分别为无偏风险估计阈值、固定阈值、启发式阈值和极大极小阈值；SORH 包括软阈值函数 s 或硬阈值函数 h 的选择；SCAL 为乘法阈值尺度调节，包括 one、sln 和 mln；N 为分解层数；wname 为选择的小波基类型。

1) 四种阈值选择方法

(1) 无偏风险估计阈值。

把信号 $s(i)$中的每一个元素取绝对值，再从小到大排序，将各个元素取平方，得到新的信号序列为

$$f(k)=[\text{sort}(|s|)]^2, \quad k=0,1,\cdots,N-1 \tag{3.33}$$

若取阈值为 $f(k)$ 的第 k 个元素的平方根，即

$$\lambda_k = \sqrt{f(k)}, \quad k = 0, 1, \cdots, N-1 \tag{3.34}$$

则该阈值产生的风险为

$$\text{Risk}(k) = \frac{N - 2k + \sum_{j=1}^{k} f(j) + (N-k) f(N-k)}{N} \tag{3.35}$$

根据所得到的风险曲线 Risk(k)，记最小风险点对应的值为 $k_{\min}$，阈值定义式为

$$\lambda_k = \sqrt{f(k_{\min})} \tag{3.36}$$

(2) 固定阈值。

固定阈值取值为

$$\lambda = \sqrt{2\lg N} \tag{3.37}$$

(3) 启发式阈值。

启发式阈值的选择原则依据以下两个参数，即

$$\text{crit} = \sqrt{\frac{1}{N} \left(\frac{\ln N}{\ln 2} \right)^3} \tag{3.38}$$

$$\text{eta} = \frac{\sum_{j=1}^{N} |S_j|^2 - N}{N} \tag{3.39}$$

如果 eta<crit，则选用固定阈值；否则，选取固定阈值和无偏风险估计阈值中较小值作为阈值。

(4) 极大极小阈值。

极大极小阀值取值为

$$\lambda = \begin{cases} 0.3936 + 0.1829 \dfrac{\ln N}{\ln 2}, & N > 32 \\ 0, & N \leqslant 32 \end{cases} \tag{3.40}$$

上面四个阈值选取方法都没有涉及噪声的方差，而这是不合理的，此时需要引入 SCAL 参数。已知噪声方差估计，即

$$\sigma_{\mu,j} = \frac{\text{median}(d_j(k))}{0.6745} \tag{3.41}$$

2) 三个标志代表

one：上述求出的四个阈值和 $\sigma_{\mu,j}$ 无关。

sln：上述求出的四个阈值和 $\sigma_{\mu,j}$ 相乘，其中 $\sigma_{\mu,j}$ 取 $j=1$ 尺度下的估计值。

mln：上述求出的四个阈值和各个尺度下算出的 $\sigma_{\mu,j}$ 相乘。

　　在实际应用中，需要根据不同需求选择合适的参数，以获得良好的去噪效果。也就是在去除噪声的同时，尽可能保留光谱信息。图 3.25(b)是对图 3.25(a)所示的含有较大噪声的甲烷红外光谱图执行命令 y=wden(x, 'rigrsure', 's', 'sln', 5, 'db1')后得到的光谱图。对比图 3.25(a)和(b)可以看出，噪声已大幅消除，但红外光谱图的波形基本未变，因此该条指令去噪效果良好。

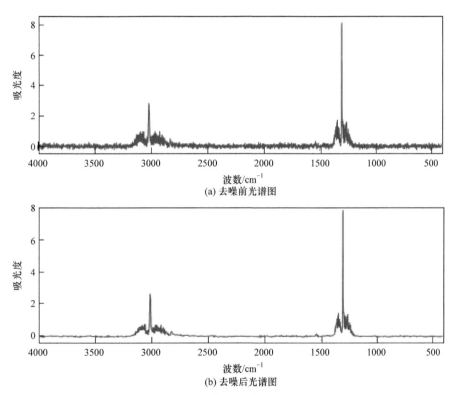

图 3.25　小波阈值去噪前后光谱图对比

　　在实际应用中，也可以使用 FTIR 自带的红外分析软件进行光谱数据的平滑处理。红外软件中通常提供两种光谱平滑方法，即手动平滑和自动平滑，区别在于手动平滑需要确定平滑的数据点数，自动平滑则不需要，仪器会自动对选定的光谱进行平滑处理。

　　光谱平滑通常从最少的点数开始，将平滑前后两张光谱进行比较，主要观察肩峰的形状，如果肩峰没有消失，光谱的分辨率没有明显下降，就可以继续增加平滑的点数，直到信噪比达到要求为止。图 3.26 为利用 Spectrum Two 红外分析软件自带平滑处理功能对甲烷、乙烷、乙烯、丙烯的平滑处理前后，以及增加扫描次数得到的红外光谱对比图。在软件平滑处理时可以根据不同气体的红外光谱来选取不同的平滑因子，一般平滑因子可以在 0~99 范围内进行选取，图中所选取的平滑因子皆为 28，可以看出所有经过平滑处理的谱线都降低了噪声，从平滑结果图中可以看出部分被噪声湮没的吸光度峰值，但选取相同的平滑因子会使部分气体的红外光谱图出现失真现象，部分峰值会降低，如图 3.26(c)所示。

　　利用光谱平滑方法对光谱进行平滑后，光谱的噪声降低，同时光谱的分辨率也降低了。当光谱的平滑达到一定程度后，光谱的有些肩峰会消失，随着光谱平滑点数的增加，吸收峰会变得越来越宽。在实际操作中，平滑因子不能设置过大，如图 3.26(e)所示，将平滑因子调到 60 后，光谱图有了明显的失真，因此平滑因子应控制在 50 以下。

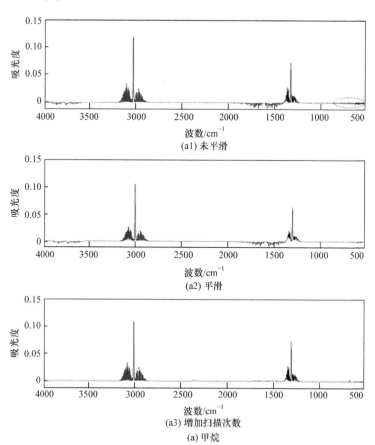

(a1) 未平滑

(a2) 平滑

(a3) 增加扫描次数

(a) 甲烷

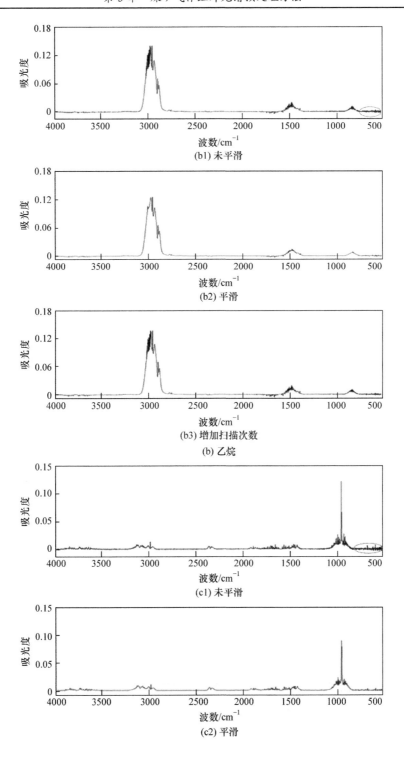

(b1) 未平滑

(b2) 平滑

(b3) 增加扫描次数

(b) 乙烷

(c1) 未平滑

(c2) 平滑

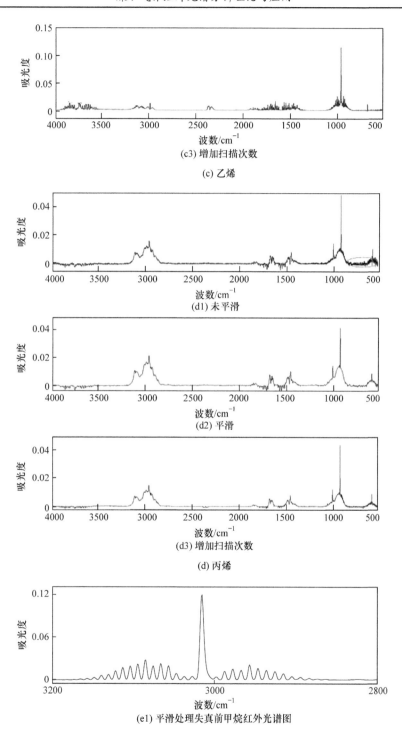

(c3) 增加扫描次数

(c) 乙烯

(d1) 未平滑

(d2) 平滑

(d3) 增加扫描次数

(d) 丙烯

(e1) 平滑处理失真前甲烷红外光谱图

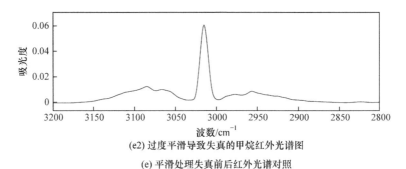

(e2) 过度平滑导致失真的甲烷红外光谱图

(e) 平滑处理失真前后红外光谱对照

图 3.26 甲烷、乙烷、乙烯、丙烯的平滑处理前后, 以及增加扫描次数得到的红外光谱对比图

平滑是对已采集的光谱信噪比达不到要求而采取的一种数据处理方法, 是一种补救方法。实际上在采集光谱数据时, 如果光谱的信噪比达不到要求, 可以采用增加扫描次数的办法, 如图 3.26 所示, 将扫描次数从 2 次提升到 16 次后, 噪声有了明显的降低, 信噪比也得到提高。同时增加扫描次数可以降低误差。如图 3.26(a)所示, 在扫描次数为 2 的红外光谱中出现负值, 在增加扫描次数后, 这部分误差有明显的降低。也可以采用降低分辨率的办法, 以提高光谱的信噪比, 这样得到的光谱就不需要进行平滑处理。平滑虽然没有降低光谱的"真正"分辨率, 但是光谱的"表现"分辨率已经降低。对光谱进行平滑和降低分辨率采集光谱数据, 得到的结果基本上是等同的。

3.3　插　　值

3.3.1　插值目的

插值一般应用于干涉图过零点附近的数据点, 这是为了将等时采样变为等光程差采样, 得到更为精确的光谱图。具体来说, FTIR 对干涉图的采样方式有两种: 等时采样和等光程差采样。采用等时采样时会存在由动镜移动不均匀引起的误差, 而这个误差是难以消除的。因此, 等光程差采样相对而言具有更大的优势, 这也是 FTIR 采用等光程差采样的原因[10]。

等光程差采样方法是将激光干涉条纹调制成方波信号, 触发模数转换器(analog-to-digital convertor, ADC)进行采样。该方法采用的 ADC 一般为逐次逼近类型的, 具有较高的采样速率, 而分辨率有限, 最高采样位数只能是 18 位。这种采样方式还存在许多缺点, 表现为动镜控制电路复杂、量化位数低、成本高、采样存在延迟、光谱范围受参考激光频率限制等。针对这些问题, 可先对激光干涉图和目标干涉图进行等时采样, 然后将采样后的数据输入处理单元, 利用数字方法和激光干涉图对目标干涉图进行重采样。数字方法重采样系统基本结构如

图 3.27 所示，具体步骤如下：

(1) 根据奈奎斯特采样定理，使用相同的采样频率同时对激光干涉信号和红外干涉信号进行过采样，即 $f_s \geqslant 2f_m$。此时得到的两路干涉信号是时域信号，假设采样时间间隔为 $\mathrm{d}t$，则 $t_i = 0, \mathrm{d}t, 2\mathrm{d}t, \cdots$ 为每个激光干涉信号和红外干涉信号采样点对应的采样时刻，因此红外干涉信号和激光干涉信号在第 i 个采样点的采样时刻应该相同，即 $t_{1i} = t_{ji}$，得到红外干涉信号 $I_1(t_i)$ 和激光干涉信号 $I_2(t_j)$。

(2) 对激光干涉条纹进行插值操作，插值只需要在过零点的位置进行。激光干涉图过零点的位置可以通过缓存的计数器值进行确定，利用插值后的数据，可获得每个激光干涉图过零点的精确时间 t_j'。

(3) 对红外干涉信号进行等时插值处理，利用第二步获取的 t_j' 信息对插值后的红外干涉信号进行采样，也就是 $I_1(t_i) = I_1(t_j')$，得到等光程间隔的干涉图。

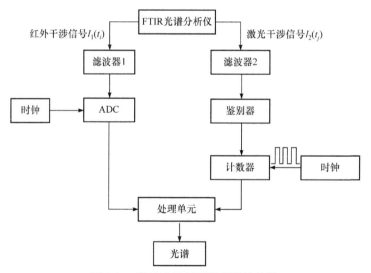

图 3.27 数字方法重采样系统结构图

3.3.2 插值方法

利用数字重采样方法对红外干涉图进行采样，其核心是对干涉数据的插值处理，插值方法会直接影响光谱噪声及实现的难度。傅里叶变换红外光谱干涉图插值常采用的插值方法有线性插值、多项式插值、三次样条插值和傅里叶变换插值、滤波器插值。大多数 FTIR 自带的软件中均具有这样的功能，有的还提供二次开发功能，许多的软件开发平台(如数学模拟软件)也具有实现这些功能的函数，用户可直接调用。因此，本节只简要介绍其原理，其余内容不做详细的讨论。

1) 线性插值

线性插值即一次多项式的插值方式，利用两数据点的直线来近似表示原函数，线性插值在各插值节点上的插值误差为 0。设函数 $y=f(x)$ 在两点 x_0、x_1 上的值分别为 y_0、y_1，两点间的线性插值函数为 $\varphi(x)$，即

$$\varphi(x) = \frac{x-x_1}{x_0-x_1}y_0 + \frac{x-x_0}{x_1-x_0}y_1 \tag{3.42}$$

2) 多项式插值

在目标点左右两端选取一定数量的数据点，进行多项式拟合，将目标点的横坐标代入拟合的函数中，即可得到目标点的纵坐标值。

根据光谱曲线的特点，选择不同的函数进行曲线拟合，若实点对称分布在要插值的点的两侧，用二次或者三次拟合均可。若 4 个已知点呈单调递增形式，则适合用二次拟合或者一次线性拟合。若前 3 个点呈递增第 4 个点呈下降，则用二次拟合较好。干涉图不存在周期性，需要对每一插值点进行多项式拟合，虽然可以实现较精确的插值，并且无需考虑动镜运动不均匀性的影响，但对于采样点以万为单位的干涉图，计算代价巨大。

多项式插值本质上也是多项式拟合，通常采用最小二乘法来实现。最小二乘法的原理与实施方法详见本书第 4 章。

3) 三次样条插值

工程上常用三次样条插值，其基本思想是将插值区间 n 等分，在每一个子区间上采用三次埃尔米特插值方法导出插值函数 $S_3(x)$。

(1) 在每个小区间 $[x_{i-1}, x_i]$ 上是不高于三次的多项式 $P_i(x)$，$i=0,1,2,\cdots,n-1$。

(2) 在插值节点 x_i 上 $S(x)$ 和被插函数 $f(x)$ 重合，即 $S_3(x_i)=f(x_i)=y_i$，$i=0,1,\cdots,n$。

(3) 在整个区间 $[a,b]$ 上，S_3 有一阶和二阶连续导数。

4) 傅里叶变换插值

(1) 将时域的干涉信号进行快速傅里叶变换，变为时域的傅里叶变换红外光谱。

(2) 对变换后的光谱进行补零操作，如果希望对两个数据点之间进行 n 倍插值，则需要使补零后的数据长度至少是原数据的 n 倍，补零需要从光谱的中间进行。

(3) 对插值光谱进行逆快速傅里叶变换，变换后得到的是复数干涉图，取实数部分作为插值后的干涉图数据。

5) 滤波器插值

Brault[11] 提出了一种利用数字滤波器进行插值的算法，该算法包括三级校正。第一级校正采用的是固定的滤波器系数，当动镜运动出现波动时会对重采样的干涉图造成影响。第二级校正就是为了补偿动镜不均匀运动而设计的，同样第二级校正也是通过滤波器实现的。第三级校正是为了补偿时间延迟而设计的，对于大部分系统，这一级校正可以省去。这里重点介绍第一级滤波器插值校正算法，第

二级与第一级过程基本一致，只是滤波器系数的构建有所不同。

　　该插值应用的是 sinc 插值原理，对于函数 $f(x)$，当其满足以下条件时，便可以利用 $f(x)$ 等间隔离散采样样本对原信号进行重建。

　　(1) 信号是有限带宽的，即信号最高频率是有限的。

　　(2) 采样满足奈奎斯特采样定理。

　　当满足以上两个条件时，重建信号的方程为

$$f(x) = \sum_{i=-\infty}^{+\infty} f(i)\text{sinc}(x-i) \tag{3.43}$$

式中，$f(i)$ 为 $x=i$ 时的采样。

　　由式(3.43)可知，构建 sinc 函数卷积核与等时采样的红外干涉图即可实现插值运算。卷积运算通过滤波器滤波操作实现，对于等时采样的干涉图，每个滤波器通过与过零点处附近干涉图发生卷积可得到相应的插值点数据，进而得到修正后的等光程差采样干涉图。

　　插值处理可以增加谱线值，但并没有增加光谱信息，却增加了计算量，甚至增加的计算量很大。图 3.28 为标准气体浓度均为 0.1% 的甲烷、乙烷直接扫描得到的未做补零插值以及采用补零插值的红外光谱图。可以看出，插值与未插值的

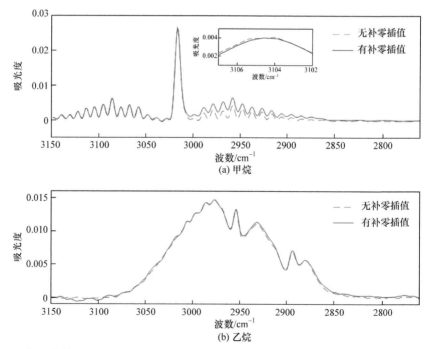

图 3.28　标准气体浓度均为 0.1% 的甲烷、乙烷直接扫描得到的未做补零插值以及采用补零插值的红外光谱图

红外光谱图并无明显差异，只是插值后的光谱图更平滑。在很多光谱分析应用中，有些插值运算已融合到特征变量提取中，而不再另行处理。上述线性插值运算，由吸光度 a_i 和 a_{i-1} 通过线性插值，在这两条谱线之间得到一条新的谱线值 $(a_i + a_{i-1})/2$，在光谱分析中直接采用 $(a_i + a_{i-1})/2$ 即可。

3.4　谱　带　拟　合

有时候不同样品组分的光谱的谱带峰位接近且谱峰的宽度较大，就会使测得的红外光谱发生严重的谱带重叠，从而给利用红外光谱分析分子的微观特性带来不利影响。常用的解决方法有二阶导数法和傅里叶解卷积法，但是如果想对重叠的光谱有较为全面、准确的认识，对光谱进行曲线分峰拟合很有必要。谱带拟合是利用曲线拟合法，将重叠在一起的各个子峰通过计算机拟合，将重叠在一起的各个子峰分解为洛伦兹函数分布或者高斯函数分布的各个子峰，从而能够准确地计算出各个子峰的面积。

光谱曲线分峰拟合是假设试验光谱 $Y_{\exp}(x)$（其中 x 是光谱频率）是由若干个单峰谱带叠加而成的，光谱曲线拟合的任务是找到一组单峰谱带 $F_i(x)(i=1,2,\cdots,n)$，即

$$Y_{\exp}(x) = \sum_{i=1}^{n} F_i(x) \tag{3.44}$$

式中，$F_i(x)$ 为单峰谱带，是由高斯函数 $G_i(x)$ 和洛伦兹函数 $L_i(x)$ 组成的，即

$$F_i(x) = (1 - c_i)L_i(x) + c_i G_i(x) \tag{3.45}$$

式中，

$$G_i(x) = I_i \exp\left[-2\left(\frac{x - v_i}{w_i}\right)^2\right] \tag{3.46}$$

$$L_i(x) = \frac{v_i}{1 + \left(\dfrac{x - v_i}{w_i}\right)^2} \tag{3.47}$$

式中，v_i 为单峰函数的峰位，即 $F_i(x)$ 最大值所对应的频率；I_i 为单峰函数的峰强，即 $F_i(x)$ 最大值对应的强度；w_i 为单峰函数的半高宽；c_i 为单峰函数的高斯函数、洛伦兹函数的组合系数，这里是指高斯函数的含量。

综上所述，单峰曲线就是以峰位参数 v_i、峰强参数 I_i、峰宽参数 w_i、峰形参数 c_i 为参变量的关于光谱频率的函数，即

$$F_i(x) = F_{v_i, I_i, w_i, c_i}(x) \tag{3.48}$$

光谱曲线分峰拟合就是求得一组单峰函数的参数，即

$$Y_{\exp}(x) = \sum_{i=1}^{n} F_{v_i, I_i, w_i, c_i}(x) \tag{3.49}$$

谱带拟合需要曲线拟合的软件，有的红外仪器公司提供的红外软件中包含曲线拟合软件，而有的红外仪器公司并没有提供，如果用户需要，应单独购买。

图 3.29 为多吸收峰光谱图及其拟合光谱图。从图中可以看出，吸收峰 C 至少由 3 个谱带组成，吸收峰 B 和 C 又有部分重叠。直接测量吸收峰 B 和 C 谱带的峰高或者峰面积是不可靠的，为了准确测量吸收峰 B 和 C 的峰高或峰面积，需要对这两个谱带进行曲线拟合，拟合结果如图 3.29 中的谱带拟合曲线所示。有些情况下，存在一些组分的吸收谱带并非单峰的，其吸收峰既非高斯形的也非洛伦兹形的，拟合比较复杂，可能需要用到逆向最小二乘法，在第 4 章会有介绍。

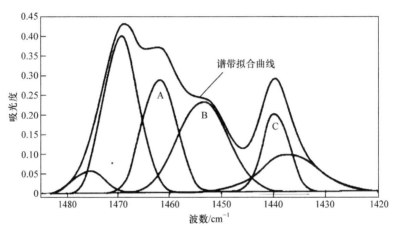

图 3.29　多吸收峰光谱图及其拟合光谱图

3.5　光　谱　差　分

在光谱分析中，有时候得到的红外光谱会出现重叠谱峰的现象，无法有效鉴别出各种组分，这时可以利用差分光谱准确快捷地显示光谱的某些属性，对复杂体系进行定量分析、微量成分的检测鉴定及峰处理等。曲线上某一点的一阶导数是这一点切线的斜率，红外光谱转换成一阶导数光谱，计算出光谱中每个数据点处切线的斜率，连成曲线就成为一阶导数光谱。在一阶导数光谱中，基线与各个峰交点的波数即为原光谱中峰尖、峰谷和肩峰的波数，即原光谱中峰尖和峰谷位置在一阶导数光谱中是 $y=0$ 处。基线与峰左侧的交点为原光谱中峰尖和肩峰的位置，基线与峰右侧的交点为原光谱中峰谷的位置。一阶导数光谱的峰尖和峰谷位

置就是斜率变化最大的位置，甲烷的一阶导数光谱图如图 3.30(a)所示。

二阶导数光谱是对一阶导数光谱再求一次导数得到的光谱图。如果曲线在某点处的一阶导数等于 0，而二阶导数不为 0，那么这一点就是曲线的极值。二阶导数光谱的峰谷位置对应于原光谱的峰尖和肩峰位置，也就是说，二阶导数光谱的负峰位置对应于原光谱中吸收峰和肩峰的准确位置，甲烷的二阶导数光谱图如图 3.30(b)所示。二阶导数光谱能够找出原光谱中所有吸收峰和肩峰的准确位置，二阶导数光谱是比一阶导数光谱更好、更有用的一种数据处理方法。

同理，还有四阶导数光谱，即对二阶导数光谱再进行一次二阶导数光谱转换，四阶导数光谱比二阶导数光谱具有更强的分辨能力。

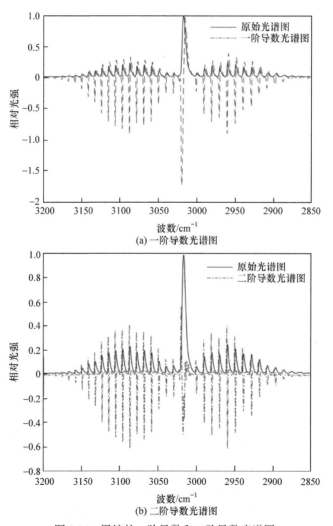

图 3.30　甲烷的一阶导数和二阶导数光谱图

导函数的特性如下。

1) 半高宽

对于具有洛伦兹峰形的谱峰，在二阶导数光谱的峰中，其半高宽只有原来的 1/3，在四阶导数光谱中，其半高宽将收敛至原来的 1/5，此特性对鉴别有无叠合弱峰非常有用。

2) 数据点

导数光谱是通过对原光谱的数据点逐点求导得到的。原光谱的测量精度越高、采集的数据点越多，所得的导数光谱分辨率也越好。二阶导数光谱能否分开两个叠合峰取决于峰距、半高宽等因素，高阶导数光谱虽然能明显提高分辨率，但信噪比随之下降。

3) 信噪比

求导阶数越高，对原光谱信噪比的要求越高，否则会在偶阶导数光谱吸收峰的两边出现人为的负峰。导数阶数增加时，分辨率提高，但是信噪比降低。采样间隔 Δx 增加时，信噪比提高，但到一定程度后，偏离效应，此优越性被削弱。凡是强弱变化的曲线都可做导数光谱处理，下面介绍导数光谱的应用。

(1) 多组分同时测定。导数分光光度法可以简单、快速、灵敏地同时测定多种物质，利用求四阶导数可以将其特征吸收峰分离出来，从而判定各组分。

(2) 减少背景干扰的影响。导数光谱有助于在背景干扰存在的情况下鉴别谱峰。当背景为线形时，一阶导数光谱可以让背景影响消失。当背景为抛物线时，二阶导数光谱可以让背景影响消失。背景干扰随导数阶数的增高得到改善。

(3) 分开叠合峰。导数光谱能否分开两个叠合峰取决于峰距、半高宽等因素，有时候二阶导数光谱就可以分开叠合峰，有时候需要四阶导数光谱才能分开。

(4) 纤维检测。黄树先等[12]发现用二阶导数傅里叶变换红外光谱法能鉴别成分相同和近似的羊毛及其制品，同时还对棉混纺的涤纶、丙纶、尼龙和腈纶纤维用 0.5 波数分辨率测定其一阶导数光谱进行定量计算，获得误差小于±5%的分析结果。

(5) 定量应用。红外定量分析误差主要源于其他组分谱峰的叠加干扰。导数光谱提供的各种图形为避开干扰开辟了通道。当定量峰右边有干扰时，可选用一阶导数正半峰测量。二阶导数光谱峰半高宽收敛，有利于定量测定。

(6) 微量成分鉴定。有时候多组分样品中，有的样品含量很少，其特征峰可能被掩盖，无法鉴别出来。对光谱求导，可以使微量样品的特征峰重新显现。

(7) 为分峰提供峰位和峰个数。一阶导数光谱能够显示出原光谱中的吸收峰和肩峰，二阶导数光谱能够找出原光谱中的吸收峰和肩峰的准确位置。

3.6　光谱解卷积

　　有时候得到的红外光谱图存在谱带严重重叠的现象，例如，在凝聚相样品的红外光谱中，很多谱带是由两个以上的窄谱带合成而来的。对于这种谱带，采用常规 FTIR 获取光谱数据时，即使将 FTIR 的分辨率设定到最高，也无法将这些窄谱带分辨开来，这时可以采用傅里叶解卷积法来加以改善。在光谱的傅里叶变换域内消除或减小卷积函数的影响，从而使谱线得到细化的方法称为傅里叶解卷积法。解卷积的目的是增强红外光谱的分辨能力，其可以将严重重叠的谱带分开。傅里叶解卷积是凝聚态红外光谱分析中最常用的一种光谱分辨率增强方法，FTIR 产生的是光源光谱的傅里叶变换，并通过反傅里叶变换获得光源的光谱分布，因此傅里叶解卷积法可以十分方便地应用于傅里叶变换红外光谱，其运算的线性使其成为研究微观物质结构的有力工具。除独立作为一种分辨率增强方法外，在超分辨率谱估计法的线型优化环节上基本都采用这种方法。

　　傅里叶变换红外光谱是对有限长光程差的干涉图进行傅里叶变换得到的，在对干涉图进行变换时，要用一个切趾函数 $D(\delta)$ 乘以无限长光程差测得的干涉图 $I(\delta)$，方程为

$$B_m(v) = \int_{-\infty}^{+\infty} I(\delta) D(\delta) \cos(2\pi v\delta) \mathrm{d}\delta \tag{3.50}$$

$$B_m(v) = B(v) f(v) \tag{3.51}$$

　　傅里叶解卷积光谱是将得到的实测光谱解卷积，即将实测光谱图重新变成干涉图，再选择一个合适的切趾函数和干涉图相乘，再重新进行傅里叶变换，就完成了傅里叶解卷积运算全过程。

　　傅里叶解卷积能增强分辨率的原理是在理想条件下，单色光的谱线是无限细的，可以用 δ 函数表示，但实际中的谱线都是具有一定形状和宽度的，应表示为 δ 函数与一个线型函数的卷积，即

$$B_0(v, v_0) = (v - v_0) * P(v) \tag{3.52}$$

式中，v 为波数，cm^{-1}；$B_0(v, v_0)$ 为中心波在 v_0 的光谱；$v - v_0$ 为谱线的位置；$P(v)$ 为线型函数。

　　根据卷积的傅里叶变换性质，$B_0(v, v_0)$ 的傅里叶变换等于 δ 函数与线型函数的傅里叶变换之积，即

$$I_0(x) = \cos(2\pi v_0 x) p(x) \tag{3.53}$$

式中，$I_0(x)$ 为干涉图函数；x 为光程差，cm。

式(3.53)乘以 $p^{-1}(x)$，再进行逆傅里叶变换，就消除了光谱中的线型函数，得到无限细的谱线。在退卷积法中，$p^{-1}(x)$ 称为退卷积函数。若用 2σ 表示谱线的半高宽，其中 σ 称为退卷积系数，则归一化的洛伦兹线型和高斯线型的退卷积函数分别为

$$l(x) = \mathrm{e}^{2\pi\sigma|x|} \tag{3.54}$$

$$g(x) = \mathrm{e}^{\frac{\pi^2 x^2}{\sigma}} \tag{3.55}$$

洛伦兹线型和高斯线型是红外光谱的基本线型模型，所有的谱线都可以由这两种线型的组合表示出来。

假设光源强度为 $B_0(v, v_0)$，则 FTIR 可以产生干涉图，干涉图中总是包含一定程度的噪声。若用 $I(x)$ 表示 FTIR 产生的干涉信号，即

$$I(x) = I_0(x) + n(x) \tag{3.56}$$

这里假设 FTIR 产生的噪声是加法性的白噪声，假设光源谱线为洛伦兹型的，若用半高宽相等的洛伦兹线型函数对干涉图做解卷积，则解卷积后的干涉信号表示为

$$I(x)' = \frac{I(x)}{l(x, \sigma)} = I(x)\mathrm{e}^{-2\pi\sigma x} \tag{3.57}$$

噪声按指数增强，使得信噪比严重恶化，有必要对干涉信号进行切趾处理，以抑制高频部分过强的噪声，若以 $A(x)$ 表示切趾函数，即

$$I(x)'' = \cos(2\pi v_0 x)A(x) + n(x)\mathrm{e}^{2\pi\sigma x}A(x) \tag{3.58}$$

经过解卷积和切趾处理后的干涉信号的傅里叶变换红外光谱为

$$B_0(v, v_0) = \delta(v - v_0)F[A(x)] + N(v) \tag{3.59}$$

式中，$N(v) = F[n(x)\mathrm{e}^{2psx}A(x)]$ 为噪声光谱。

式(3.59)与式(3.53)相比可以看出，原来的线型函数被切趾函数的傅里叶变换代替。

综上所述，傅里叶变换解卷积法为

$$B(v) = F^{-1}[I_D(x)] = F^{-1}[I(x, X)D(x, \sigma)A(x, L)] \tag{3.60}$$

式中，$I(x, X)$、$D(x, \sigma)$、$A(x, L)$ 分别为原始干涉信号、退卷积函数和切趾函数；X、σ、L 分别为原始干涉信号的最大光程差、退卷积系数和切趾系数；$I_D(x)$、$B(v)$ 分别为退卷积后的干涉信号及其傅里叶变换红外光谱图。

退卷积法通过消除或减小光谱线型函数的影响，使光谱中原本重叠的谱线得以“分解”，从而易于被仪器分辨，因此是一种分辨率增强方法。退卷积法的分辨率增强能力由谱线细化倍数来定义，即

$$K = \frac{2\sigma}{\sqrt{\Delta v}} \tag{3.61}$$

式中，2σ 为光源谱线的半高宽；$\sqrt{\Delta v}$ 为退卷积光谱的谱线半高宽。

完全退卷积时，即退卷积系数等于谱线半高宽的一半，得到的光谱线型由切趾函数的傅里叶变换来决定，这时的细化倍数为

$$K = \frac{4\sigma L}{a} \tag{3.62}$$

式中，a 为切趾函数的系数。

不同的切趾函数对应不同的系数 a。在选择合适的切趾函数及切趾长度的条件下，就能满足 $K>1$，从而达到谱线细化的目的。

在实际应用中，必须选择一个光谱的区间，这个区间不能太宽，只能包含需要解卷积的宽谱带，而不能对整个中红外光谱区间进行解卷积处理。解卷积得到的光谱只显示所选区间的光谱，未选区间的光谱则不再显示。

采用 Spectrum Two 傅里叶变换红外光谱分析软件的自解卷积对甲烷、乙烷、乙烯、丙烯的光谱图进行处理，结果如图 3.31 所示，解卷积增强因子设置为 1。可以看出，1300cm⁻¹ 附近甲烷与其他组分气体红外光谱图有交叠，3000cm⁻¹ 附近乙烷与其他组分气体红外光谱图有交叠，而在 900cm⁻¹ 附近乙烯的和丙烯的红外光谱图有一定的重叠或覆盖，影响物质的定量分析，经过解卷积处理后，重叠的谱线都被分离开来，光谱图的部分细节更为清晰。一方面，针对不同气体选取相同的解卷积增强因子会出现不同的效果当解卷积增强因子为 1 时，甲烷的红外光谱图已经出现负值(见图 3.31(a))，原因是选取的解卷积增强因子略大，而对乙烷的红外光谱图进行解卷积处理后效果较好(见图 3.31(b))。另一方面，解卷积结果的好坏在一定程度上受人为因素的影响，因为操作者完全凭借经验决定解卷积增强因子的大小，因此不同的操作者对同一区间的红外光谱谱带进行解卷积操作时会得到不同的结果。一般来说，解卷积增强因子应设置在 0.8~1.8。

判断解卷积结果的正确性是有标准的，可以通过将解卷积光谱图和二阶导数光谱图进行比较，如果这两个光谱图吸收峰的个数相同，且峰的位置也相同，则可以认为解卷积结果是正确的。如图 3.31(e)所示，在对乙烷 2850~3050cm⁻¹ 范围内的红外光谱图做解卷积处理时，选取增强因子为 2，选取的解卷积增强因子过大导致谱峰的位置和数量均产生明显的变化，这种解卷积得到的结果就是错误的。对于信噪比较差的光谱，在进行解卷积操作之前，应该先进行光谱平滑处理，因为噪声对解卷积的结果会有影响，而噪声对解卷积的影响远远小于对二阶导数光谱的影响。

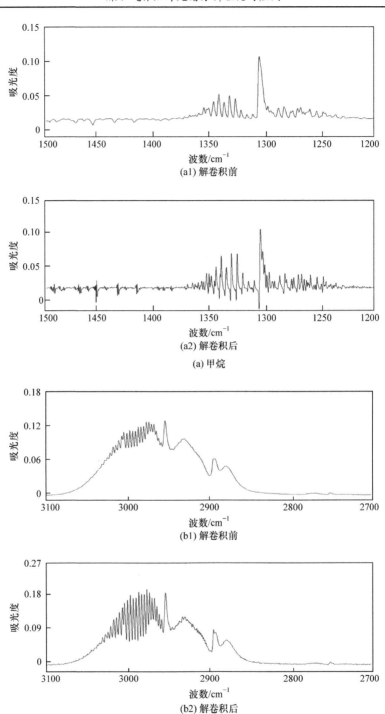

(a1) 解卷积前

(a2) 解卷积后

(a) 甲烷

(b1) 解卷积前

(b2) 解卷积后

(b) 乙烷

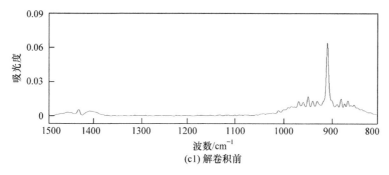

(c1) 解卷积前

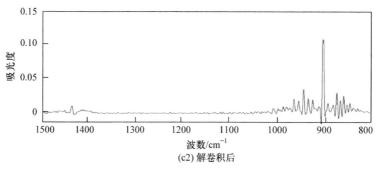

(c2) 解卷积后

(c) 乙烯

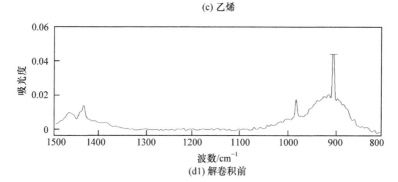

(d1) 解卷积前

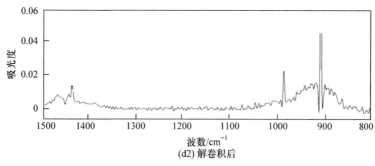

(d2) 解卷积后

(d) 丙烯

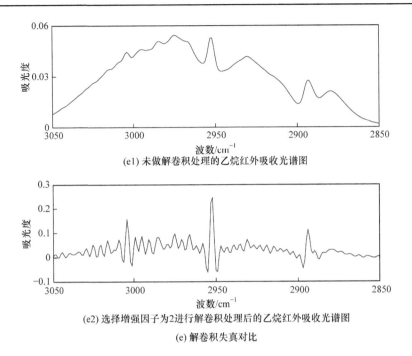

(e1) 未做解卷积处理的乙烷红外吸收光谱图

(e2) 选择增强因子为2进行解卷积处理后的乙烷红外吸收光谱图

(e) 解卷积失真对比

图 3.31　甲烷、乙烷、乙烯、丙烯的解卷积处理前后的红外光谱对比图

在执行傅里叶解卷积操作之前，最好先对解卷积的光谱区间进行基线校正，这样能避免在解卷积得到的光谱两侧出现环振荡现象。如果经过基线校正后仍然出现环振荡现象，则说明解卷积增强因子选取太大，应适当减小解卷积增强因子，得到正确的解卷积结果。

3.7　本 章 小 结

为了获得更为准确的分析结果，或者降低建立分析模型的难度，往往要对获得的光谱做预处理，再做气体的定量分析。本章针对煤矿气体红外光谱分析，对气体红外光谱预处理方法进行了详细介绍，分别给出了光谱的基线处理、平滑处理、插值、谱带拟合、光谱差分、光谱解卷积的原理和基本过程，并结合煤矿气体红外光谱预处理示例分析了各种预处理方法的效果和适用范围以及光谱分析软件自带光谱预处理功能的处理效果。

光源温度、干涉仪性能、检测器性能的变化均会造成光谱基线发生漂移，光谱数据会因基线的漂移而发生上升或下降，导致光谱数据产生较大的偏差，使得最终检测到的气体浓度不准确。因此，针对发生基线漂移的光谱图，需要进行基线校正。基线漂移主要分为三种情况：基线平移、基线倾斜和基线弯曲，不同类型的偏移需要用不同的方法处理。

　　在光谱获取过程中，难免会受到噪声的干扰。如果光谱的信噪比较差，常常通过增加扫描次数和选择适当的采样方法进行改进。但是，如果通过上述方法依然不能改进光谱的信噪比，那么可以考虑光谱的平滑处理方法。常见的平滑方法有四种：平均窗口平滑方法、中位值平滑方法、Savitzky-Golay 平滑方法及小波阈值去噪方法。

　　不同样品组分红外光谱的峰位接近且谱峰的宽度较大，会使测得的红外光谱发生严重的谱带重叠。通过谱带拟合可以对重叠的光谱有较为全面的认识，如果红外光谱出现重叠谱峰的现象，难以有效鉴别出各种被测组分，可以利用差分光谱准确快捷地显示光谱的某些属性，对复杂体系进行定量分析、微量成分的检测鉴定及峰处理等。如果得到的红外光谱图存在谱带严重重叠的现象，可以采用傅里叶解卷积法来加以改善。在试用解卷积时，需要注意解卷积增强因子的取值，如果取值过大，则得到失真光谱，这不利于气体的定量分析。

参 考 文 献

[1] Xian Y L, Jun Z W, Qiang H M, et al. FTIR spectra of isoprene and its photooxidation products[J]. Journal of Infrared and Millimeter Waves, 2010, 29(2): 114-116.

[2] Burns D T, Doolan K P. A comparison of pyrolysis-gas chromatography–mass spectrometry and fourier transform infrared spectroscopy for the characterisation of automative paint samples[J]. Analytica Chimica Acta, 2005, 539(1-2): 145-155.

[3] 汤晓君, 王进, 张蕾, 等. 气体光谱分析应用中傅里叶变换红外光谱基线漂移分段比校正方法[J]. 光谱学与光谱分析, 2013, 33(2): 334-339.

[4] Zhao A, Tang X, Li W, et al. The Piecewise Two Points Autolinear Correlated Correction Method for Fourier Transform Infrared Baseline Wander[J]. Spectroscopy Letters, 2014, 48(4): 274-279.

[5] 王昕, 李岩, 尉昊赟, 等. FTIR 噪声修正方法用于提高挥发性有机物定量精度[J]. 光谱学与光谱分析, 2015, 35(5): 1199-1202.

[6] 赵安新, 汤晓君, 张钟华, 等. Rubberband 方法中分段数量的选择对基线校正效果的影响分析[J]. 红外与激光工程, 2015, 44(4): 1172-1177.

[7] 包鑫, 戴连奎. 一种简便的近红外光谱标准化方法[J]. 光谱学与光谱分析, 2008, 28(4): 829-833.

[8] 李妍, 李胜, 高闽光, 等. 两种红外干涉图采集及光谱复原方法的对比研究[J]. 光学学报, 2015, 35(9): 358-364.

[9] Savitzky A, Golay M. Smoothing and differentiation of data by simplified least squares procedures[J]. Analytical Chemistry, 1964, 36: 1627-1639.

[10] Tang X J, Wang J, Zhang L, et al. spectral baseline correction by piecewise dividing in fourier transform infrared gas analysis[J]. Spectroscopy and Spectral Analysis, 2013, 33(2): 334-339.

[11] Brault J W. New approach to high-precision Fourier transform spectrometer design[J]. Applied Optics, 1996, 35(16): 2893-2896.

[12] 黄树先, 崔楠. 二阶导数红外光谱法检验羊毛及其制品[J]. 中国刑警学院学报, 2000, (1): 3-5.

第4章 煤矿气体红外光谱分析模型

任何一种气体的光谱定量分析，最终需要落实到一个或多个分析模型上，建立多组分气体分析模型是煤矿气体红外光谱定量分析的重要研究内容之一。气体光谱分析模型就是以一条或多条吸光度谱线，或者多条吸光度谱线的组合，或者其变换值为输入，以气体浓度为输出的函数。如何得到多条吸光度谱线的组合或变换值，属于特征变量提取范畴，而建立分析模型就是要确定这个函数。对于有些应用场合，特别是吸光度与气体浓度具有良好线性关系的情况下，特征变量提取的本身有时候就是分析模型的确立过程[1]。

在气体的光谱分析应用中，确定函数的方法包括最小二乘法、偏最小二乘法、主元回归法、神经网络法和支持向量机法等，这些方法各有其优缺点，需要根据实际情况选择使用。

4.1 最小二乘法

最小二乘法，又称最小平方法，是一种数学优化方法，通过拟定某一个数学模型，代入输入值，计算输出值，并根据实际输出值与期望输出值之间偏差的平方和来调整函数参数，最终使得每组数据点的期望值与计算值之间的误差平方和最小，得到其最优参数值。因此，最小二乘法的核心是最小化实际计算值与期望输出值之间的误差平方和，找到一组数据的最佳函数匹配，保证所有数据偏差的平方和最小。根据最小化误差物理量的不同，又分为前向最小二乘法与逆向最小二乘法。前者是以最小化被测物质浓度的误差平方和为原则，后者是以最小化吸光度的误差平方和为原则。

4.1.1 前向最小二乘法

前向最小二乘法是一种相对简单而应用广泛的回归方法。这种方法常用于曲线或者曲面拟合，很多其他的优化问题也可通过最小化能量或最大化熵来实现，并用最小二乘形式表达。

1. 最小二乘法原理

本章以一元线性回归为例介绍最小二乘法的原理。在研究两个变量(x, y)之间

的相互关系时，通常可以通过观测或试验得到一系列成对的数据$((x_1, y_1), (x_2, y_2),$
$\cdots)$；将这些数据描绘在 x-y 直角坐标系中，若发现这些点在一条直线附近，则 x、
y 之间可能存在线性关系，可以令这个直线方程为

$$y_i = a_0 + a_1 x_i + \varepsilon_i \tag{4.1}$$

式中，a_1 和 a_0 为任意实数；x_i 和 y_i 分别为第 i 组样本中的输入与输出；ε_i 为模型
计算值与真实值之间存在的偏差；$i = 1, 2, \cdots, n$，表示一共有 n 组样本。

根据朗伯-比尔定律，傅里叶变换红外光谱中的某条吸光度谱线和某组分气体
浓度常表示成这种线性关系。若用前向最小二乘法来估计某组分气体浓度，则 x_i
和 y_i 分别表示第 i 组样本中某条吸光度谱线值与气体浓度值。通常 $a_0 = 0$。

为建立这个直线方程，就要确定 a_0 和 a_1，应用最小二乘法原理，求实测值 y_i
与用直线方程 $y_i' = a_0 + a_1 x_i$ 计算得到 y_i' 值的偏差的平方和，即

$$\varphi = \sum_{i=1}^{n} (y_i - y_i')^2 \tag{4.2}$$

最小为优化判据。

将 $y_i = a_0 + a_1 x_i$ 代入式(4.2)，得到

$$\varphi = \sum_{i=1}^{n} (y_i - a_0 - a_1 x_i)^2 \tag{4.3}$$

当 φ 值最小时，φ 对 a_0、a_1 的偏导数均为 0，即

$$2 \sum_{i=1}^{n} (a_0 + a_1 x_i - y_i) = 0 \tag{4.4}$$

$$2 \sum_{i=1}^{n} x_i (a_0 + a_1 x_i - y_i) = 0 \tag{4.5}$$

将式(4.4)与式(4.5)进行整理得到

$$n a_0 + \left(\sum_{i=1}^{n} x_i \right) a_1 = \sum_{i=1}^{n} y_i \tag{4.6}$$

$$\left(\sum_{i=1}^{n} x_i \right) a_0 + \left(\sum_{i=1}^{n} x_i \right)^2 a_1 = \sum_{i=1}^{n} x_i y_i \tag{4.7}$$

求解式(4.6)与式(4.7)，可以得到

$$a_0 = \frac{\displaystyle\sum_{i=1}^{n} x_i \sum_{i=1}^{n} y_i - \sum_{i=1}^{n} x_i y_i}{(n-1) \displaystyle\sum_{i=1}^{n} x_i} \tag{4.8}$$

$$a_1 = \frac{n\left(\sum_{i=1}^{n} x_i y_i\right) - \sum_{i=1}^{n} x_i \sum_{i=1}^{n} y_i}{n\left(\sum_{i=1}^{n} x_i\right)^2 - \sum_{i=1}^{n} x_i \sum_{i=1}^{n} x_i} \tag{4.9}$$

把 a_0、a_1 代入式(4.1)，此时式(4.1)是最优化回归的一元线性方程，即所需要确定的数学模型。

2. 矩阵算法

式(4.6)~式(4.9)书写起来都比较烦琐。为了书写简洁，线性方程组常采用矩阵表示。

考虑超定方程组(超定指未知数小于方程个数)为

$$y_i = \sum_{j=1}^{m} a_j x_{ji} + \varepsilon_i \tag{4.10}$$

式中，a_j 为输入变量，$j=1,2,\cdots,m$；y_i 为观测值，$i=1,2,\cdots,n$；x_{ji} 为输入 a_j 与输出 y_i 之间的比例系数，是待求未知数，$n \geqslant m$；ε_i 为 y_i 的观测误差。

将式(4.10)写为矩阵形式为

$$\begin{bmatrix} y_1 & y_2 & \cdots & y_m \end{bmatrix} = \begin{bmatrix} a_1 & a_2 & \cdots & a_n \end{bmatrix} \begin{bmatrix} x_{11} & x_{12} & \cdots & x_{1m} \\ x_{21} & x_{22} & \cdots & x_{2m} \\ \vdots & \vdots & & \vdots \\ x_{n1} & x_{n2} & \cdots & x_{nm} \end{bmatrix} + \begin{bmatrix} \varepsilon_1 & \varepsilon_2 & \cdots & \varepsilon_m \end{bmatrix}$$

$$\tag{4.11}$$

若令

$$\boldsymbol{Y} = \begin{bmatrix} y_1 & y_2 & \cdots & y_m \end{bmatrix}$$

$$\boldsymbol{A} = \begin{bmatrix} a_1 & a_2 & \cdots & a_n \end{bmatrix}$$

$$\boldsymbol{E} = \begin{bmatrix} \varepsilon_1 & \varepsilon_2 & \cdots & \varepsilon_m \end{bmatrix}$$

$$\boldsymbol{X} = \begin{bmatrix} x_{11} & x_{12} & \cdots & x_{1m} \\ x_{21} & x_{22} & \cdots & x_{2m} \\ \vdots & \vdots & & \vdots \\ x_{n1} & x_{n2} & \cdots & x_{nm} \end{bmatrix}$$

则式(4.11)可以简写为

$$\boldsymbol{Y} = \boldsymbol{AX} + \boldsymbol{E} \tag{4.12}$$

对于多组份气体，考虑吸光度谱线与气体浓度的近似线性关系，如果矩阵 $\boldsymbol{X}$ 是确定的，只要获得光谱图，将相应的吸光度谱线值代入式(4.11)或式(4.12)，即可计算出各组分气体的浓度值 y_i 或者由其构成的气体浓度向量 $\boldsymbol{Y}$。为了得到这样的一个矩阵方程，需要根据样品光谱，确定矩阵 $\boldsymbol{X}$。根据最小二乘法原理，引入残差平方和函数 $\varphi(x_{ji})$ 为

$$\varphi(x_{ji}) = \sum_{j=1}^{n}\sum_{i=1}^{m}\left(y_i - a_j x_{ji}\right)^2 \tag{4.13}$$

写成矩阵形式为

$$\boldsymbol{\Phi} = \boldsymbol{E}^{\mathrm{T}}\boldsymbol{E} = \left(\boldsymbol{Y} - \boldsymbol{A}\boldsymbol{X}\right)^{\mathrm{T}}\left(\boldsymbol{Y} - \boldsymbol{A}\boldsymbol{X}\right) \tag{4.14}$$

将式(4.14)对矩阵 $\boldsymbol{X}$ 求偏微分，并使其值为 0，化简为

$$\boldsymbol{X} = \left(\boldsymbol{A}^{\mathrm{T}}\boldsymbol{A}\right)^{-1}\boldsymbol{A}^{\mathrm{T}}\boldsymbol{Y} \tag{4.15}$$

得到矩阵 $\boldsymbol{X}$ 的解为

$$\boldsymbol{X} = \left(\boldsymbol{A}^{\mathrm{T}}\boldsymbol{A}\right)^{-1}\boldsymbol{A}^{\mathrm{T}}\boldsymbol{Y} \tag{4.16}$$

以上便是最小二乘法的矩阵算法。但此算法有一个前提条件，便是矩阵 $\left(\boldsymbol{A}^{\mathrm{T}}\boldsymbol{A}\right)^{-1}$ 存在且是唯一的。从求解方程的角度来看，为了使得矩阵 $\left(\boldsymbol{A}^{\mathrm{T}}\boldsymbol{A}\right)^{-1}$ 存在且唯一，要满足条件：样本组数量大于或等于所用谱线数。

对于多组份气体，y_i 表示第 i 组分气体浓度、ε_i 表示第 i 组分气体浓度的测试偏差、a_j 表示第 j 条谱线的吸光度、x_{ji} 表示第 j 条谱线吸光度与第 i 组分气体浓度之间的传递系数，则 $\boldsymbol{Y}$、$\boldsymbol{A}$ 和 $\boldsymbol{E}$ 将扩充为：$\boldsymbol{Y} = \begin{bmatrix} y_1 & y_2 & \cdots & y_l \end{bmatrix}$，$\boldsymbol{Y}_k = \begin{bmatrix} y_{k1} & y_{k2} & \cdots & y_{km} \end{bmatrix}$，$\boldsymbol{A} = \begin{bmatrix} A_1 & A_2 & \cdots & A_l \end{bmatrix}^{\mathrm{T}}$，$\boldsymbol{A}_k = \begin{bmatrix} a_{k1} & a_{k2} & \cdots & a_{kn} \end{bmatrix}$，$\boldsymbol{E} = \begin{bmatrix} \varepsilon_1 & \varepsilon_2 & \cdots & \varepsilon_l \end{bmatrix}^{\mathrm{T}}$，$\boldsymbol{E}_k = \begin{bmatrix} \varepsilon_{k1} & \varepsilon_{k2} & \cdots & \varepsilon_{km} \end{bmatrix}$。其中 l 表示样本数。此时，为了使矩阵 $\left(\boldsymbol{A}^{\mathrm{T}}\boldsymbol{A}\right)^{-1}$ 存在且唯一，要满足条件：样本数大于或等于气体组分数，即 $l \geqslant n \geqslant m$。由于考虑到吸光度与气体浓度之间是线性关系，在实际操作过程中，若准确性要求不高，往往忽略样本的观测偏差，用一种气体的单组分样本直接确定矩阵 $\boldsymbol{X}$ 中的某一行，这样只需要少量 m 组样本即可。

本节介绍的最小二乘法以光谱吸光度为输入、气体浓度为输出，称为前向最小二乘法。当气体浓度范围相差较大时，这种方法的应用会存在一定的缺陷，因为气体分析以相对偏差作为性能指标，而前向最小二乘法以最小化浓度值偏差的能量为目标，当气体组分浓度差异较大时，小浓度组分气体的偏差往往淹没在高浓度组分气体的偏差中，从而使小浓度组分气体的偏差过大，需要引入逆向最小二乘法[2]。

4.1.2 逆向最小二乘法

逆向最小二乘法，即 CPA 矩阵法，是 Brown 等[3]在 1982 年提出的一种算法。根据朗伯-比尔定律，有

$$A = \alpha b c \tag{4.17}$$

式中，A 为吸光度；α 为吸光度系数；b 为光程(样品厚度)；c 为样品浓度。

假设用相同的光源和同种类但不同浓度的样品，则可以将吸光度 A 表示为

$$A = kc \tag{4.18}$$

式中，k 为比例常数。

吸光度与气体浓度之间的线性关系只是理论上的，而在实际得到的气体红外光谱情况下，吸光度和浓度之间并非理想的线性关系。在研究的中红外区域，如果用一条直线来逼近吸光度与气体浓度之间的函数关系，可在式(4.18)上增加一个非零截距，即

$$A = k_1 c + k_0 \tag{4.19}$$

随着所选区域的改变，仅可以改变 k_1(斜率)和 k_0(非零截距)的值。

对于一个多组分系统，朗伯-比尔定律可以扩展到每个组分在每个分析波长的吸光度，即

$$\begin{cases} A_1 = k_{11}c_1 + k_{12}c_2 + \cdots k_{1n}c_n \\ A_2 = k_{21}c_1 + k_{22}c_2 + \cdots k_{2n}c_n \\ \vdots \\ A_n = k_{n1}c_1 + k_{n2}c_2 + \cdots k_{nn}c_n \end{cases} \tag{4.20}$$

式中，A_i 为在第 i 条谱线的吸光度，$i=1, 2, \cdots, n$；c_j 为第 j 个组分的浓度，$j=1, 2, \cdots, n$；k_{ij} 为比例常数，$i=1, 2, \cdots, n$；$j=1, 2, \cdots, n$。

式(4.20)可以写为

$$\begin{bmatrix} A_1 \\ A_2 \\ \vdots \\ A_n \end{bmatrix} = \begin{bmatrix} k_{11} & k_{12} & \cdots & k_{1n} \\ k_{21} & k_{22} & \cdots & k_{2n} \\ \vdots & \vdots & & \vdots \\ k_{n1} & k_{n2} & \cdots & k_{nn} \end{bmatrix} \begin{bmatrix} c_1 \\ c_2 \\ \vdots \\ c_n \end{bmatrix} \tag{4.21}$$

或写为

$$\boldsymbol{A} = \boldsymbol{KC} \tag{4.22}$$

计算得到系数矩阵 $\boldsymbol{K}$ 后，根据矩阵 $\boldsymbol{K}$ 的逆矩阵和测得的吸光度，可以得到样品的浓度为

$$\boldsymbol{C} = \boldsymbol{K}^{-1}\boldsymbol{A} \tag{4.23}$$

K 中的元素通过测量独立组分的光谱来确定，实际并未考虑气体组分分子间的相互作用，应采用标准混合物来重新确定 K 中的元素，其校准方法为

$$\begin{bmatrix} A_1' & A_1'' & \cdots & A_1^m \\ A_2' & A_2'' & \cdots & A_2^m \\ \vdots & \vdots & & \vdots \\ A_n' & A_n'' & \cdots & A_n^m \end{bmatrix} = \begin{bmatrix} k_{11} & k_{12} & \cdots & k_{1n} \\ k_{21} & k_{22} & \cdots & k_{2n} \\ \vdots & \vdots & & \vdots \\ k_{n1} & k_{n2} & \cdots & k_{nn} \end{bmatrix} \begin{bmatrix} c_1' & c_1'' & \cdots & c_1^m \\ c_2' & c_2'' & \cdots & c_2^m \\ \vdots & \vdots & & \vdots \\ c_n' & c_n'' & \cdots & c_n^m \end{bmatrix} \tag{4.24}$$

矩阵 A 和 C 的计算被扩展到多个列，即对应各个标准混合物，矩阵 K 与式(4.22)中的相同。在这种情况下，$m \geqslant n$，即标准混合物的样本数量必须大于或等于样品组分的数量。式(4.24)表示为

$$\overline{A} = K\overline{C} \tag{4.25}$$

式中，$\overline{A}$ 和 $\overline{C}$ 分别为矩阵 A 和 C 的扩展矩阵。

通过解式(4.25)可以得到矩阵 K。但是，$\overline{A}$ 和 $\overline{C}$ 不一定必须为方阵，在超定的情况下，m 可能大于 n。要解决此问题，可以在式(4.25)的两边同时右乘矩阵 $\overline{C}$ 的转置，即

$$\overline{A}\overline{C}^{\mathrm{T}} = K\overline{C}\overline{C}^{\mathrm{T}} \tag{4.26}$$

在式(4.26)的两边同时乘以方阵 $\left(\overline{C}\overline{C}^{\mathrm{T}}\right)$ 的逆，可得

$$K = \overline{A}\overline{C}^{\mathrm{T}}\left(\overline{C}\overline{C}^{\mathrm{T}}\right)^{-1} \tag{4.27}$$

式(4.27)表示的是矩阵 K 的最小二乘拟合以及最小化观察吸光度和计算吸光度的之差的平方和。计算出矩阵 K 后，将 K 的逆代入式(4.23)，便可以得到样品的浓度。

在上述逆向最小二乘法中，需要对 2 个矩阵求逆，矩阵 $\overline{C}\overline{C}^{\mathrm{T}}$ 的逆用来计算矩阵 K，矩阵 K 的逆用来计算样品的浓度。这两个求逆都是耗时的，而且是计算机上舍入误差的可能来源。如果每个分析频率上包含一个非零截距，则情况会更加复杂。

想要在多组分情况下加入非零截距，可以通过以下方法实现：在式(4.24)中矩阵 K 的末尾加上列向量 k_{i0}，在矩阵 C 的末尾加上行向量 $\mathbf{1}$，即

$$\begin{bmatrix} A_1' & A_1'' & \cdots & A_1^m \\ A_2' & A_2'' & \cdots & A_2^m \\ \vdots & \vdots & & \vdots \\ A_n' & A_n'' & \cdots & A_n^m \end{bmatrix} = \begin{bmatrix} k_{11} & k_{12} & \cdots & k_{1n} & k_{10} \\ k_{21} & k_{22} & \cdots & k_{2n} & k_{20} \\ \vdots & \vdots & & \vdots & \vdots \\ k_{n1} & k_{n2} & \cdots & k_{nn} & k_{n0} \end{bmatrix} \begin{bmatrix} c_1' & c_1'' & \cdots & c_1^m \\ c_2' & c_2'' & \cdots & c_2^m \\ \vdots & \vdots & & \vdots \\ c_n' & c_n'' & \cdots & c_n^m \\ 1 & 1 & \cdots & 1 \end{bmatrix} \tag{4.28}$$

在式(4.26)中，矩阵 K 不再是方阵，而是 $n \times (n+1)$ 的矩阵，不能直接对矩阵 K 求逆，需要将式(4.23)改写为

$$C = \left(K^{\mathrm{T}}K\right)^{-1}K^{\mathrm{T}}A \tag{4.29}$$

式(4.28)与把矩阵 K 的元素当成独立变量的最小二乘回归是相似的，但难点在于这是一个负定矩阵的情况，即未知数个数大于等式个数，矩阵 K 的列数大于行数，所以无法得到 $\left(K^{\mathrm{T}}K\right)^{-1}$。

可以通过逆用朗伯-比尔定律来解决上述问题，即把浓度表示为

$$\overline{C} = P\overline{A} \tag{4.30}$$

即

$$\begin{bmatrix} c_1' & c_1'' & \cdots & c_1^m \\ c_2' & c_2'' & \cdots & c_2^m \\ \vdots & \vdots & & \vdots \\ c_n' & c_n'' & \cdots & c_n^m \end{bmatrix} = \begin{bmatrix} p_{11} & p_{12} & \cdots & p_{1n} & p_{10} \\ p_{21} & p_{22} & \cdots & p_{2n} & p_{20} \\ \vdots & \vdots & & \vdots & \vdots \\ p_{n1} & p_{n2} & \cdots & p_{nn} & p_{n0} \end{bmatrix} \begin{bmatrix} A_1' & A_1'' & \cdots & A_1^m \\ A_2' & A_2'' & \cdots & A_2^m \\ \vdots & \vdots & & \vdots \\ A_n' & A_n'' & \cdots & A_n^m \\ 1 & 1 & \cdots & 1 \end{bmatrix} \tag{4.31}$$

式中，矩阵 P 为系数矩阵。

矩阵 P 的最后一列 p_{i0} 与矩阵 A 的最后一行 1 构成非零截距，可以用一般的最小二乘法来逼近求解矩阵 P，即

$$P = \overline{C}\,\overline{A}^{\mathrm{T}}\left(\overline{A}\,\overline{A}^{\mathrm{T}}\right) \tag{4.32}$$

在这种情况下，观察和计算得到的浓度之差的平方实现了最小化。矩阵 P 可以直接用于求解未知样本的浓度，即

$$C = PA \tag{4.33}$$

以上便是逆向最小二乘法的原理与基本算法。通过比较截距为 0 和非 0 两种情况，可知光谱基线校正使得非零截距趋于 0。逆向最小二乘法以最小化谱线值偏差的能量为目标，因此小浓度样本受高浓度样本的影响相对要小。但这种方法也存在不足，当存在未知干扰气体时，分析结果的偏差可能会更大。

4.1.3 应用示例

例 4.1 利用最小二乘法建立光谱与气体浓度的回归方程。

已知甲烷 6 组不同浓度值及其对应的红外光谱(用 Spectrum Two 型 FTIR 测得，波数分辨率为 1cm^{-1})，用最小二乘法建立样本光谱吸收度与甲烷浓度之间的

回归方程，并利用 1 个测试样本进行验证。

由于每个光谱都有 14401 个数据点，把所有光谱数据作为输入进行建模计算，计算量过于庞大。因此，对甲烷光谱提取 6 个特征峰，将每个特征峰的面积作为自变量。选取的 6 个特征峰分别为 1150～1315cm^{-1}、1315～1400cm^{-1}、1400～1700cm^{-1}、2400～2840cm^{-1}、2840～3033cm^{-1}、3033～3220cm^{-1}。甲烷的红外光谱图如图 3.6 和图 3.7 所示。

将 6 个特征峰中每个特征峰范围内的每个波数对应的吸光度累加，得到 6 个特征峰面积分别为 X_1、X_2、X_3、X_4、X_5 和 X_6。6 个样本及 1 个测试样本数据如表 4.1 所示。

表 4.1 样本及测试数据

样本	X_1	X_2	X_3	X_4	X_5	X_6	y
1	96.8318	45.4516	0.0125	19.9261	91.3442	49.4635	0.9999
2	62.1658	27.4400	0.0059	10.4136	58.4866	28.6620	0.4989
3	30.3924	15.4858	0.0037	5.4137	34.1719	15.9878	0.2020
4	12.1298	6.5395	0.0017	2.0660	15.5160	7.3464	0.0499
5	3.4552	2.0286	0.0020	1.0323	5.5648	3.0236	0.0102
6	0.5137	0.2905	0.0011	0.0027	0.9436	0.7505	0.000995
测试	19.2785	10.0065	0.0023	3.0656	22.6723	10.4925	0.0909

利用数学模拟软件进行线性方程的最小二乘拟合(本章采用数学模拟软件编程实现各种算法。为便于验证，本章实例中代码部分采用数学模拟软件中的语句书写数学表达式)。

```
d=inv(BB'*BB)*BB'*Y;
```

其中 BB=$[X_1 \quad X_2 \quad X_3 \quad X_4 \quad X_5 \quad X_6]$，即表 4.1 中前 6 行 6 列数据的矩阵，$y$ 为表 4.1 中 y 的前 6 个数据，于是求得系数矩阵

$$d = [0.0085 \quad 0.0438 \quad 4.5865 \quad 0.0168 \quad -0.0279 \quad 0.0069]^{\mathrm{T}}$$

即

$$y = 0.0085X_1 + 0.0438X_2 + 4.5865X_3 + 0.0168X_4 - 0.0279X_5 + 0.0069X_6$$

代入测试样本并计算相对误差。

```
y=BBx*d;
e=abs(y-0.0909)/0.0909;
```

结果为 y=0.1040，相对误差为 14.41%。

例 4.2　利用逆向最小二乘法建立光谱与甲烷浓度的回归方程。

同样利用例 4.1 中数据，由于在逆向最小二乘法中，每个组分仅对应一个特征波长，选取特征波长数与组分数相同，对于例 4.1 中甲烷单组分气体，仅能选取一个特征波长，为了减小误差，用特征峰 1200～1400cm^{-1} 的面积来表示一个特征波长处的吸光度，采用逆向最小二乘回归可得如下表达式。

```
K=B0*Y'*(Y*Y')^-1;
C=inv(K)*Bx;
```

其中，$B_{1×6}$ 为 6 个样本的特征波长吸光度，$Y_{1×6}$ 为每个样本对应的浓度，计算出系数 inv(K)= 0.0410，浓度 C 的相对误差为 15.8%。

4.2　主元回归法

4.2.1　主元回归原理

在建立多元回归方程时，假如用最小二乘法建立回归方程，会出现以下两个问题。第一，自变量的系数极不稳定。当增减变量时，其值会出现很大的变化，甚至出现与实际情况相反的符号，以致难以对所建立的回归方程给予符合实际的合理的解释。第二，在用统计分析方法研究多变量的回归时，变量个数太多会增加课题的复杂性，自然希望变量个数较少而得到的信息较多，多数情况下变量之间是有一定相关关系的，当两个变量之间有一定相关关系时，可以解释为这两个变量反映此课题的信息有一定的重叠[4]。

针对上述问题，可以用一种新的方法来建立多元回归方程——主元回归法，即主成分分析回归法，它是将重复的变量删去，建立尽可能少的新变量，使得这些新变量是两两不相关的，而且这些新变量在反映课题的信息方面尽可能保持原有的信息。

主成分分析(principal component analysis，PCA)的操作涉及多维空间中的投影概念。以二维空间中的主成分分析为例，假定二维空间中有一组测试点(y_{1i}, y_{2i}) (i=1,2,…,m)，如图 4.1 所示。

如果将二维数据降至一维数据，即将二维空间的点投影到一维空间的一条线上，在没有任何约束条件的情况下，其投影方向有无穷多个，而主成分分析采用

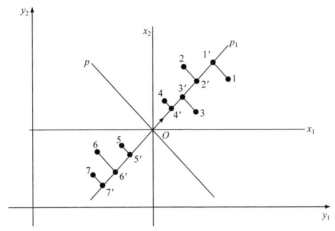

图 4.1　二维空间中的主成分分析示意图

如下约束条件：在一维空间中的这条直线必须包含原数据的最大方差，即沿着这条直线使原数据的方差达到最大。图中点 $i(i=1,2,\cdots,7)$ 向直线 p_1 投影为点 $i'(i'=1,2,\cdots,7)$，这些点的重心为 O，其分布可用点 i' 到中心点 O 的距离的平方和表示。原数据点的距离分布为

$$S_2 = \left|O_1\right|^2 + \left|O_2\right|^2 + \cdots + \left|O_7\right|^2 \tag{4.34}$$

如果用 p_1 上的投影表示，则

$$S_2 = \left|O_{1'}\right|^2 + \left|O_{2'}\right|^2 + \cdots + \left|O_{7'}\right|^2 = \left|11'\right|^2 + \left|22'\right|^2 + \cdots + \left|77'\right|^2 \tag{4.35}$$

主成分分析选择 p_1 的条件是使式(4.35)的值最大。这条直线也正好是这些原数据点的最好拟合线，使所有原数据点到 p_1 直线上对应投影点垂直距离的平方和最小，称 p_1 为主成分空间，图中箭头表示该空间中的单位向量，即载荷向量。

上述例子中，使用一维新变量 p_1 表征二维原数据 $(y_{1i}, y_{2i})(i=1,2,\cdots,m)$ 的结构特征，新变量包含原数据中绝大部分的信息特征，称为第一主成分。还有部分剩余的信息没有被包含进来，可以使用与选取第一主成分相同的方法，再选出第二主成分来描述剩余的信息。依次类推，可以选出第三、第四等主成分。

对于上面二维降成一维的问题，需要找到使方差最大的方向。对于更高维的问题，还有需要解决的问题，如三维降到二维的问题，与之前相同，首先希望找到一个方向使得投影后方差最大，这样完成第一个方向的选择，继而选择第二个投影方向，如果还是只选择方差最大的方向，这个方向与第一个方向应该是"几乎重合在一起"，这样的维度是没有用的，还应该有其他约束条件，所以采用协

方差来替代方差。当协方差为 0 时，表示两个字段完全独立。为了使协方差为 0，选择第二个基时只能在与第一个基正交的方向上选择，因此最终选择的两个方向一定是正交的。

至此得到了降维问题的优化目标。将一组 N 维向量降为 K 维($0<K<N$)，其目标是选择 K 个单位(模为 1)正交基，使得原始数据变换到这组基上后，各字段两两间协方差为 0，而字段的方差尽可能大(在正交的约束下，取最大的 K 个方差)，依次提取出第一主成分、第二主成分等[5]。

4.2.2 主元回归算法

主元回归算法主要分为两步，即主成分分析和主成分回归[6]。

1. 主成分分析

对于 n 个样本，每个样本中 m 个数据，即样品矩阵表示为

$$A = \begin{bmatrix} x_{11} & x_{12} & \cdots & x_{1m} \\ x_{21} & x_{22} & \cdots & x_{2m} \\ \vdots & \vdots & & \vdots \\ x_{n1} & x_{n2} & \cdots & x_{nm} \end{bmatrix} \tag{4.36}$$

(1) 对样本阵元做如下标准化变化，即

$$z_{ij} = \frac{x_{ij} - \overline{x_j}}{s_j^2}, \quad i = 1,2,\cdots,n \ ; \ j = 1,2,\cdots,m \tag{4.37}$$

式中，

$$\overline{x_j} = \frac{\sum_{i=1}^{n} x_{ij}}{n}, \qquad s_j^2 = \frac{\sum_{i=1}^{n} \left(x_{ij} - \overline{x_j} \right)^2}{n-1}$$

得到标准化样本矩阵 Z。

(2) 对矩阵 Z 求相关系数矩阵 R，在数学模拟软件中用语句 R=corr(Z)就能实现，得到 $m \times m$ 的矩阵 R。

(3) 解样本相关系数矩阵 R 的特征方程 $|R - I\lambda_m| = 0$，得到 m 个特征根 λ_m 和 m 个特征向量 l_m。

(4) 按照 $\sum_{j=1}^{p} \lambda_j \Big/ \sum_{j=1}^{m} \lambda_j \geqslant 0.85$，确定 p 的值，其中 $p < m$。

(5) 求自变量 $z_{i1}, z_{i2}, \cdots, z_{im}$ 间的主成分 $u_1, u_2, \cdots, u_p$。

$$u_j = \sum_{i=1}^{m} l_{ji} z_i, \quad j = 1, 2, \cdots, p \tag{4.38}$$

2. 主成分回归

(1) 用最小二乘法建立关于 p 个主成分的回归方程。

$$y = d_0 + d_1 u_1 + d_2 u_2 + \cdots + d_p u_p \tag{4.39}$$

(2) 将式(4.39)展开并代入原始样本数据，得到主元回归法建立的回归方程，即

$$y = d_0 + \left(\sum_{j=1}^{p} l_{1j} d_j\right) z_1 + \left(\sum_{j=1}^{p} l_{2j} d_j\right) z_2 + \cdots + \left(\sum_{j=1}^{p} l_{mj} d_j\right) z_m \tag{4.40}$$

4.2.3　应用示例

例 4.3　利用浓度分别为 20.2%、1.02%、4.99%、9.09%、49.89%、99.99%、0.0995%的甲烷，浓度分别为 0.0098%、0.0497%、0.0599%、0.0998%、0.2002%、0.00506%和 0.000998%的乙烷，以及浓度分别为 99.8%、9.98%、30.02%、99.999%和 1%的二氧化碳进行组合，产生 100 组训练样本数据和 3 组测试样本数据，用主元分析法根据红外光谱计算气体浓度，模型输入为红外光谱，每个光谱样本包含 721 个光谱数据，输出数据为甲烷、乙烷和二氧化碳的浓度。

数学模拟软件中有自带的 PCA 函数可以直接调用。为了更清晰地理解整个主元回归法的过程，按步骤进行编程。考虑到程序代码中不方便用百分数表示，显示结果也不方便用百分数表示，这里用小数表示气体浓度。

下面利用数学模拟软件来实现主成分分析法建立回归方程，主要步骤如下。

(1) 将数据样本进行零均值化。

```
X1=zeros(100,721);
n=sum(train_input')/100;
for i=1:721
    X1(:,i)=train_input(i,:)-n(:,i);
end
Y1=train_output';
x1=test_input';
y1=test_output';
```

(2) 求出样本的相关系数矩阵。

```
CC=corr(X1);
```

(3) 求出相关系数矩阵的特征向量和特征值。

```
[l,b]=eig(CC);
```

(4) 按特征值从大到小排列特征向量，并将其存入矩阵 **LB**。

```
LB=[real(b),real(l')];
p=zeros(1,721);
for i=1:721
    LB(i,1)=LB(i,i);
end
for i=1:721
    for j=i+1:721
        if LB(i,1)<LB(j,1)
            p=LB(i,:);
            LB(i,:)=LB(j,:);
            LB(j,:)=p;
        end
    end
end
lb=zeros(721,721);
for i=1:721
    for j=1:721
        lb(i,j)= sqrt(LB(i,1))*LB(i,j+721);
    end
end
```

计算各主成分的累计贡献率，前 15 个主成分的累计贡献率为 99.99%，选取前 15 个主成分建立回归方程。

```
lb2=zeros(15,721);
for i=1:15
```

```
    lb2(i,:)=lb(i,:);
end
z=train_input'*lb2';
p=ones(100,1);
z2=[p,z];
d=inv(z2'*z2)*z2'*Y1;
```

计算出系数矩阵 **d**，其中第 1 行为常数项系数，第 2～16 行分别为 15 个主成分对应的系数。

d=[	0.0046	-0.0197	0.7458
	0.0308	0.0179	-0.0027
	-0.0261	0.0080	-0.0024
	0.0014	0.0153	0.0124
	0.0027	0.0053	-0.0088
	0.0014	-0.0199	-0.0078
	-0.0461	-0.4506	0.0192
	0.0097	0.1495	0.0694
	0.0119	-0.3476	-0.0185
	0.0805	-0.2478	-0.0088
	0.2018	0.0388	0.0044
	-0.0074	0.9819	-0.0153
	0.3559	-1.8097	0.0121
	-0.0064	-0.5341	-0.0095
	-0.0276	-0.2801	0.0055
	0.2300	-1.2740	-0.0420]

(5) 将 **d** 中主成分对应的系数代回样本，还原为常数项、X_1～X_{721} 对应的系数，得到回归方程。

```
d2=zeros(722,3);
d2(1,:)=d(1,:);
for i=2:722
    d2(i,:)=d(2:16,:)'*lb2(:,i-1);
end
```

得到 722×3 的系数矩阵 d_2，其中第 1 行为常数项对应的系数，第 2～722 行分别为 721 个光谱变量对应的系数。最后将测试样本代入回归方程中，计算出绝对误差。

```
y=[[1;1;1],x1]*d2;
e=abs(y-y1);
```

计算结果 y_1、y 和绝对误差 e 分别如图 4.2 所示。

1	2	3
0.2020	0.0998	0.3002
0.4989	0.0497	0.0998
0.0499	0	0.3002

(a) 预期输出 y_1

1	2	3
0.202	0.0998	0.3002
0.4989	0.0497	0.0998
0.0499	$4.4124×10^{-8}$	0.3002

(b) 实际输出 y

1	2	3
$4.6351×10^{-7}$	$1.2247×10^{-7}$	$8.2818×10^{-7}$
$2.9625×10^{-7}$	$7.7418×10^{-8}$	$5.4159×10^{-7}$
$1.6241×10^{-7}$	$4.4124×10^{-8}$	$3.3051×10^{-7}$

(c) 绝对误差 e

图 4.2　主元回归法计算结果

本应用实例中，主元回归法计算出的浓度准确度较高，且耗时短、占用空间小，因此该方法适用于线性模型的回归。

4.3　偏最小二乘法

4.3.1　偏最小二乘回归原理

主成分回归是提取隐藏在矩阵 X 中的相关信息, 用于预测变量 Y 的值。这种做法可以保证只使用独立变量, 消除噪声, 从而达到改善预测模型质量的目的。但主成分回归仍然有一定的缺陷, 当一些有用变量的相关性很小时, 在选取主成分时很容易漏掉这些变量, 使得最终的预测模型可靠性下降, 而对每一个成分进行挑选又比较困难, 此时采用偏最小二乘回归可以解决这个问题。

偏最小二乘(partial least squares, PLS)法采用对变量 X 和 Y 都进行分解的方法, 从变量 X 和 Y 中同时提取成分(通常称为因子), 再将因子按照变量 X 和 Y 之间的相关性从大到小排列, 这样可以有效提高模型的可靠性。采用这种方法建立一个模型, 只要决定选择几个因子参与建模就可以。

作为多元线性回归方法, 偏最小二乘回归的主要目的是要建立一个线性模型, 即

$$Y = XB + E \tag{4.41}$$

式中, Y 为具有 m 个变量、n 个样本点的响应矩阵; X 为具有 p 个变量、n 个样本点的预测矩阵; B 为回归系数矩阵; E 为噪声校正模型, 与 Y 具有相同的维数。

变量 X 和 Y 被标准化后再用于计算, 即减去变量 X 和 Y 的平均值并除以标准偏差。偏最小二乘回归和主成分回归一样, 都采用得分因子作为原始预测变量线性组合的依据, 所以用于建立预测模型的得分因子之间必须线性无关。若现在有一组响应变量 Y(矩阵形式)和大量的预测变量 X(矩阵形式), 其中有些变量严重线性相关, 使用提取因子的方法从这组数据中提取因子, 用于计算得分因子矩阵, 即

$$T = XW \tag{4.42}$$

最后再求出合适的权重矩阵 W, 并建立线性回归模型。

$$Y = TQ + E \tag{4.43}$$

式中, Q 为矩阵 T 的回归系数矩阵; E 为误差矩阵。

通过计算得到 Q 后, 方程(4.43)等价于 $Y=XB+E$, 其中 $B=WQ$, 它可直接作为预测回归模型。

偏最小二乘回归与主成分回归的不同之处在于得分因子的提取方法不同。主成分回归产生的权重矩阵 W 反映的是预测变量 X 之间的协方差, 偏最小二乘回归产生的权重矩阵 W 反映的是预测变量 X 与响应变量 Y 之间的协方差。

在建模中，偏最小二乘回归产生 $p \times c$ 的权重矩阵 $\boldsymbol{W}$，矩阵 $\boldsymbol{W}$ 的列向量用于计算预测变量 $\boldsymbol{X}$ 的列向量的 $n \times c$ 得分矩阵 $\boldsymbol{T}$，不断地计算这些权重使得响应与其相应的得分因子之间的协方差达到最大。普通最小二乘回归在计算 $\boldsymbol{Y}$ 在 $\boldsymbol{T}$ 上的回归时产生矩阵 $\boldsymbol{Q}$，即矩阵 $\boldsymbol{Y}$ 的载荷因子(或称权重)，用于建立回归方程 $\boldsymbol{Y} = \boldsymbol{TQ} + \boldsymbol{E}$。一旦计算出 $\boldsymbol{Q}$，就可以得到方程 $\boldsymbol{Y} = \boldsymbol{XB} + \boldsymbol{E}$，其中 $\boldsymbol{B} = \boldsymbol{WQ}$，最终的预测模型也就可以建立。

4.3.2 偏最小二乘回归算法

假设一共观测 n 个样本，每个样本包含 p 个自变量，组成 $n \times p$ 矩阵 $\boldsymbol{X}$，以及 q 个因变量，组成 $n \times q$ 矩阵 $\boldsymbol{Y}$，即

$$\boldsymbol{X} = \begin{bmatrix} x_{11} & x_{12} & \cdots & x_{1p} \\ x_{21} & x_{22} & \cdots & x_{2p} \\ \vdots & \vdots & & \vdots \\ x_{n1} & x_{n2} & \cdots & x_{np} \end{bmatrix} \tag{4.44}$$

$$\boldsymbol{Y} = \begin{bmatrix} y_{11} & y_{12} & \cdots & y_{1q} \\ y_{21} & y_{22} & \cdots & y_{2q} \\ \vdots & \vdots & & \vdots \\ y_{n1} & y_{n2} & \cdots & y_{nq} \end{bmatrix} \tag{4.45}$$

偏最小二乘回归算法步骤如下。

(1) 把自变量和因变量都进行标准化处理，以消除测量时采用不同的量纲和数量级引起的差异，即

$$e_{ij} = \frac{x_{ij} - \overline{x_j}}{s_j^2}, \quad i = 1, 2, \cdots, n; \ j = 1, 2, \cdots, p \tag{4.46}$$

式中，

$$\overline{x_j} = \frac{\sum_{i=1}^{n} x_{ij}}{n}, \quad s_j^2 = \frac{\sum_{i=1}^{n} \left(x_{ij} - \overline{x_j}\right)^2}{n-1}$$

得到标准化样本矩阵 $\boldsymbol{E}_0$，其元素为 e_{ij}。

同样地，将因变量标准化处理为

$$f_{ij} = \frac{y_{ij} - \overline{y_j}}{s_j'^2}, \quad i = 1, 2, \cdots, n; \ j = 1, 2, \cdots, q \tag{4.47}$$

式中，

$$\overline{y_j} = \frac{\sum_{i=1}^{n} y_{ij}}{n}, \quad s_j'^2 = \frac{\sum_{i=1}^{n}\left(y_{ij} - \overline{y_j}\right)^2}{n-1}$$

得到标准化样本矩阵 $\boldsymbol{F}_0$，其元素为 f_{ij}。

(2) 用逐步回归法依次提取自变量和因变量的主成分。设自变量矩阵 $\boldsymbol{E}_0$ 的第一个主成分为 $\boldsymbol{t}_1$，$\boldsymbol{w}_1$ 为第一个主成分的系数向量，也是一个单位向量，即 $\|\boldsymbol{w}_1\| = 1$，即

$$\boldsymbol{t}_1 = \boldsymbol{E}_0 \boldsymbol{w}_1 \tag{4.48}$$

同理，设因变量矩阵 $\boldsymbol{F}_0$ 的第一个主成分为 $\boldsymbol{u}_1$，$\boldsymbol{c}_1$ 为第一个主成分的系数向量，也是一个单位向量，即 $Pc_1 P = 1$，得到

$$\boldsymbol{u}_1 = \boldsymbol{F}_0 \boldsymbol{c}_1 \tag{4.49}$$

要求 $\boldsymbol{t}_1$ 和 $\boldsymbol{u}_1$ 能很好地分别代表自变量 $\boldsymbol{E}_0$ 和因变量 $\boldsymbol{F}_0$ 中的数据变异信息，根据主成分分析原理，得到

$$\begin{cases} \text{var}(\boldsymbol{t}_1) \to \max \\ \text{var}(\boldsymbol{u}_1) \to \max \\ R(\boldsymbol{t}_1, \boldsymbol{u}_1) \to \max \end{cases} \tag{4.50}$$

式中，$R(\boldsymbol{t}_1, \boldsymbol{u}_1)$ 表示 $\boldsymbol{t}_1$ 和 $\boldsymbol{u}_1$ 的相关程度，要使得 $\boldsymbol{t}_1$ 和 $\boldsymbol{u}_1$ 具有尽可能大的相关程度，实质上是选取合适的 $\boldsymbol{w}_1$、$\boldsymbol{c}_1$，使得 $\boldsymbol{t}_1$ 和 $\boldsymbol{u}_1$ 的协方差达到最大，即

$$\begin{cases} (\boldsymbol{E}_0 \boldsymbol{w}_1, \boldsymbol{F}_0 \boldsymbol{c}_1) \to \max \\ \boldsymbol{w}_1' \boldsymbol{w}_1 = 1 \\ \boldsymbol{c}_1' \boldsymbol{c}_1 = 1 \end{cases} \tag{4.51}$$

利用拉格朗日乘子法，讨论有约束条件的极值问题，即

$$Q(\boldsymbol{w}_1, \boldsymbol{c}_1) = \boldsymbol{w}_1' \boldsymbol{E}_0 \boldsymbol{F}_0 \boldsymbol{c}_1' - \lambda_1(\boldsymbol{w}_1' \boldsymbol{w}_1 - 1) - \lambda_2(\boldsymbol{c}_1' \boldsymbol{c}_1 - 1) \tag{4.52}$$

对 Q 分别求关于 $\boldsymbol{w}_1$、$\boldsymbol{c}_1$、λ_1、λ_2 的偏导数并令其为 0，即

$$\begin{cases} \dfrac{\partial Q}{\partial \boldsymbol{w}_1} = \boldsymbol{E}_0' \boldsymbol{F}_0 \boldsymbol{c}_1 - 2\lambda_1 \boldsymbol{w}_1 = 0 \\[3mm] \dfrac{\partial Q}{\partial \boldsymbol{c}_1} = \boldsymbol{F}_0' \boldsymbol{E}_0 \boldsymbol{w}_1 - 2\lambda_2 \boldsymbol{c}_1 = 0 \\[3mm] \dfrac{\partial Q}{\partial \lambda_1} = \boldsymbol{w}_1' \boldsymbol{w}_1 - 1 = 0 \\[3mm] \dfrac{\partial Q}{\partial \lambda_2} = \boldsymbol{c}_1' \boldsymbol{c}_1 - 1 = 0 \end{cases} \tag{4.53}$$

求解式(4.53)可得

$$E_0'F_0F_0'E_0w_1 = \theta_1^2 w_1 \tag{4.54}$$

$$F_0'E_0E_0'F_0c_1 = \theta_1^2 c_1 \tag{4.55}$$

式中，$\theta_1 = 2\lambda_1 = 2\lambda_2 = w_1'E_0'F_0c_1$。

由式(4.54)可知，w_1 是矩阵 $E_0'F_0F_0'E_0$ 的特征向量，对应的特征值为 θ_1^2，因此 w_1 是矩阵 $E_0'F_0F_0'E_0$ 的最大特征值 θ_1^2 的单位特征向量；同理，c_1 是矩阵 $F_0'E_0E_0'F_0$ 的最大特征值 θ_1^2 的单位特征向量。将求解出来的 w_1 和 c_1 分别代入式(4.48)式(4.49)，便可求出 t_1 和 u_1 的值，此时 t_1 和 u_1 均为 n 维列向量。

(3) 利用最小二乘法分别建立 E_0 和 F_0 对 t_1 的回归方程，即

$$E_0 = t_1\alpha_1' + E_1 \tag{4.56}$$

$$F_0 = t_1\beta_1' + F_1 \tag{4.57}$$

根据最小二乘法原理，得到

$$\alpha_1 = \left(t_1't_1\right)^{-1}t_1'E_0 = \frac{E_0't_1}{t_1't_1} \tag{4.58}$$

$$\beta_1 = \left(t_1't_1\right)^{-1}t_1'F_0 = \frac{F_0't_1}{t_1't_1} \tag{4.59}$$

式中，α_1 为 p 维列向量；β_1 为 q 维列向量。

可以求解得到 E_0 和 F_0 的残差矩阵 E_1、F_1，即

$$E_1 = E_0 - t_1\frac{E_0't_1}{t_1't_1} \tag{4.60}$$

$$F_1 = F_0 - t_1\frac{F_0't_1}{t_1't_1} \tag{4.61}$$

(4) 仿照步骤(2)，用残差矩阵 E_1 代替 E_0，继续求主成分 t_2，即

$$t_2 = E_1w_2 \tag{4.62}$$

同理，w_2 为矩阵 $E_1'F_0F_0'E_1$ 的最大特征值 θ_2^2 的单位特征向量，进而求出 E_1 的残差矩阵 E_2，即

$$E_2 = E_1 - t_2\frac{E_1't_2}{t_2't_2} \tag{4.63}$$

F_1 的残差矩阵 F_2 为

$$F_2 = F_1 - t_2\frac{F_1't_2}{t_2't_2} \tag{4.64}$$

(5) 设 $n\times p$ 的数据观测矩阵 E_0 的秩为 r，可根据交叉有效性来确定 m 的值，

其中 $m < r = \min(n,p)$。重复步骤(4)，直到求取到成分 $t_m = E_{m-1}w_m$，这里 w_m 是矩阵 $E'_{m-1}F_0F'_0E_{m-1}$ 的最大特征值 θ_m^2 对应的单位特征向量。

(6) 最后便可以建立 F_0 在 $t_1,t_2,\cdots,t_m$ 上的普通最小二乘回归方程，即

$$F_0 = t_1\beta'_1 + t_2\beta'_2 + \cdots + t_m\beta'_m + F_m \tag{4.65}$$

式中，t_k 为 n 维列向量。

$$t_k = \begin{bmatrix} w_{k1}e_{11} + w_{k2}e_{12} + \cdots + w_{kp}e_{1p} \\ w_{k1}e_{21} + w_{k2}e_{22} + \cdots + w_{kp}e_{2p} \\ \vdots \\ w_{k1}e_{n1} + w_{k2}e_{n2} + \cdots + w_{kp}e_{np} \end{bmatrix}, \quad k=1,2,\cdots,m$$

可以将 t_k 表示为

$$t_k = \sum_{j=1}^{p} w_{kj}e_j \tag{4.66}$$

式中，

$$e_j = \begin{bmatrix} e_{1j} & e_{2j} & \cdots & e_{nj} \end{bmatrix}^{\mathrm{T}}$$

将式(4.66)代入式(4.65)，可得

$$F_0 = e_1a_1 + e_2a_2 + \cdots + e_pa_p + F_m \tag{4.67}$$

式中，$a_g = \sum_{j=1}^{m} w_{jg}\beta'_j$ 为 q 维行向量，$g=1,2,\cdots,p$。

将式(4.67)还原成 y 关于 x 的回归方程形式，即

$$y_h = a_{1h}x_1 + a_{2h}x_2 + \cdots + a_{ph}x_{ph} + f_{mh}, \quad h=1,2,\cdots,q \tag{4.68}$$

写成矩阵形式为

$$Y = XA + F_m \tag{4.69}$$

式中，

$$Y = \begin{bmatrix} y_1 & y_2 & \cdots & y_q \end{bmatrix}$$

$$X = \begin{bmatrix} x_1 & x_2 & \cdots & x_p \end{bmatrix}$$

$$A = \begin{bmatrix} a_1 & a_2 & \cdots & a_p \end{bmatrix}^{\mathrm{T}}$$

$$F_m = \begin{bmatrix} f_{m1} & f_{m2} & \cdots & f_{mq} \end{bmatrix}$$

至此，采用偏最小二乘回归法已完成预测模型的建立。

(7) 步骤(1)～(6)计算出观测模型的参量矩阵 w 和 β，即计算出 a，那么当引入一组新的 p 维行向量 x_{new} 时，直接将各元素代入式(4.68)或式(4.69)，即可求出预测的 q 维行向量 y_{new}。

4.3.3　应用示例

例 4.4　同样利用 4.2.3 节中例 4.3 的数据作为样本输入和测试输出。

下面利用数学模拟软件来实现偏最小二乘建立回归方程，主要步骤如下。

(1) 分别提取 X_1 和 Y_1 的 p 个和 q 个主成分，并将 X_1、Y_1、X_2 和 Y_2 映射到主成分空间中，这里直接使用数学模拟软件自带的主成分提取函数 princomp，取 p=15，q=3。

```
p=15;q=3;
[CX,SX,LX]=princomp(train_input');
[CY,SY,LY]=princomp(train_output');
CX2=CX(:,1:p);
CY=CY(:,1:q);
X2=train_input'*CX2;
Y2=train_output'*CY;
x2=test_input'*CX2;
y2=test_output'*CY;
```

映射后的矩阵为 $\boldsymbol{X}_2$、$\boldsymbol{Y}_2$、$\boldsymbol{x}_2$ 和 $\boldsymbol{y}_2$。

(2) 对 $\boldsymbol{X}_2$ 和 $\boldsymbol{Y}_2$ 进行线性回归，同样采用最小二乘法，增加一个常数项。

```
B=zeros(p,q);
h=ones(100,1);
X2=[h,X2];
B=inv(X2'*X2)*X2'*Y2;
```

(3) 将求得的 15 个主成分系数代回 721 个变量，求得 1 个常数项系数和 721 个变量对应的系数，进而计算出主成分变换后的预测值 y_4。

```
d2=zeros(722,3);
d2(1,:)=B(1,:);
for i=2:722
    d2(i,:)=(B(2:p+1,:)'*CX2(i-1,:)')';
end
y4=[[1,1,1];test_input]'*d2;
```

(4) 将 y_4 进行反主成分变换，得到 y_5。

```
y5=y4*pinv(CY);
```

(5) 计算误差。

```
e1=y5-test_output;
```

其中，e_1 是预测绝对误差，定义为 $e_1=y_5-y$。期望输出 test_output、计算得到的实际输出 y_5 和绝对误差 e_1 如图 4.3 所示。

1	2	3
0.202	0.4989	0.0499
0.0998	0.0497	0
0.3002	0.0998	0.3002

(a) 期望输出 test_output

1	2	3
0.202	0.4989	0.0499
0.0998	0.0497	8.1146×10^{-11}
0.3002	0.0998	0.3002

(b) 实际输出 y_5

1	2	3
3.7806×10^{-10}	3.2133×10^{-10}	3.2024×10^{-10}
9.5897×10^{-11}	8.1445×10^{-11}	8.1146×10^{-11}
1.0229×10^{-9}	8.6984×10^{-10}	8.6689×10^{-10}

(c) 绝对误差 e_1

图 4.3 偏最小二乘法计算结果

对比图 4.3(c)和图 4.2(c)可以看出，偏最小二乘法回归误差比主元回归法小 3 个数量级左右，且同样耗时短，同样适用于线性模型的回归，且对线性模型的回归建立更优于主元回归法。

对应 p 的取值，即提取的主成分个数，需要用其他方法进行确定。

首先引入残差平方和 PRESS 的概念，即

$$\text{PRESS}_j(k) = \sum_{i=1}^{n} \left(y_{ij} - \widetilde{y_{ij}}(k) \right)^2 \tag{4.70}$$

式中，i 为第 i 个样本点；j 为第 j 个指标；k 为主成分个数。

常用的提取主成分个数的方法主要有：舍一交叉验证法、分批交叉验证法、分裂样本交叉验证法和随机样本交叉验证法。

(1) 舍一交叉验证法。依次舍去第 $i(i=1,2,\cdots,n)$ 个样本点，用余下的 $n-1$ 个

样本点做偏最小二乘回归模型，并预测相应的 $\widetilde{y_{ij}}(k)$，再按式(4.71)计算 PRESS(k)。

$$\text{PRESS}(k) = \sum_{j=1}^{p}\sum_{i=1}^{n}\left(y_{ij} - \widetilde{y_{ij}}(k)\right)^2 \tag{4.71}$$

取 $k=1,2,\cdots,n-1$，从中选择使 PRESS(k) 最小的 k 值为主成分个数。

(2) 分批交叉验证法。每次留下 q 个观测样本作为检验数据。$q=1$ 即舍一交叉验证法，将余下的 $n-q$ 个样本做偏最小二乘回归，并预测相应的 $\widetilde{y_{ij}}(k)$，与舍一交叉验证法类似，将 k 从 1 取到 $n-1$，选取使得 PRESS(k) 最小的 k 值为提取的主成分个数。

(3) 分裂样本交叉验证法。所扣留的样本不是连续的，而是等距抽取的。例如，第一次抽取{1,11,$\cdots$}样本作为检验数据，第二次抽取{2,22,$\cdots$}样本作为检验数据等，再用与前述方法相同的步骤求出 k 值。

(4) 随机样本交叉验证法。按随机原则扣留样本作为检验数据，再用与前述方法相同的步骤求出 k 值。

以舍一交叉验证法为例，对例 4.3 中的数据计算主成分个数 k 的值，利用数学模拟软件来实现，步骤如下。

(1) 利用 2 个嵌套循环语句。

```
for p=1:n-1
    disp(p);
    Err1=zeros(1,N);
    Err2=zeros(1,N);
    for i=1:N
        disp(i);
        if i==1;
            x=XX(1,:);
            y=YY(1,:);
            X=XX(2:N.:);
            Y=YY(2:N,:);
        else if i==N
                x=XX(N,:);
                y=YY(N,:);
                X=XX(1:(N-1),:);
                Y=YY(1:(N-1),:);
```

```
    else
        x=XX(i,:);
        y=YY(i,:);
        X=[XX(1:(i-1),:);XX((i+1):N,:)];
        Y=[YY(1:(i-1),:);YY((i+1):N,:)];
    end
    [y5,e1,e2]=PLS(X,Y,x,y,p,q);
end
```

p 从 1 取到 $n-1$，依次提取第 $i(i=1,2,\cdots,N)$ 行样本点作为检验样本，对剩下的数据点进行偏最小二乘回归。

(2) 将这 $n-1$ 个 PRESS 值存入矩阵，取使得 PRESS 最小的 p 作为要提取的主成分个数 k。

```
PRESS(p)=sum(e1.^2);
[x,k]= find(PRESS==min(min(PRESS)));
```

代入例 4.3 中的数据，得到 $k=15$。

对于光谱结合多元校正的定量分析方法，不可能建立一个覆盖所有未知样品的校正模型，尤其对于天然产品(如农产品和石油等)，建立模型的适用性判据尤为重要，也称为校正模型界外样本检测。在对未知样本进行预测分析时，只有待测样品在模型覆盖的范围之内，才能保证分析结果的有效性和准确性。

通常通过三个判据来保证定量校正模型的适用性，一是马氏距离，如果待测样品的马氏距离大于校正集样品的最大马氏距离，则说明待测样品中的一些组分浓度超出校正集样品组分浓度的范围。二是光谱残差，如果待测样品的光谱残差大于规定的阈值，则说明待测样品中含有校正集样品所没有的组分。三是最邻近距离，如果待测样品与所有校正集样品之间距离的最小值(最邻近距离)大于规定的阈值，则说明待测样品落入校正集分布比较稀疏的地方，预测结果的准确性将受到质疑[5]。

4.4　神经网络法

4.4.1　神经网络理论基础

人工神经网络，简称神经网络，是在现代生物学研究基础上提出的模拟生物过程，反映人脑某些特性的一种计算结构。人工神经网络不是人脑神经系统的真实写照，而是对生物神经元的一种形式化描述，人工神经网络对生物神经元的信息处理过程进行抽象，并用数学语言予以描述。对生物神经元的结构和功能进行模拟，并用模拟图予以表达[7]。

1. 神经元的建模

人们已经提出的神经元模型很多，其中影响最大的为 M-P 模型。该模型经过不断改进，形成目前广泛应用的形式神经元模型。关于神经元的信息处理机制，该模型在简化的基础上提出以下六点假设进行描述。

(1) 每个神经元都是一个多输入单输出的信息处理单元。

(2) 神经元输入分兴奋性输入和抑制性输入两种类型。

(3) 神经元具有空间整合特性和阈值特性。

(4) 神经元输入与输出间有固定的时滞，主要取决于突触延搁。

(5) 忽略时间整合作用和不应期。

(6) 神经元本身是非时变的，即其突触时延和突触强度均为常数。

上述假设是对生物神经元信息处理过程的简化和概括。根据上述假设，对神经元进行形式化描述，建立人工神经元模型。一个人工神经细胞结构可以用图 4.4 来说明。

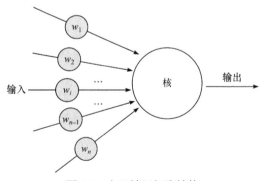

图 4.4　人工神经细胞结构

进入人工神经细胞的每一个输入都与一个权重 w_i 相联系，这些权重将决定神经网络的整体活跃性。现在暂时可以设想所有这些权重都被设置到区间(−1，1)的一个随机小数，因为权重可正可负，所以能对与其关联的输入施加不同的影响，权重为正会有激发作用；权重为负则会有抑制作用。当输入信号进入神经细胞时，与 w_i 相乘，作为图中大圆的输入。大圆的"核"是一个函数，称为激励函数，激励函数把所有这些新的、经过权重调整后的输入全部加起来，形成单个激励值。再根据激励值来产生函数的输出即神经细胞的输出。如果激励值超过某个阈值(假设阈值为 1.0),会产生一个值为 1 的信号输出。如果激励值小于阈值 1.0,则输出一个 0,即只有当其输入总和超过阈值时,神经元才会被激活而发出脉冲,否则神经元不会产生输出信号。这是人工神经细胞激励函数的一种最简单的类型,其中激励值产生输出值是一个阶跃函数,如图 4.5 所示。

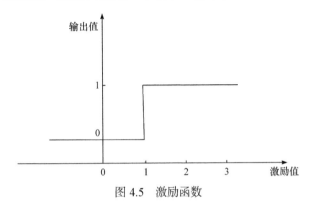

图 4.5　激励函数

2. 神经元的数学模型

本小节第 1 部分的内容介绍的结构模型还可以用一个数学表达式进行抽象与概括。令 $x_i(t)$ 表示 t 时刻神经元 j 接受的来自神经元 i 的输入信息,$o_j(t)$ 表示 t 时刻神经元 j 的输出信息,则神经元 j 的状态可表达为

$$o_j(t) = f\left(\sum_{i=1}^{n} w_{ij} x_i(t - \tau_{ij}) - T_j \right) \tag{4.72}$$

式中,τ_{ij} 为输入输出间的突触时延;T_j 为神经元 j 的阈值;w_{ij} 为神经元 i 到 j 的权重;$f(\cdot)$ 为神经元的转移函数。

将式(4.72)中的突触时延取为单位时间,则式(4.72)可以写为

$$o_j(t+1) = f\left(\sum_{i=1}^{n} w_{ij} x_i(t) - T_j \right) \tag{4.73}$$

令神经元在 t 时刻的净输入,即输入总和 $\mathrm{net}_j'(t)$ 为

$$\mathrm{net}_j'(t) = \sum_{i=1}^{n} w_{ij} x_i(t) \tag{4.74}$$

$\mathrm{net}_j'(t)$ 体现了神经元 j 的空间整合特性,而未考虑时间整合,当 $\mathrm{net}_j'(t) - T_j > 0$ 时,神经元才能被激活。为了简单起见,在后面用到式(4.74)时,常将其中

的(t)省略，式(4.74)还可以表示为权重向量 $\boldsymbol{w}_j$ 和输入向量 $\boldsymbol{x}$ 的点积，即

$$\mathrm{net}'_j = \boldsymbol{w}_j^{\mathrm{T}} \boldsymbol{x} \tag{4.75}$$

式中，$\boldsymbol{w}_j = \begin{bmatrix} w_{1j} & w_{2j} & \cdots & w_{nj} \end{bmatrix}^{\mathrm{T}}$；$\boldsymbol{x} = \begin{bmatrix} x_1 & x_2 & \cdots & x_n \end{bmatrix}^{\mathrm{T}}$。

如果令 $x_0 = -1$，$w_{0j} = T_j$，则有 $-T_j = x_0 w_{0j}$，净输入与阈值之差可表达为

$$\mathrm{net}'_j - T_j = \mathrm{net}_j = \sum_{i=0}^{n} w_{ij} x_i = \boldsymbol{w}_j^{\mathrm{T}} \boldsymbol{x} \tag{4.76}$$

式(4.74)中列向量 $\boldsymbol{w}_j$(由元素 w_{ij} 组成)和 $\boldsymbol{x}$ 的第一个分量的下标均从 1 开始，而式(4.76)中则从 0 开始。采用式(4.76)的约定后，净输入改写为 net_j，与原来的区别是包含了阈值。综合以上各式，神经元模型可简化为

$$o_j = f\left(\mathrm{net}_j\right) = f\left(\boldsymbol{w}_j^{\mathrm{T}} \boldsymbol{x}\right) \tag{4.77}$$

3. 神经元的转移函数

神经元的不同数学模型主要取决于不同的转移函数，从而使神经元具有不同的信息处理特性。神经元的信息处理特性是决定人工神经网络整体性能的三大要素之一，因此转移函数的研究具有重要意义。神经元的转移函数反映了神经元输出与其激活状态之间的关系，最常用的转移函数有以下四种形式。

1) 阈值型转移函数

图 4.6 给出了两种阈值型转移函数，其中图 4.6(a)为单极性阈值型转移函数，采用式(4.78)定义的单位阶跃函数：

$$f(x) = \begin{cases} 1, & x \geqslant 0 \\ 0, & x < 0 \end{cases} \tag{4.78}$$

具有这一作用方式的神经元称为阈值型神经元，这是神经元模型中最简单的一种，经典的 M-P 模型就属于这一类。图 4.6(b)为双极性阈值型转移函数，采用式(4.79)定义的符号函数：

$$\mathrm{sgn}(x) = \begin{cases} 1, & x \geqslant 0 \\ -1, & x < 0 \end{cases} \tag{4.79}$$

这是神经元模型中常用的一种，许多处理离散信号的神经网络采用符号函数作为转移函数。阈值型函数中的自变量 x 代表 $\mathrm{net}'_j - T_j$，即当 $\mathrm{net}'_j \geqslant T_j$ 时，神经元处于兴奋状态，输出为 1；当 $\mathrm{net}'_j < T_j$ 时，神经元处于抑制状态，输出为 0 或者-1。

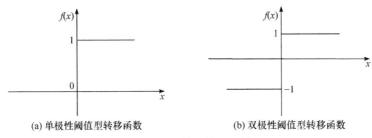

(a) 单极性阈值型转移函数　　　　　　　(b) 双极性阈值型转移函数

图 4.6　阈值型转移函数

2) 非线性转移函数

非线性转移函数为实数域 R 到[0，1]闭集的非减连续函数，代表了状态连续型神经元模型。最常用的非线性转移函数是单极性 Sigmoid 函数，简称 S 型函数，其特点是函数本身及其导数都是连续的，因而在处理上十分方便。单极性 S 型函数定义为

$$f(x) = \frac{1}{1 + e^{-x}} \tag{4.80}$$

有时也常采用双极性 S 型函数，即

$$f(x) = \frac{2}{1 + e^{-x}} - 1 = \frac{1 - e^{-x}}{1 + e^{-x}} \tag{4.81}$$

S 型函数如图 4.7 所示。

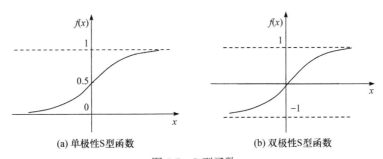

(a) 单极性S型函数　　　　　　　　　(b) 双极性S型函数

图 4.7　S 型函数

3) 分段线性转移函数

该函数的特点是神经元的输入与输出在一定区间内满足线性关系。由于具有分段线性的特点，在实现上比较简单，这类函数也称为伪线性函数。单极性分段线性转移函数表达式为

$$f(x) = \begin{cases} 0, & x \leqslant 0 \\ cx, & 0 < x \leqslant x_c \\ 1, & x_c < x \end{cases} \tag{4.82}$$

分段线性转移函数如图 4.8 所示。

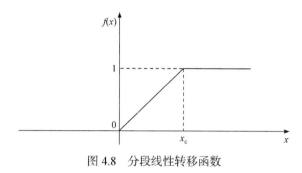

图 4.8　分段线性转移函数

4) 概率型转移函数

采用概率型转移函数的神经元模型输入输出之间的关系是不确定的，需要用一个随机函数来描述其输出状态为 1 或 0 的概率。设神经元输出为 1 的概率为

$$P(1) = \frac{1}{1+e^{\frac{-x}{T}}} \tag{4.83}$$

式中，T 为温度参数。

采用该转移函数的神经元输出状态分布与热力学中的玻尔兹曼分布类似，这种神经元模型也称为热力学模型。

4. 人工神经网络模型

人工神经网络模型很多，可以按照不同的方法进行分类。其中常见的两种分类方法为按网络连接的拓扑结构分类和按网络内部的信息流向分类。

1) 网络拓扑结构类型

(1) 层次型结构。

具有层次型结构的神经网络将神经元按功能分成若干层，如输入层、中间层(即隐层)和输出层，各层顺序相连，如图 4.4 所示。输入层各神经元负责接收来自外界的输入信息，并传递给中间各隐层神经元。隐层是神经网络的内部信息处理层，负责信息变换，根据信息变换能力的需要，隐层实际可为一层或多层。最后一个隐层传递到输出层神经元的信息经进一步处理后，即完成一次信息处理，由输出层向外界输出信息处理结果，如通过执行机构或显示设备。层次型网络又分为三种典型的结合方式。

① 单纯型层次型网络结构。

在如图 4.9 所示的层次型网络结构中，神经元分层排列，各层神经元接收前一层输入并输出到下一层，层内神经元自身以及神经元之间不存在连接通路。

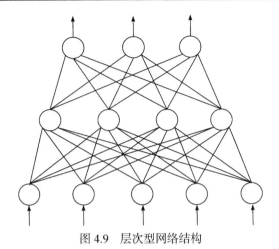

图 4.9　层次型网络结构

② 输出层到输入层有连接的层次型网络结构。

如图 4.10 所示的输出层到输入层有连接的层次型网络结构，输入层神经元既可接收输入，也具有信息处理功能。

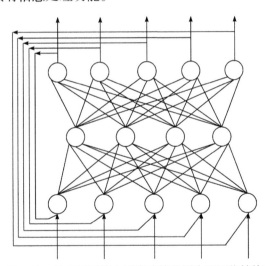

图 4.10　输出层到输入层有连接的层次型网络结构

③ 层内有互连的层次型网络结构。

图 4.11 为同一层内神经元有互连的层次型网络结构，这种结构的特点是在同一层内引入神经元的侧向作用，使得能同时激活的神经元个数可控，以实现各层神经元的自组织。

(2) 互连型结构。

对于互连型神经网络结构，网络中任意两个节点之间都可能存在连接路径，因此可以根据网络中节点的互连程度，将互连型网络结构细分为三种情况。

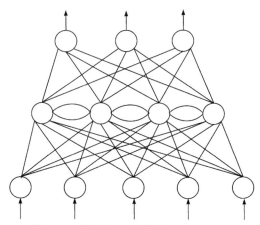

图 4.11　层内有互连的层次型网络结构

① 全互连型网络结构。

如图 4.12 所示，网络中的每个节点均与其他节点连接。

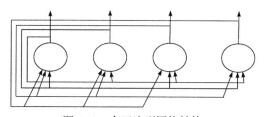

图 4.12　全互连型网络结构

② 局部互连型网络结构。

如图 4.13 所示，网络中的每个节点只与其邻近的节点有连接。

③ 稀疏连接型网络结构。

网络中的节点只与少数相距较远的节点相连。

2) 网络信息流向类型

根据神经网络内部信息传递方向，可分为前馈型神经网络和反馈型神经网络。

(1) 前馈型神经网络。

大脑里的生物神经细胞和其他神经细胞是相互连接在一起的，为了创建一个人工神经网络，人工神经细胞也要以同样方式相互连接在一起。为此可以有许多不同的连接方式，其中最容易理解且最广泛使用的就是如图 4.14 所示的结构，把神经细胞一层一层地连接在一起，这种类型的神经网络叫前馈网络。这一名称的由来，是因为网络的每一层神经细胞的输出都向前馈送到下一层，直到获得整个网络的输出为止。

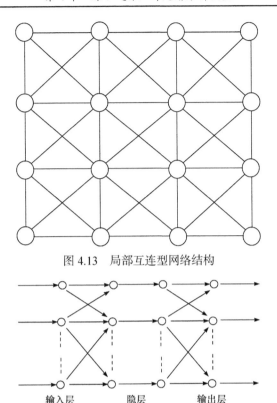

图 4.13　局部互连型网络结构

输入层　　　　隐层　　　　输出层

图 4.14　前馈型神经网络结构

由图 4.14 可知，前馈型神经网络共有三层：输入层、隐层和输出层。输入层中的每个输入都馈送到隐层，作为该层每一个神经细胞的输入，进而从隐层的每个神经细胞的输出都连到下一层，即输出层的每一个神经细胞。作为前馈网络，一般可以有任意多个隐层，通常情况下，一层足够解决大多数问题。有些问题甚至根本不需要任何隐藏单元，只要把输入直接连接到输出神经细胞即可。对每一层而言，实际都可以有任何数目的神经细胞，这完全取决于待解决问题的复杂性，神经细胞数目越多，网络工作速度也越低，因此网络的规模总是要求保持尽可能地小。

(2) 反馈型神经网络。

反馈型神经网络结构如图 4.15 所示，是指该网络结构在输出层到输入层存在反馈，即每一个输入节点都有可能接受来自外部的输入和来自输出神经元的反馈。这种神经网络是一种反馈动力学系统，需要工作一段时间才能达到稳定。Hopfield 神经网络是反馈网络中最简单且应用最广泛的模型，具有联想记忆的功能，如果将 Lyapunov 函数定义为寻优函数，Hopfield 神经网络还可以解决寻优问题。

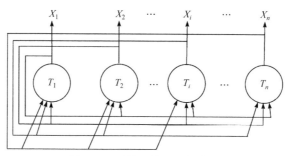

图 4.15 反馈型神经网络结构

5. 神经网络学习

人类具有学习能力，在学习的过程中，大脑会产生神经回路的变化，人脑的学习能力即形成和改变突触联系的能力，人工神经网络的功能特性和智能体现由其连接的拓扑结构和突触连接强度(即连接权值)决定。神经网络的全体连接权值可用一个矩阵 W 表示，其整体反映神经网络对所解决问题的知识存储。神经网络能够通过对样本的学习训练，不断改变网络的连接权值及拓扑结构，以使网络的输出不断地接近期望的输出，这一过程称为神经网络的学习或训练，其本质是可变权值的动态调整。

神经网络的学习方式是决定神经网络信息处理性能的第三大要素，改变权值的规则称为学习规则或学习算法(亦称为训练规则或训练算法)。在单个处理单元层次时，无论采用哪种学习规则进行调整，其算法都十分简单，但当大量处理单元集体进行权值调整时，网络呈现出"智能"特性，其中有意义的信息就以分布的形式存储在调节后的权值矩阵中[8]。

神经网络的学习算法有很多，根据一种广泛采用的分类方法，可将神经网络的学习算法归纳为三类，即有导师学习、无导师学习和灌输式学习。

1) 有导师学习

有导师学习也称为监督学习，这种学习模式采用的是纠错规则。在学习训练过程中需要不断给网络成对提供一个输入模式和一个期望网络正确输出的模式，称为"教师信号"。将神经网络的实际输出与期望输出进行比较，当网络的输出与期望的"教师信号"不符时，根据差错的方向和大小按一定的规则调整权值，使下一步网络的输出更接近期望结果。对于有导师学习，网络在能执行工作任务之前必须先经过学习，当网络对于各种给定的输入均能产生所期望的输出时，即认为网络已经在导师的训练下"学会"了训练数据集中包含的知识和规则，可以用来进行工作。

2) 无导师学习

无导师学习也称为无监督学习，学习过程中需要不断地给网络提供动态输入信息，网络根据特有的内部结构和学习规则，在输入信息流中发现任何可能存在的模式和规律，同时根据网络要实现的功能和输入信息调整权值，这个过程称为网络的自组织，其结果是使网络能对属于同一类的模式进行自动分类。在这种学习模式中，网络的权值调整不受外来教师信号的影响，可以认为网络的学习评价标准隐含于网络的内部。

3) 灌输式学习

灌输式学习是指先将网络设计成能记忆特别的例子，当给定有关该例子的输入信息时，例子便被回忆起来。灌输式学习中网络的权值一旦设计好就不能再变动，因此其学习是一次性的，而不是一个训练过程。

在有导师学习中，提供给神经网络学习的外部指导信息越多，神经网络学会并掌握的知识越多，解决问题的能力也越强。但是有时神经网络所解决的问题的先验信息很少甚至没有，这种情况下，无导师学习更有实际意义。

可以把一个神经元看成一个自适应单元，其权值可以根据其所接收的输入信号、输出信号及对应的监督信号进行调整。其中一种神经网络权值调整的通用学习规则如图 4.16 所示，图中的神经元 j 是神经网络中的某个节点，其输入用向量 X 表示，该输入可以来自网络外部，也可以来自其他神经元的输出。第 i 个输入与神经元 j 的连接权值用 w_{ij} 表示，连接到神经元 j 的全部权值构成权向量 W_j。应当注意的是，该神经元的阈值 $T_j = w_{0j}$，对应的输入分量 x_0 恒为 -1。图 4.16 中 $r = r\left(W_j, X, d_j\right)$ 代表学习信号，该信号通常是 W_j 和 X 的函数，而在有导师学习时，也是教师信号 d_j 的函数。

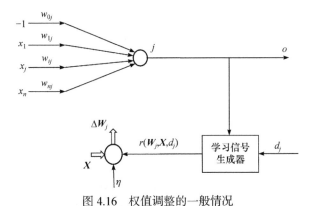

图 4.16　权值调整的一般情况

通用学习规则可表达为：权向量 W_j 在 t 时刻的调整量 $\Delta W_j(t)$ 与 t 时刻的输

入向量 $X(t)$ 和学习信号 r 的乘积成正比，用数学式表示为

$$\Delta W_j(t) = \eta r\left[W_j(t), X(t), d_j(t)\right] X(t) \tag{4.84}$$

式中，η 为正数，称为学习常数，其值决定了学习速率。

基于离散时间调整时，下一时刻的权向量应该为

$$W_j(t+1) = W_j(t) + \eta r\left[W_j(t), X(t), d_j(t)\right] X(t) \tag{4.85}$$

不同的学习规则对 $r\left[W_j(t), X(t), d_j(t)\right]$ 有不同的意义，从而形成各种各样的神经网络。下面对常用的学习算法做简要介绍，包括 Hebb 学习规则、Perceptron 学习规则、δ 学习规则、LMS 学习规则、Correlation 学习规则、Winner-Take-All 学习规则和 Outstar 学习规则。

(1) Hebb 学习规则。

当神经元的突触前膜电位与后膜电位同时为正时，突触传导增强，当前膜电位与后膜电位正负相反时，突触传导减弱。也就是说，当神经元 i 与神经元 j 同时处于兴奋状态时，两者之间的连接强度应增强，根据该假定的权值调整方法，称为 Hebb 学习规则。

在 Hebb 学习规则中，学习信号简单地等于神经元的输出，即

$$r = f\left(W_j^{\mathrm{T}} X\right) \tag{4.86}$$

权向量的调整量为

$$\Delta W_j = \eta f\left(W_j^{\mathrm{T}} X\right) X \tag{4.87}$$

权向量中，每个分量的调整量为

$$\Delta w_{ij} = \eta f\left(W_j^{\mathrm{T}} X\right) x_i = \eta o_j x_i, \quad i = 0,1,\cdots,n \tag{4.88}$$

从式(4.86)可以看出，权值调整量与输入和输出的乘积成正比。经常出现的输入模式将对权向量有最大影响。在这种情况下，Hebb 学习规则需预先设置权饱和值，以防输入和输出的正负始终一致时出现权值无约束增长。此外，还要求权值初始化，即在学习开始前($t=0$)，先对 $W_j(0)$ 赋予 0 附近的小随机数。

Hebb 学习规则代表一种纯前馈、无导师学习，该规则至今仍在各种神经网络模型中起着重要作用。

(2) Perceptron 学习规则。

具有单层计算单元的神经网络结构称为 Perceptron(感知器)。Perceptron 学习规则规定，学习信号等于神经元期望输出(教师信号)与实际输出之差，即

$$r = d_j - o_j \tag{4.89}$$

式中，d_j 为期望输出；o_j 为实际输出，$o_j = f\left(W_j^{\mathrm{T}} X\right)$。

感知器采用符号函数作为转移函数，其表达式为

$$f\left(W_j^{\mathrm{T}} X\right) = \mathrm{sgn}\left(W_j^{\mathrm{T}} X\right) = \begin{cases} 1, & W_j^{\mathrm{T}} X \geqslant 0 \\ -1, & W_j^{\mathrm{T}} X < 0 \end{cases} \tag{4.90}$$

权向量的调整量为

$$\Delta W_j = \eta\left(d_j - \mathrm{sgn}\left(W_j^{\mathrm{T}} X\right)\right) X \tag{4.91}$$

各分量的调整为

$$\Delta w_{ij} = \eta\left(d_j - \mathrm{sgn}\left(W_j^{\mathrm{T}} X\right)\right) x_i \tag{4.92}$$

当实际输出与期望输出相同时，权向量不需要调整。在有误差存在的情况下，由于 d_j 和 $\mathrm{sgn}\left(W_j^{\mathrm{T}} X\right) \in \{-1, 1\}$，权向量的调整量可简化为

$$\Delta W_j = \pm 2\eta X \tag{4.93}$$

Perceptron 学习规则只适合二进制神经元，初始权值可取任意值。Perceptron 学习规则代表一种有导师学习，由于感知器理论是研究其他神经网络的基础，该规则对神经网络的有导师学习具有极为重要的意义。

(3) δ 学习规则。

δ 学习规则也称为连续感知器学习规则，与上述离散感知器学习规则并行。δ 学习规则的学习信号规定为

$$r = \left[d_j - f\left(W_j^{\mathrm{T}} X\right)\right] f'\left(W_j^{\mathrm{T}} X\right) = \left(d_j - o_j\right) f'\left(\mathrm{net}_j\right) \tag{4.94}$$

式中，$f'\left(W_j^{\mathrm{T}} X\right)$ 为转移函数 $f\left(\mathrm{net}_j\right)$ 的导数。

δ 学习规则要求转移函数可导，因此只适用于有导师学习中定义的连续转移函数，如 Sigmoid 函数。

δ 学习规则很容易由输出值与期望值的最小平方误差条件推导出来。定义神经元输出与期望输出之间的平方误差为

$$E = \frac{1}{2}\left(d_j - o_j\right)^2 = \frac{1}{2}\left(d_j - f\left(W_j^{\mathrm{T}} X\right)\right)^2 \tag{4.95}$$

式中，误差 E 为权向量 W_j 的函数，欲使误差 E 最小，W_j 应与误差的负梯度成正比，即

$$\Delta W_j = -\eta \nabla E \tag{4.96}$$

式中，比例系数 η 为正常数。

由式(4.95)可得误差梯度为

$$\nabla E = -\left(d_j - o_j\right) f'\left(\boldsymbol{W}_j^\mathrm{T} \boldsymbol{X}\right) \boldsymbol{X} \tag{4.97}$$

将式(4.97)代入式(4.96)，可得权向量的调整量为

$$\Delta \boldsymbol{W}_j = \eta\left(d_j - o_j\right) f'\left(\mathrm{net}_j\right) \boldsymbol{X} \tag{4.98}$$

式中，η 与 $\boldsymbol{X}$ 之间的部分是式(4.94)中定义的学习信号 δ。$\Delta \boldsymbol{W}_j$ 中每个分量的调整量为

$$\Delta w_{ij} = \eta\left(d_j - o_j\right) f'\left(\mathrm{net}_j\right) x_i \tag{4.99}$$

δ 学习规则可推广到多层前馈网络中，权值可初始化为任意值。

(4) LMS 学习规则。

Widrow-Holf 学习规则能使神经元实际输出与期望输出之间的平方差最小，所以又称为最小均方(least mean square, LMS)学习规则。LMS 学习规则的学习信号为

$$r = d_j - \boldsymbol{W}_j^\mathrm{T} \boldsymbol{X} \tag{4.100}$$

权向量的调整量为

$$\Delta \boldsymbol{W}_j = \eta\left(d_j - \boldsymbol{W}_j^\mathrm{T} \boldsymbol{X}\right) \boldsymbol{X} \tag{4.101}$$

$\Delta \boldsymbol{W}_j$ 的各分量的调整量为

$$\Delta w_{ij} = \eta\left(d_j - \boldsymbol{W}_j^\mathrm{T} \boldsymbol{X}\right) x_i \tag{4.102}$$

如果在 δ 学习规则中假定神经元转移函数为 $f\left(\boldsymbol{W}_j^\mathrm{T} \boldsymbol{X}\right) = \boldsymbol{W}_j^\mathrm{T} \boldsymbol{X}$，则有 $f'\left(\boldsymbol{W}_j^\mathrm{T} \boldsymbol{X}\right) = 1$，此时式(4.94)与式(4.100)相同。因此，LMS 学习规则可以看成 δ 学习规则的一个特殊情况。该学习规则与神经元采用的转移函数无关，因而不需要对转移函数求导数，不仅学习速度较快，而且具有较高的精度，权值可初始化为任意值。

(5) Correlation 学习规则。

Correlation(相关)学习规则规定学习信号为

$$r = d_j \tag{4.103}$$

易得出 $\Delta \boldsymbol{W}_j$ 及 Δw_{ij} 分别为

$$\Delta \boldsymbol{W}_j = \eta d_j \boldsymbol{X} \tag{4.104}$$

$$\Delta w_{ij} = \eta d_j x_i, \quad i = 0, 1, \cdots, n \tag{4.105}$$

该规则表明，当 d_j 是 x_i 的期望输出时，相应的权值增量 Δw_{ij} 与两者的乘积 $d_j x_i$ 成正比。

如果 Hebb 学习规则中的转移函数为二进制函数，且有 $o_j = d_j$，则 Correlation 学习规则可看成 Hebb 学习规则的一种特殊情况。应当注意的是，Hebb 学习规则是无导师学习，而 Correlation 学习规则是有导师学习。这种学习规则要求将权值初始化为 0。

(6) Winner-Take-All 学习规则。

Winner-Take-All(胜者为王)学习规则是一种竞争学习规则，用于无导师学习。一般将网络的某一层确定为竞争层，对于一个特定的输入 X，竞争层的所有 p 个神经元均有输出响应，其中响应值最大的神经元为在竞争中获胜的神经元，即

$$W_j^{\mathrm{T}*} X = \max_{i=1,2,\cdots,p}\left(W_i^{\mathrm{T}} X\right) \tag{4.106}$$

只有获胜神经元才能权调整其权向量 W_m，调整量为

$$\Delta W_j^* = \alpha\left(X - W_j^*\right) \tag{4.107}$$

式中，$\alpha \in (0,1]$，是一个小的学习常数，其值一般随着学习的进展而减小。

两个向量的点积越大，表明两者越近似，所以调整获胜神经元权向量的结果是使 W_m 进一步接近当前输入 X。当下次出现与 X 相似的输入模式时，上次获胜的神经元更容易获胜。在反复的竞争学习过程中，竞争层的各神经元所对应的权向量被逐渐调整为输入样本空间的聚类中心。

在有些应用中，以获胜神经元为中心定义一个获胜邻域，除获胜神经元调整权值外，邻域内的其他神经元也不同程度地调整权值。权值一般被初始化为任意值并进行归一化处理。

(7) Outstar 学习规则。

神经网络中有两类常见的节点，分别称为内星节点和外星节点，其特点如图 4.17 所示。图 4.17(a)中的内星节点总是接收来自各神经元的输入加权信号，因此是信号的汇聚点，对应的权向量称为内星权向量。图 4.17(b)中的外星节点总是向各神经元

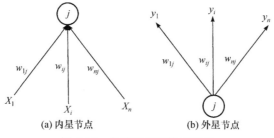

(a) 内星节点　　　　　(b) 外星节点

图 4.17　内星节点和外星节点

发出输出加权信号，因此是信号的发散点，对应的权向量称为外星权向量。内星学习规则规定，内星节点的输出响应是输入向量 X 和内星权向量 W_j 的点积。该点积反映 X 与 W_j 的相似程度，其权值按式(4.107)调整，因此 Winner-内星学习规则与 Take-All 学习规则一致。

外星学习规则属于有导师学习，其目的是生成一个期望的 m 维输出向量 d，设对应的外星权向量用 W_j 表示，学习规则如下：

$$\Delta W_j = \eta \left(d - W_j \right) \tag{4.108}$$

式中，η 的规定与作用和式(4.107)中的 α 相同。

正如式(4.107)给出的内星学习规则使节点 j 对应的内星权向量向输入向量 X 靠拢一样，式(4.108)给出的外星学习规则使节点 j 对应的外星权向量向期望输出向量 d 靠拢。

4.4.2　神经网络建模方法

前馈型神经网络主要包括感知器神经网络、反向传播(back propagation, BP)神经网络和径向基函数(radial Basts function, RBF)神经网络等。本章主要介绍 BP 神经网络和 RBF 神经网络。

1. BP 神经网络

BP 神经网络是由于其权值采用 BP 的学习算法而得名，它也是一种多层前馈型神经网络，其神经元的转移函数是 S 型函数，因此其输出量为 0~1 的连续量，可以实现从输入到输出的任意非线性映射。在确定 BP 神经网络的结构后，利用输入输出样本集对其进行训练，即对网络的权值和偏置值进行学习和调整，以使网络实现给定的输入输出映射关系。经过训练的 BP 神经网络，对于不是样本集中的输入，也能给出合适的输出，这种性质称为泛化功能。因此，BP 神经网络具有拉格朗日插值法、牛顿插值法等类似的插值功能，只是拉格朗日插值法和牛顿插值法只能用于二维空间的曲线插值，而 BP 神经网络可实现多维空间的曲面插值。

1) BP 神经网络结构

BP 神经网络通常有一个或多个隐层。在实际应用中，用得最多的是三层 BP 神经网络。图 4.18 是一个简单的三层 BP 神经网络模型。网络的输入层包含 $i(i=3)$ 个节点，隐层包含 $j(j=4)$ 个节点，输出层有 $k(k=2)$ 个节点。$w(j, i)$ 表示输入层第 i 个节点与隐层第 j 个节点的连接权值，共有 4×3 个连接权值；$v(k, j)$ 表示隐层第 j 个节点与输出层第 k 个节点的连接权值，共有 2×4 个连接权值。

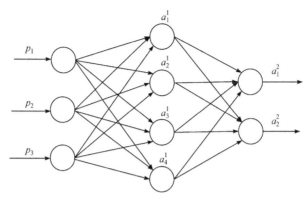

图 4.18　三层 BP 神经网络模型

2) BP 神经网络的神经元模型

BP 神经网络一般由多层神经元构成，因此 BP 神经网络的神经元可以有多种类型，其神经元的选用需要视具体情况而定。由于 BP 神经网络是通过误差反向传播来实现的，其神经元必须是连续可微的，BP 神经网络的神经元函数不能选用限幅函数。对于输出范围比较小的网络，可以将其所有的神经元响应函数全部选为 S 型函数，若网络的输出范围比较大，则一般把隐层神经元响应函数选为 S 型函数，而把输出层神经元响应函数选为纯线性函数，从理论上讲，这样选择神经元响应函数可以任意精度地逼近任意一个平滑函数。图 4.18 还常表示成图 4.19，其中 P_1 表示输入向量，**IW** 表示隐层与输入层之间的连接权值矩阵，**LW** 表示输出层与隐层之间的连接权值矩阵，b_1 表示隐层神经元阈值向量，b_2 表示输出层神经元阈值向量，n_1 和 a_1 分别表示隐层的输入向量和输出向量，n_2 和 a_2 分别表示输出层的输入向量和输出向量。对于如图 4.19 所示 BP 神经网络模型的神经元响应函数选用情况如下。

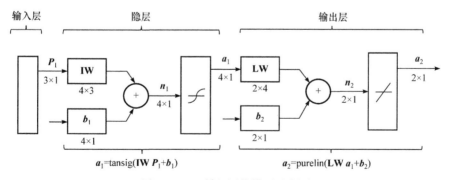

图 4.19　BP 神经网络模型示意图

(1) 输入层神经元响应函数。

输入层神经元响应函数选为线性函数，节点 i 的输出为

$$O_i = p_i \tag{4.109}$$

式中，p_i 为第 i 个节点的输入。

(2) 隐层神经元响应函数。

隐层神经元响应函数选用对数 S 型函数，节点 j 的输出为

$$O_j = f(n_j) = \frac{1}{1 + e^{-n_j}} = a_j^1 \tag{4.110}$$

节点 j 的总输入为

$$n_j = \sum_{i=1}^{3} O_i w_{ji} + b_j \tag{4.111}$$

(3) 输出层神经元响应函数。

输出层神经元响应函数选 S 型函数，节点 k 的输出为

$$O_k = a_k^2 = \frac{1}{1 + e^{-n_k}} = f(n_k) \tag{4.112}$$

节点 k 的总输入为

$$n_k = \sum_{j=1}^{4} O_j w_{kj} + b_k \tag{4.113}$$

3) BP 神经网络的学习算法

当权值 $w_{ji}(l \times R)$、$w_{kj}(m \times l)$ 与阈值 $b_j(l$ 个)、$b_k(m$ 个)(对于两层网络，$w_{ji}(l \times R)$、$w_{kj}(m \times l)$ 与阈值 b_j、b_k 分别对应图 4.19 中 **IW**、**LW**、$\boldsymbol{b}_1$ 和 $\boldsymbol{b}_2$)随机赋予初始值、确定分组输入 $p_1, p_2, \cdots, p_R$ 后，根据式(4.110)~式(4.113)进行计算，可得出输出层节点 k 的输出 O_k 与期望输出 d_k 存在误差，输出层 m 个节点的总误差 E 取为

$$E = \frac{1}{2} \sum_{k=1}^{2} (d_k - O_k)^2 \tag{4.114}$$

网络的学习也称为网络的训练，是通过反复计算求取 E，根据 E 的大小调整网络参数，最终使得误差 E 足够小。网络权值参数的修正数学表达式求取所遵循的规则称为学习规则，其方法是使权值沿误差函数 E 的负梯度 $-\dfrac{\partial E}{\partial w}$ 方向改变[9]，即

$$\Delta w_{kj} = w_{kj}(t+1) - w_{kj}(t) = -\eta \frac{\partial E}{\partial w_{kj}} \tag{4.115}$$

$$\Delta w_{ji} = w_{ji}(t+1) - w_{ji}(t) = -\eta \frac{\partial E}{\partial w_{ji}} \tag{4.116}$$

式中，η 为学习因子，又称步长。

按照误差 BP 算法，分别求取输出层训练误差 δ_k 和隐层训练误差 δ_j，最后得出权值修正公式。

(1) 输出层训练误差 δ_k 为

$$\delta_k = -\frac{\partial E}{\partial n_k} = -\frac{\partial E}{\partial O_k}\frac{\partial O_k}{\partial n_k} \tag{4.117}$$

根据式(4.114)的误差定义及式(4.112)、式(4.113)，可求得

$$\frac{\partial E}{\partial O_k} = -(d_k - O_k) = -(d_k - f(n_k)) \tag{4.118}$$

由式(4.112)和式(4.113)可得

$$\frac{\partial O_k}{\partial n_k} = f'(n_k) = f(n_k)(1 - f(n_k)) \tag{4.119}$$

将式(4.118)和式(4.119)代入式(4.117)，可得

$$\delta_k = f(n_k)(1 - f(n_k))(d_k - f(n_k)) \tag{4.120}$$

(2) 隐层训练误差 δ_j 为

$$\delta_j = -\frac{\partial E}{\partial n_j} = -\frac{\partial E}{\partial O_j}\frac{\partial O_j}{\partial n_j} \tag{4.121}$$

由式(4.110)可得

$$\frac{\partial O_j}{\partial n_j} = f'(n_j) = f(n_j)(1 - f(n_j)) \tag{4.122}$$

根据式(4.118)和式(4.114)可得

$$\frac{\partial E}{\partial O_j} = \frac{\partial E}{\partial n_k}\frac{\partial n_k}{\partial O_j} = -\delta_k \sum_{j=1}^{4} w_{kj} \tag{4.123}$$

将式(4.122)和式(4.123)代入式(4.121)，可得

$$\delta_j = f(n_j)(1 - f(n_j))\sum_{j=1}^{4} \delta_k w_{kj} \tag{4.124}$$

(3) 权值修正公式。

首先，w_{kj} 的修正公式是将式(4.115)变换为

$$\Delta w_{kj} = -\eta\frac{\partial E}{\partial w_{kj}} = -\eta\frac{\partial E}{\partial n_k}\frac{\partial n_k}{\partial w_{kj}} = -\eta\delta_k O_j \tag{4.125}$$

式中，

$$\delta_k = \frac{-\partial E}{\partial n_k} , \quad O_j = \frac{\partial n_k}{\partial w_{kj}}$$

则有

$$w_{kj}(t+1) = w_{kj}(t) + \eta \delta_k O_j \tag{4.126}$$

w_{ji} 的修正公式变为

$$\Delta w_{ji} = w_{ji}(t+1) - w_{ji}(t) = -\eta \frac{\partial E}{\partial n_j} \frac{\partial n_j}{\partial w_{ji}} = -\eta \delta_j O_i \tag{4.127}$$

式中,

$$\delta_j = -\frac{\partial E}{\partial n_j} , \quad O_i = \frac{\partial n_j}{\partial w_{ji}}$$

则有

$$w_{ji}(t+1) = w_{ji}(t) + \eta \delta_j O_i \tag{4.128}$$

最后引入势态因子 α, 修正公式变为

$$w_{kj} = w_{kj}(t) + \eta \delta_k O_j + \alpha \left(w_{kj}(t) - w_{kj}(t-1) \right)$$

$$w_{ji} = w_{ji}(t) + \eta \delta_j O_i + \alpha \left(w_{ji}(t) - w_{ji}(t-1) \right) \tag{4.129}$$

(4) 学习流程。

BP 神经网络的一个样本的学习流程如图 4.20 所示，具体步骤如下。

① 网络初始化，随机设定连接权值 w_{ji}、w_{kj}，阈值 b_j、b_k，学习因子 η，势态因子 α。

② 向具有上述初始值的神经网络提供输入学习样本和序号。

③ 计算隐层单元的输出。

④ 计算输出层单元的输出。

⑤ 计算输出层和隐层训练误差 δ_k、δ_j。

⑥ 修正权值。

⑦ 判断均方误差 e 是否满足给定的允许偏差 ε，当满足时转到步骤⑧，否则转到步骤⑤、⑥和⑦。

⑧ 结束训练。

在数学模拟软件环境中，可以用 newff 函数来创建一个 BP 神经网络。

2. RBF 神经网络

从网络的函数逼近角度来说，神经网络可分为全局逼近神经网络和局部逼近

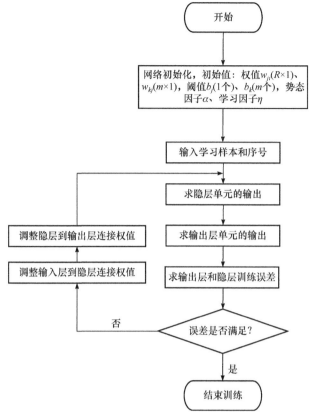

图 4.20　BP 神经网络训练过程及算法流程

神经网络。对于每个输入输出数据对，BP 神经网络的每一个权值均需要调整，因此是全局逼近神经网络，而 RBF 神经网络只有少量的权值需要进行调整，因此是局部逼近神经网络。也正因为 RBF 神经网络的局部逼近特性，其在逼近能力、分类能力和学习速度等方面均优于 BP 神经网络[10]。

1）RBF 神经网络模型

RBF 神经网络的神经元作用函数采用高斯型函数，其神经元模型如图 4.21 所示。BP 神经元的总输入是对各输入和偏置值进行加权求和得到。而 RBF 神经元的总输入是权值矩阵的行向量与输入向量的向量矩与偏置值的乘积，其数学表达式为

$$n_i = b_i \sqrt{\sum_{j=1}^{R} \left(w_{ij} - p_{ji} \right)^2} \tag{4.130}$$

式中，n_i 为网络隐层第 i 个神经元的总输入；b_i 为第 i 个神经元的偏置值；R 为输入向量个数；w_{ij} 为隐层权值矩阵的第 i 个行向量的第 j 个元素；p_{ji} 为第 j 个输入

向量的 i 时刻输入值。

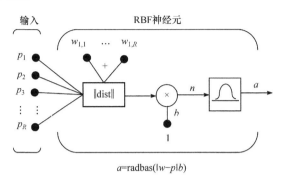

$$a=radbas(\|w-p\|b)$$

图 4.21　RBF 神经元模型

RBF 神经网络模型与 BP 神经网络模型类似,通常其输出层是纯线性神经元,只是其隐层神经元是称为 radbas 型的神经元,如图 4.22 所示。

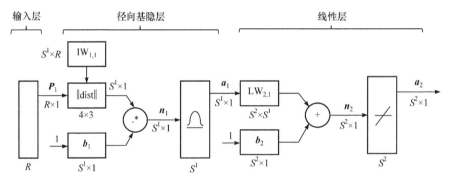

图 4.22　RBF 神经网络模型示意图

2) RBF 神经网络的训练

由高斯函数的表达式可知,其输出最大值为 1,当输入向量与权值向量的向量矩减小时,神经元的输出增大。偏置 b 用来调节高斯函数对输入的灵敏度,b 的绝对值越大,神经元对输入越灵敏,神经元的响应函数曲线越"宽",即函数的输出为 0.5 时,两个总输入之差的绝对值越大。对于 b 的取值,一般由训练样本的样本距和样本范围决定,b 的取值大于两个相邻样本点的最大距离,而小于任意两个样本点的最大距离。例如,对于一个单输入单输出的 RBF 神经网络,输入的样本为 {-6, -4, 0, 2, 4, 7},则 b 的取值应大于 4 且小于 13。

RBF 神经网络隐层神经元的数量可以说是由样本点的数量来决定,有多少个输入样本点,就有多少个隐层神经元。对于每个隐层神经元的输入,其输出满足下列条件。

若是隐层神经元对应的样本点,也称其为该神经元的特征输入点,那么其对应的输出应趋于 1。对于非样本点输入,输入与特征输入的点距离越远,则神经元的输出越小。因此，RBF 神经网络的输入权值是由样本决定的，而与期望输出并没有太大关系。

在输入权值、隐层神经元的偏置值全部确定好之后，隐层的输出也就确定了。由于 RBF 神经网络的输出层神经元的响应函数是纯线性函数，在选定输出层神经元之后，隐层与输出层之间的神经元连接权值为

$$
T = \begin{bmatrix} w_{1,1} & w_{1,2} & \cdots & w_{1,s_1} & b_1 \\ w_{2,1} & w_{2,2} & \cdots & w_{2,s_1} & b_2 \\ \vdots & \vdots & & \vdots & \vdots \\ w_{s_2,1} & w_{s_2,2} & \cdots & w_{s_2,s_1} & b_{s_2} \end{bmatrix} \begin{bmatrix} \boldsymbol{a}_1 \\ \boldsymbol{a}_2 \\ \vdots \\ \boldsymbol{a}_{s_2} \\ 1 \end{bmatrix} \tag{4.131}
$$

式中，w_{ij} 为输出层第 i 个神经元与隐层第 j 个神经元的连接权值；b_i 为输出层第 i 个神经元的偏置值；$\boldsymbol{a}_j$ 为隐层第 j 个神经元的输出向量；T 为理想输出矩阵。

求解式(4.131)，即可得到输出层与隐层的连接权值。在数学模拟软件中，可以用 newrb 函数来创建一个 RBF 神经网络。

4.4.3　应用示例

例 4.5　同样利用 4.2.3 节例 4.3 中的数据建立吸光度与气体浓度之间的函数。在数学模拟软件环境下的 BP 神经网络设计流程如图 4.23 所示。

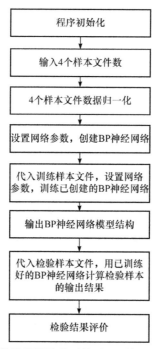

图 4.23　在数学模拟软件环境下 BP 神经网络设计流程

(1) 读取样本数据后，进行数据归一化。分别用函数 min 和 max 寻找样本文件中每一行数据中的最小值和最大值，进而编程实现不同变量所在的每行数据的归一化，程序举例如下。

```
p1=Xuexiyangben';              %将学习输入样本赋给数组 p1;
minp1=min(p1');                %取 p1 中的最小值
maxp1=max(p1');                %取 p1 中的最大值
%下面分别进行学习样本和测试数据的归一化处理
[n,k]=size(X);                 %X 矩阵 n 行 k 列
m=size(Y,2);                   %m 为 Y 的列数
Xx=[X;x];
Yy=[Y;y];
xmin=zeros(1,k);
xmax=zeros(1,k);
for j=1:k
    xmin(j)=min(Xx(:,j));
    xmax(j)=max(Xx(:,j));
    Xx(:,j)=(Xx(:,j)-xmin(j))/(xmax(j)-xmin(j));
end                           %样本中最大为 1
ymin=zeros(1,n);
ymax=zeros(1,n);
for j=1:n
    ymin(j)=min(Yy);
    ymax(j)=max(Yy);
    Yy(j)=(Yy(j)-ymin(j))/(ymax(j)-ymin(j));
end
X1=Xx(1:n,:);                  %X1 是归一化后的学习样本 X
x1=Xx((n+1):end,:);           %x1 是归一化后的测试数据 x
Y1=Yy(1:n,:);                  %Y1 是归一化后的 Y
y1=Yy((n+1):end,:);           %y1 是归一化后的 y
```

(2) 设置网络参数，用函数 newff 创建 BP 神经网络。

```
net=newff(PR,[S_1, S_2,···, S_{N1}],{TF_1, TF_2,···,TF_{N1}},BTF,BLF,PF)
```

参数说明如下。

PR：R 个输入的最小值、最大值构成的 $R×2$ 矩阵，存放训练输入样本文件每行的最大值与最小值，本示例为 $6×1$ 矩阵。

S_i：S_{N1} 层网络第 i 层的神经元个数，输入层神经元个数自动获取，不在这里设置。本示例有隐层和输出层各 1 层，每层神经元个数分别为 6 和 1。

TF_i：第 i 层的传递函数，可以是任意可导函数，默认为 tansig，可设置为 logsig、purelin 等；输入层的输入信号直接输入隐层的输入端。本示例分别采用 logsig 和 purelin 函数作为隐层和输出层的传递函数。

BTF：BP 神经网络训练函数，默认为 trainlm，可设置为 trainbfg、trainrp、traingd 等。本示例采用默认函数 trainlm。

BLF：BP 神经网络权值、阈值学习函数，默认为 learngdm。本示例采用默认函数 learngdm。

PF：功能函数，即训练样本训练结果的目标值，默认为 mse，即训练样本训练结果的均方差值。本示例采用默认函数 mse。

使用该函数首先要设置隐层与输出层神经元数量以及相应的传递函数，确定训练函数、学习函数及功能函数或采用默认函数。其中权值与阈值的默认函数给权值、阈值、学习因子、势态因子自动附初值，如权值初始值为小于 1 的随机数，学习因子及势态因子的默认值分别为 0.01 和 0.9。按照规定的功能函数对训练结果进行评价，默认功能函数为均方差函数。

```
net=newff(minmax(p1),[6,1],{'logsig','purelin'});
```

其中，minmax(p1)用来获得训练输入样本文件每行的最大值与最小值，[6,1]用来设置隐层与输出层神经元节点数。输入层节点数与训练输入样本文件的行数相同，自动获取。{'logsig','purelin'}用来设置隐层与输出层的传递函数，隐层传递函数采用 logsig 函数，输出层传递函数采用 purelin 纯线性函数。输入层传递函数默认为纯线性函数，即输出等于输入。这里在 newff 中没有出现参数设置，均采用默认函数或默认值。

(3) 代入训练样本文件，设置网络参数，训练已创建的 BP 神经网络。用函数 train 训练 BP 神经网络。

```
[net,tr] = train(net,P,T,Pi,Ai,VV,TV)
```

train 函数根据 net.trainFcn 和 net.trainParam 训练网络 net。

输入参数如下。

P 为网络的输入，即训练样本文件数据。

T 为网络训练的目标值，默认值为 0，通常是训练结果均方差值的期望值。

Pi 为初始输入延迟，可选项，只在有输入延迟时需要，一般不用，默认值为 0。

Ai 为初始层延迟，可选项，只在有层延迟时需要，默认值为 0。

VV 为确认向量结构，默认为空矩阵。

TV 为测试向量结构，默认为空矩阵。

输出参数如下。

net 为训练好返回的网络结构。

tr 为网络训练步数和性能。

Train 函数的信号格式为阵列或矩阵。在训练完网络过程中进行网络测试，确认向量用来及时终止训练，以免过训练损害网络的泛化能力。本示例中采用的程序如下。

```
%BP 神经网络训练
net.trainParam.epochs=1000;   %训练次数为1000
net.trainParam.goal=0;        %训练目标误差为0
    net.divideFcn='';         %取消 validation check 功能
    net2.trainParam.lr=0.05;  %设置学习速率
[net,tr]=train(net,xueguiyi,XueDesire);
                              %进行 BP 神经网络训练
```

(4) 输出 BP 神经网络模型结构参数。用函数 net.IW、net.LW 分别获取输入层与隐层间的权值及隐层与输出层间的权值，用 net.b 可分别获取隐层与输出层的阈值。程序举例如下。

```
iw1=net.IW{1}       %显示输入层与隐层间的权值
b1=net.b{1}'        %显示隐层的阈值
lw2=net.LW{2}'      %显示隐层与输出层间的权值
b2=net.b{2}         %显示输出层的阈值
%以下显示权值和阈值
```

(5) 代入检验样本文件，用已训练好的 BP 神经网络计算检验样本的输出结果。用 Sumulink 中的函数 sim 检验已经训练好的 BP 神经网络，计算检验样本的输出结果。

函数功能：BP 神经网络仿真函数。只有在创建好一个网络后才能进行网络仿真。调用格式如下。

```
[Y,Xf,Af]=SIM(net,X,Xi,Ai,T)
```

参数说明如下。

输出

Y：神经网络的输出。

X_f：最后的输入延迟条件。

A_f：最后的层间延迟条件。

输入参数如下。

net：仿真的神经网络名，必须在进行网络仿真前已经创建好。

X：网络的输入。

X_i：初始输入延迟条件，默认为 0。

A_i：初始层间延迟条件，默认为 0。

T：网络的期望值，默认为 0。

本示例中的程序举例如下。

```
%测试数据，若进行了归一化处理，则此处还应该进行反归一化
Temp=sim(net,testguiyi)        %利用训练好的BP神经网络测试数据
e=Ceshiqiwang'-Temp            %求出测试数据的测试偏差
```

（6）检验结果评价。计算检验结果的绝对偏差或者引用误差，判断结果能否满足实用要求。

```
%输出测试均方差
perf=mse(e,net)                %输出测试数据的均方差
Ceshiqiwang1=Ceshiqiwang';     %输出测试期望
```

最后得到 Temp=0.4266，相对误差为 14.5%。

例 4.6　利用例 4.3 中的数据，用 BP 神经网络来实现气体浓度的分析，即 BP 神经网络模型的输入为气体红外光谱，输出数据为甲烷、乙烷和二氧化碳的浓度。将 100 组训练样本数据作为输入送入 BP 神经网络进行训练，用 3 组样本来对训练后的 BP 神经网络模型进行测试。

与例 4.5 相同，将训练样本数据和测试样本数据进行归一化，得到 100 组训练样本 X_1、输出 Y_1 和 3 组测试样本 x_1、输出 y_1，进行 BP 神经网络训练。执行如下代码后，分别得到 BP 神经网络的训练过程、测试样本期望输出、测试样本训练输出和绝对误差，如图 4.24 和图 4.25 所示。

```
net=newff(minmax(X1),[10,3],{'logsig','purelin'});
%BP 神经网络训练
```

```
net.trainParam.epochs=1000;  %训练次数为 1000
net.trainParam.goal=0;        %训练目标误差为 0
net2.trainParam.lr=0.03;
[net,tr]=train(net,X1,Y1);    %进行 BP 神经网络训练
iw1=net.IW{1};                %显示输入层与隐层间的权值
b1=net.b{1}';                 %显示隐层的阈值
lw2=net.LW{2}';               %显示隐层与输出层间的权值
b2=net.b{2};                  %显示输出层的阈值
%测试数据
Temp=sim(net,x1);             %利用训练好的BP神经网络测试数据
for j=1:m
    y5(j,:)=(ymax(j)-ymin(j))*Temp(j,:)+ymin(j);
end                           %反归一化
e=test_output-y5;             %绝对误差
```

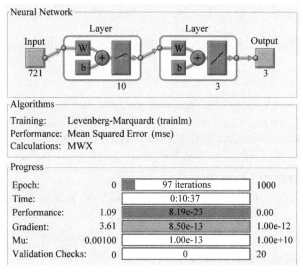

图 4.24　BP 神经网络训练过程

1	2	3
0.2020	0.4989	0.0499
0.0998	0.0497	0
0.3002	0.0998	0.3002

(a) 测试样本期望输出

1	2	3
0.2020	0.4989	0.0499
0.0998	0.0497	2.0350×10^{-9}
0.3002	0.0998	0.3002

(b) 测试样本训练输出

1	2	3
1.8151×10^{-6}	-8.8859×10^{-9}	-7.6151×10^{-9}
-3.0107×10^{-7}	1.2368×10^{-8}	-2.0350×10^{-9}
4.43×10^{-8}	2.1204×10^{-8}	2.4710×10^{-8}

(c) 绝对误差

图 4.25 BP 神经网络计算结果

从图 4.25(c)可以看出，BP 神经网络训练后的误差很小，但是当数据点较多时，整个训练过程耗时和空间都很大，远远高于主元回归法和偏最小二乘法。该方法适用于线性模型和非线性模型，适应性很强，但是复杂度远高于主元回归法和偏最小二乘法。

例 4.7 利用例 4.6 中的数据，采用 RBF 神经网络建立分析模型。

同例 4.6，在完成样本数据读取和样本数据归一化后，进行 RBF 神经网络训练。利用函数 newrb 创建网络。

```
net=newrb(P,T,goal,spread,MN,DF)
```

参数说明如下。

P：R 行 Q 列的输入样本矩阵，R 个输入变量，Q 个样本。

T：S 行 Q 列的目标输出矩阵，S 个输出变量，Q 个样本。

goal：均方误差目标(缺省值为 0)。

spread：径向基的扩展系数(缺省值为 1)。

MN：隐层神经元的最大个数(缺省值为 Q)。

DF：每添加 DF 个神经元，在 command 窗口打印一次当前结果(缺省值为 50)。

在编写程序中，一般只需要设置前 4 个参数的值，其中最关键的是 spread，spread 决定了神经网络拟合函数的平滑度，spread 越大，拟合的函数越平滑，但并不是扩展系数越大越好。扩展系数太大，对于拟合跌宕起伏的函数，会需要非常多的神经元，而扩展系数太小，在拟合平滑的函数时会需要非常多的神经元，且泛化能力不好。

spread 数值的选择可以利用循环语句进行寻找。

```
eg=0.0001;                      %均差精度

p=1;s=0;
for sc=0.4:0.01:1               %检测从 0.4 到 1 的散布常数
net=newrb(X1',Y1',eg,sc);       %径向基神经网络训练
Temp=sim(net,X1');              %测试数据

e=Y1'-Temp ;                    %测试偏差
perf=mse(e,net);                %求出测试数据的方差
if perf<p
    p=perf;
    s=sc;
end
end
```

选择出 spread=0.86 时的训练误差最小，将参数代入，重新进行 RBF 神经网络训练。

```
eg=0.0001;                      %设置目标均方差
sc=0.65;                        %设置扩展系数
a=radbas(X1');                  %获取隐层的径向基传递函数
net=newrb(X1',Y1',eg,sc);       %建立 RBF 神经网络  ·
Temp=sim(net,x1');              %检验训练好的 RBF 神经网络
```

训练结果为：当扩展系数取 0.86 时，Temp=0.5062，相对误差为 1.5%。隐层的径向基传递函数如下所示。

```
a=[ 0.3679 0.9628 0.9083 0.9856 0.9991 1
    0.3679 0.9548 0.8930 0.9810 0.9985 1
    0.3679 0.9895 0.9482 0.9974 0.9943 1
    0.3679 0.9766 0.9289 0.9893 0.9973 1
    0.3679 0.9439 0.8736 0.9743 0.9974 1
    0.3679 0.9608 0.9068 0.9818 0.9978 1]
```

对于 RBF 神经网络，扩展系数的确定是关键，且训练结果随扩展系数的不同有很大的差异。RBF 神经网络的训练速度明显快于 BP 神经网络，且训练误差很小。

例 4.8　同样用例 4.3 中的数据建立 RBF 神经网络。

经过归一化后结果如下。

```
eg=0.0001; %均差精度
p=1;s=0;
for sc=0.4:0.01:1
net=newrb(X1,Y1,eg,sc);
%RBF 神经网络训练

%测试数据
Temp2=sim(net,X1);          %利用训练好的RBF神经网络测试数据
e=Y1-Temp2 ;                %求出测试数据的测试偏差
%输出测试均方差
perf=mse(e,net);            %输出测试数据的均方差
if perf<p
   p=perf;
   s=sc;
end
end
net=newrb(X1,Y1,eg,s);
Temp=sim(net,X1(:,1:3));    %利用训练好的RBF神经网络测试数据
a=radbas(X1);               %隐层的径向基传递函数
for j=1:m
Temp2(j,:)= (ymax(j)-ymin(j))*Temp(j,:)+ymin(j);
end                         %输出结果反归一化
```

RBF 神经网络的测试样本期望输出、测试样本训练输出和绝对误差如图 4.26 所示，输出的径向基传递函数 a 是一个 721×100 的矩阵。可以看出，第一个检验样本的误差较大，后两组误差很小，训练时间较短。

1	2	3
0.2020	0.4989	0.0499
0.0998	0.0497	0
0.3002	0.0998	0.3002

(a) 测试样本期望输出

1	2	3
0.0139	0.4989	0.0499
0.0056	0.0497	-5.4264×10^{-21}
0.1111	0.0998	0.3002

(b) 测试样本训练输出

1	2	3
0.1881	1.1102×10^{-16}	-6.9389×10^{-18}
0.0942	0	5.4264×10^{-21}
0.1891	0	0

(c) 测试样本绝对误差

图 4.26 RBF 神经网络计算结果

4.5 支持向量机法

4.5.1 支持向量机理论基础

支持向量机是 20 世纪 90 年代中期发展起来的基于统计学习理论的一种机器学习方法，通过寻求结构化风险最小来提高学习机泛化能力，实现经验风险和置信范围的最小化，从而达到在统计样本量较少的情况下，亦能获得良好统计规律的目的。支持向量机是基于统计学习理论的一种新的通用机器学习方法，其基本思想是通过用内积函数定义的非线性变换将输入空间变换到一个高维特征空间，在这个高维空间中使用线性函数假设空间来寻找输入变量和输出变量之间的一种非线性关系。其学习训练是通过最优化理论的算法来实现由统计学习理论导出的学习偏置，采用结构风险最小化原则比采用经验风险最小化原则的神经网络有更好的泛化能力[11]。

1. 支持向量机的一些基本概念

支持向量机是一种二类分类模型，其基本模型定义为特征空间上间隔最大的线性分类器，即支持向量机的学习策略便是间隔最大化，最终可转化为一个凸二次规划问题的求解。

首先介绍二类分类模型。假设数据点用 x 来表示，这是一个 n 维向量，类别用 y 来表示，可以取 1 或 -1，分别代表两个不同的类。一个线性分类器的学习目标就是要在 n 维数据空间中找到一个分类超平面，其方程可以表示为

$$w^T x + b = 0 \tag{4.132}$$

这种 1 和 -1 的二类分类法源自 Logistic 回归，Logistic 回归的目的是从特征学习出一个 0/1 分类模型，而这个模型是将特征的线性组合作为自变量，由于自变量的取值范围是负无穷到正无穷，使用 Logistic 函数(或称为 sigmoid 函数)将自变量映射到(0,1)上，映射后的值被认为是属于 $y=1$ 的概率。

假设 Logistic 函数为

$$h_{\boldsymbol{\theta}}\left(x\right)=g\left(\boldsymbol{\theta}^{\mathrm{T}}\boldsymbol{x}\right)=\frac{1}{1+\mathrm{e}^{-\boldsymbol{\theta}^{\mathrm{T}}\boldsymbol{x}}} \tag{4.133}$$

式中，$\boldsymbol{x}$ 为 n 维特征向量。

Logistic 函数 $g\left(z\right)=\dfrac{1}{1+\mathrm{e}^{-z}}$ 的图像如图 4.27 所示。

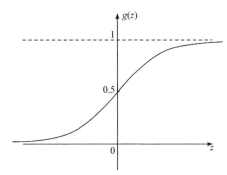

图 4.27　Logistic 函数图像

由式(4.133)可以看出，Logistic 函数将负无穷大到正无穷大映射到(0,1)范围内。假设函数是特征属于 $y=1$ 的概率，即

$$\begin{cases} P\left(y=1\,|\boldsymbol{x};\boldsymbol{\theta}\right)=h_{\boldsymbol{\theta}}\left(\boldsymbol{x}\right) \\ P\left(y=0\,|\boldsymbol{x};\boldsymbol{\theta}\right)=1-h_{\boldsymbol{\theta}}\left(\boldsymbol{x}\right) \end{cases} \tag{4.134}$$

当要判断一个新来的特征属于哪个类时，只需要计算 P，若 $P>0.5$ 则属于 $y=1$ 类，反之属于 $y=0$ 类。

由式(4.133)可以看出，$h_{\boldsymbol{\theta}}\left(\boldsymbol{x}\right)$ 只和 $\boldsymbol{\theta}^{\mathrm{T}}\boldsymbol{x}$ 有关，如果 $\boldsymbol{\theta}^{\mathrm{T}}\boldsymbol{x}>0$，那么 $h_{\boldsymbol{\theta}}\left(\boldsymbol{x}\right)>0.5$，$g(z)$ 只不过是用来映射，真实的类别决定权还是在 $\boldsymbol{\theta}^{\mathrm{T}}\boldsymbol{x}$。如果从 $\boldsymbol{\theta}^{\mathrm{T}}\boldsymbol{x}$ 出发，希望模型达到的目标无非是让训练数据中 $y=1$ 的特征值 $\boldsymbol{\theta}^{\mathrm{T}}\boldsymbol{x}>0$，而使 $y=0$ 的特征值 $\boldsymbol{\theta}^{\mathrm{T}}\boldsymbol{x}\leqslant 0$。Logistic 回归就是要学习得到 $\boldsymbol{\theta}$，使得正例的特征远大于 0，负例的特征远小于 0，强调在全部训练实例上达到这个目标。

要使用分类 $y=1$ 和 $y=-1$ 来代替 Logistic 回归中的 $y=1$ 和 $y=0$，同时将 $\boldsymbol{\theta}$ 替换成 $\boldsymbol{w}$ 和 b，即 $\boldsymbol{\theta}^{\mathrm{T}}\boldsymbol{x}=\boldsymbol{w}^{\mathrm{T}}\boldsymbol{x}+b$，即假设函数为

$$h_{\boldsymbol{w},b}\left(x\right)=g\left(\boldsymbol{w}^{\mathrm{T}}\boldsymbol{x}+b\right) \tag{4.135}$$

将 $g(z)$ 映射到 $y=-1$ 和 $y=1$ 上，映射关系为

$$g\left(z\right)=\begin{cases} 1, & z\geqslant 0 \\ -1, & z<0 \end{cases} \tag{4.136}$$

即实现了二类分类于 1 和 -1。

下面引入函数间隔和几何间隔的概念。

定义几何间隔函数为

$$\hat{\gamma} = y\left(\boldsymbol{w}^{\mathrm{T}} \boldsymbol{x} + b\right) = yf(\boldsymbol{x}) \tag{4.137}$$

定义超平面$(\boldsymbol{w}, b)$关于训练数据集 T 的函数间隔为超平面$(\boldsymbol{w}, b)$关于 T 中所有样本点(x_i, y_i)的函数间隔最小值，其中 y 为结果标签，i 为第 i 个样本，即

$$\hat{\gamma} = \min \hat{\gamma}_i, \quad i = 1, 2, \cdots, n \tag{4.138}$$

上述定义的函数间隔虽然可以表示分类预测的正确性和确信度，但在选择分类超平面时，只有函数间隔还远远不够，如果将 $\boldsymbol{w}$ 和 b 改为 $2\boldsymbol{w}$ 和 $2b$，虽然此时超平面没有改变，但函数间隔的值 $f(\boldsymbol{x})$ 却变成了原来的 2 倍。需引出真正定义点到超平面的距离——几何间隔的概念，即函数间隔除以 $\boldsymbol{w}$。

如图 4.28 所示，对于一个点 $\boldsymbol{x}$，令 $\boldsymbol{x}$ 垂直投影到超平面上的点为 x_0，$\boldsymbol{w}$ 是垂直于超平面的一个向量，γ 为点 $\boldsymbol{x}$ 到分类间隔 $\boldsymbol{x}_0$ 的距离，则

$$\boldsymbol{x} = \boldsymbol{x}_0 + \gamma \frac{\boldsymbol{w}}{\|\boldsymbol{w}\|} \tag{4.139}$$

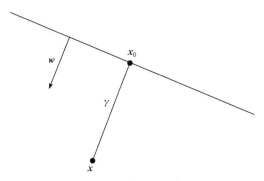

图 4.28　几何间隔示意图

由式(4.139)可得 $\boldsymbol{x}_0 = \boldsymbol{x} - \gamma \dfrac{\boldsymbol{w}}{\|\boldsymbol{w}\|}$，又由于 $\boldsymbol{x}_0$ 是超平面上的点，满足 $f(\boldsymbol{x}_0) = 0$，将其代入超平面方程 $f(\boldsymbol{x}_0) = \boldsymbol{w} \boldsymbol{x}_0 + b = 0$，整理可得

$$\gamma = \frac{\boldsymbol{w}^{\mathrm{T}} \boldsymbol{x} + b}{\|\boldsymbol{w}\|} = \frac{f(\boldsymbol{x})}{\|\boldsymbol{w}\|} \tag{4.140}$$

引入最大间隔分类器的概念。由上述可知，函数间隔和几何间隔相差一个 $\boldsymbol{w}$ 的缩放因子。对一个数据点进行分类，间隔越大，分类的置信度越高。对于一个包含 n 个点的数据集，可以很自然地定义这 n 个点的间隔的最小值。因此，为了提高分类的置信度，希望所选择的超平面能够最大化这个间隔值。选择几何间隔作为最大化超平面间隔的衡量标准。

最大间隔分类器的目标函数定义为

$$\max \tilde{\gamma} = \max \frac{\hat{\gamma}}{\| \boldsymbol{w} \|} \tag{4.141}$$

出于方便推导和优化的目的，可令 $\hat{\gamma} = 1$，目标函数变为

$$\max \frac{1}{\| \boldsymbol{w} \|} \tag{4.142}$$
$$\text{s.t.} \quad y_i \left(\boldsymbol{w}^{\mathrm{T}} \boldsymbol{x}_i + b \right) \geqslant 1, \quad i = 1, 2, \cdots, n$$

求解式(4.142)，可以找到一个令超平面几何间隔最大的分类器，如图 4.29 中的实线所示。图中，两条虚线是"支撑"这个最大间隔分类器的 2 个超平面，而虚线上的 3 个点是"支撑"这 2 个超平面的数据点，而这些"支撑"的点叫作支持向量。

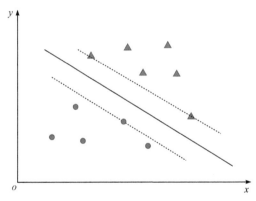

图 4.29　最大间隔分类器示意图

将问题从线性可分深入到线性不可分。最大间隔分类器的目标函数为

$$\max \frac{1}{\| \boldsymbol{w} \|} = \min \frac{1}{2} \| \boldsymbol{w} \|^2 \tag{4.143}$$

转化后就变成一个凸优化问题，因为现在的目标函数是二次的，约束条件是线性的，所以目标函数是一个凸二次规划问题。通过拉格朗日对偶变换到对偶变量的优化问题之后，可以找到一种更加有效的方法来进行求解。

拉格朗日对偶变换是引入拉格朗日乘子 α，通过给每一个约束条件加上一个拉格朗日乘子,这样便可以通过拉格朗日函数将约束条件融和到目标函数中，则有

$$L(\boldsymbol{w}, b, \alpha) = \frac{1}{2} \| \boldsymbol{w} \|^2 - \sum_{i=1}^{n} \alpha_i \left[y_i \left(\boldsymbol{w}^{\mathrm{T}} \boldsymbol{x}_i + b \right) - 1 \right] \tag{4.144}$$

令

$$\theta(\boldsymbol{w}) = \max_{\alpha_i \geqslant 0} L(\boldsymbol{w}, b, \alpha) \tag{4.145}$$

目标函数可以变为

$$\min_{\boldsymbol{w}, b} \theta(\boldsymbol{w}) = \min_{\boldsymbol{w}, b} \max_{\alpha_i \geqslant 0} L(\boldsymbol{w}, b, \alpha) = p^* \tag{4.146}$$

用 p^* 表示这个问题的最优值，这个问题和最初问题是等价的。现在把最小和最大的位置交换一下，可以得到

$$\max_{\alpha_i \geqslant 0} \min_{\boldsymbol{w}, b} L(\boldsymbol{w}, b, \alpha) = d^* \tag{4.147}$$

交换后的新问题的最优值用 d^* 表示，且有 $d^* \leqslant p^*$。d^* 为第一个问题的最优值 p^* 的一个下界，在满足某些条件的情况下，两者相等，此时可以通过求解第二个问题来间接求解第一个问题。

2. 支持向量机的结构

支持向量机结构如图 4.30 所示。

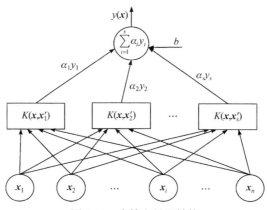

图 4.30　支持向量机结构

图 4.30 中，变量 $\alpha_i (i=1,2,\cdots,s)$ 为拉格朗日乘子，s 为乘子的数量；b 为阈值或偏移量；$K(\boldsymbol{x}, \boldsymbol{x}_i')$ 为一个支持向量机的核函数，$\boldsymbol{x}_i'(i=1,2,\cdots,s)$ 为支持向量机的支持向量，$\boldsymbol{x}_i(i=1,2,\cdots,n)$ 为训练样本向量；$\boldsymbol{x}$ 为训练样本、检验样本或实测样本中的某个向量；$y(\boldsymbol{x})$ 为对应 $\boldsymbol{x}$ 的输出量。

在支持向量机结构示意图中，由原始的观测数据构成支持向量机的输入空间，通过某种关系将输入空间的数据映射到高维特征空间。支持向量机是通过核函数来实现这种映射关系的。在特征空间 F 中，支持向量机通过线性回归函数式(4.148)来进行数据分类或拟合。

$$f(x) = wK[\begin{matrix} x & x_i' \end{matrix}]^{\mathrm{T}} + b \tag{4.148}$$

3. 支持向量机的核函数

对于非线性数据，不能用一个简单的线性超平面来实现数据的分类。例如，如图 4.31 所示的两类数据分别为半径不同的两个圆圈的形状，这样的数据本身是线性不可分的，所以理想的分界应该是一个圆圈而非一条直线。

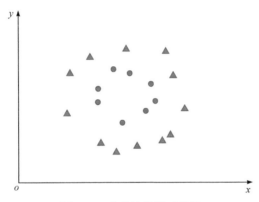

图 4.31　非线性数据示意图

如果用 X_1 和 X_2 来表示这个二维平面的两个坐标，则一条二次曲线(圆圈是二次曲线的一种特殊情况)的方程可以写为

$$a_1 X_1 + a_2 X_1^2 + a_3 X_2 + a_4 X_2^2 + a_5 X_1 X_2 + a_6 = 0 \tag{4.149}$$

如果构造另外一个高维空间，其中 5 个坐标的值分别为：$Z_1 = X_1$，$Z_2 = X_1^2$，$Z_3 = X_2$，$Z_4 = X_2^2$，$Z_5 = X_1 X_2$，式(4.149)在新的坐标系中可以写为

$$\sum_{i=1}^{5} a_i Z_i + a_6 = 0 \tag{4.150}$$

式(4.150)是一个超平面方程，如果做一个映射 $\varphi: R^2 \to R^5$，那么在新的空间中数据变为线性可分的，从而使用之前推导的线性分类算法就可以进行处理，这正是 Kernel 方法处理非线性问题的基本方法。非线性数据示意图如图 4.31 所示。

核函数理论建立在再生核的希尔伯特空间的基础上。核是一个函数 K，对于所有的 $x, x_i' \in X$，满足 $K(x, x_i') = \langle \varphi(x), \varphi(x') \rangle$，这里的 φ 是从输入空间 X 到(内积)特征空间 F 的映射。核的名字最早出现在积分算子理论中，该理论以核与其相关特征空间的关系为理论基础,对偶表达使得高维特征空间的维数不再影响计算，即通过计算输入空间的核函数的值来计算内积，从而在特征空间中不需要进行内积的计算，这就提供了一种有效避免"维数灾难"的方法。

若特征空间的内积与输入空间的核函数等价，即

$$K(\boldsymbol{x}, \boldsymbol{x}') = \langle \varphi(\boldsymbol{x}), \varphi(\boldsymbol{x}') \rangle = \langle \varphi(\boldsymbol{x}'), \varphi(\boldsymbol{x}) \rangle \tag{4.151}$$

如果满足 Mercer 条件，即核函数 K 是一个对称正定的函数，即

$$K(\boldsymbol{x}, \boldsymbol{x}') = \sum_{m=-\infty}^{\infty} a_m \varphi_m(\boldsymbol{x}) \varphi_m(\boldsymbol{x}'), \quad a_m \geqslant 0 \tag{4.152}$$

$$\iint K(\boldsymbol{x}, \boldsymbol{x}') g(\boldsymbol{x}) g(\boldsymbol{x}') \mathrm{d}\boldsymbol{x}\mathrm{d}\boldsymbol{x}' > 0, \quad g \in L_2 \tag{4.153}$$

那么核函数就能表示为特征空间中的一个内积。满足这个性质的核函数通常称为 Mercer 核。

4. 核函数的种类

支持向量机的核函数有多种形式，如线性核函数、多项式核函数及 RBF 核函数等。支持向量机的核函数不同，其输出表达式及输出结果也不同。若有 n 组试验标定样本数据$[x_{i1} \quad x_{i2} \quad \cdots \quad x_{im}](i=1,2,\cdots,n)$，每组样本数据中输入量(支持向量)为 m 维，则对于一组输入量 $x = [\boldsymbol{x}_1 \quad \boldsymbol{x}_2 \quad \cdots \quad \boldsymbol{x}_m]$，其输出值 y 在不同核函数下的表达式如下。

1) 线性核

线性核的核函数为 $K(\boldsymbol{x}, \boldsymbol{x}_i) = \langle \boldsymbol{x}, \boldsymbol{x}_i \rangle$，$\langle \boldsymbol{x}, \boldsymbol{x}_i \rangle$ 表示两向量的内积，即 $K(\boldsymbol{x},$
$\boldsymbol{x}_i) = \sum_{j=1}^{m} x_j x_{ij}$。支持向量机的输出值 y 为

$$y = b + \sum_{i=1}^{n} w_i \langle \boldsymbol{x}, \boldsymbol{x}_i \rangle = b + \sum_{i=1}^{n} w_i \boldsymbol{x}\boldsymbol{x}_i^{\mathrm{T}} = b + \sum_{i=1}^{n} w_i \left(\sum_{j=1}^{m} x_j x_{ij} \right) \tag{4.154}$$

2) 多项式核

多项式核的核函数为 $K(\boldsymbol{x}, \boldsymbol{x}_i) = (\langle \boldsymbol{x}, \boldsymbol{x}_i \rangle + p_2)^{p_1}$，其中 p_1 和 p_2 为核函数的参数，调整这两个参数可以改善支持向量机的预测准确度。支持向量机的输出值 y 为

$$y = b + \sum_{i=1}^{n} w_i (\langle \boldsymbol{x}, \boldsymbol{x}_i \rangle + p_2)^{p_1} = b + \sum_{i=1}^{n} w_i (\boldsymbol{x}\boldsymbol{x}_i^{\mathrm{T}} + p_2)^{p_1} = b + \sum_{i=1}^{n} w_i \left(\sum_{j=1}^{m} x_j x_{ij} + p_2 \right)^{p_1}$$

$$\tag{4.155}$$

3) RBF 核——高斯型径向基函数

RBF 核的核函数为 $K(\boldsymbol{x},\boldsymbol{x}_i)=\exp\left(-\dfrac{\|\boldsymbol{x}-\boldsymbol{x}_i\|^2}{2\sigma^2}\right)$，$\sigma$ 为核函数参数，调整 σ 可改善支持向量机的预测准确度。支持向量机的输出值 y 为

$$y=b+\sum_{i=1}^{n}w_i\exp\left(-\frac{\|\boldsymbol{x}-\boldsymbol{x}_i\|^2}{2\sigma^2}\right)=b+\sum_{i=1}^{n}w_i\exp\left[-\frac{\sum_{j=1}^{m}\left(x_j-x_{ij}\right)^2}{2\sigma^2}\right] \tag{4.156}$$

4) Sigmoid 核(也称为多层感知器核)

Sigmoid 核的核函数为 $K(\boldsymbol{x},\boldsymbol{x}_i)=\tanh\left(p_1\langle\boldsymbol{x},\boldsymbol{x}_i\rangle+p_2\right)$，$\tanh x=\dfrac{\mathrm{e}^x-\mathrm{e}^{-x}}{\mathrm{e}^x+\mathrm{e}^{-x}}$，$p_1$ 和 p_2 为核函数的参数，调整这两个参数可以改善支持向量机的预测精度。支持向量机的输出值 y 为

$$y=b+\sum_{i=1}^{n}w_i\tanh\left(p_1\langle\boldsymbol{x},\boldsymbol{x}_i\rangle+p_2\right)=b+\sum_{i=1}^{n}w_i\tanh\left(p_1\sum_{j=1}^{m}x_jx_{ij}+p_2\right) \tag{4.157}$$

5) 张量积核

多维核的核函数可以通过形成张量积核来获得，其核函数的表达式为 $K(\boldsymbol{x},\boldsymbol{x}_i)=\prod_{i=1}^{n}K_i(\boldsymbol{x},\boldsymbol{x}_i)$，这种核函数对于多维样条核的构建特别有用，可以通过单变量核的积的形式简单地获得。

此外，还有很多其他种类的核函数，如指数型的径向基函数核、傅里叶级数核、样条核、B 样条核、附加核、框架核、小波核等[12]。

4.5.2 支持向量机回归学习方法

1. 分类

支持向量机用于分类时称为支持向量分类(support vector classifier, SVC)，用于回归时称为支持向量回归(support vector regression, SVR)。支持向量机分类是一种很常用的气体光谱分析模型，可以用于多组分气体的鉴别与分类。下面简单介绍支持向量机作为分类器时的应用与实现。

1) 二分类 SVC 及数学模拟软件实现

例 4.9 利用二分类 SVC 来鉴别气体中是否含有甲烷。选取输入样本数据和测试样本数据，其中输入样本共 72 组，每组样本包含 721 个光谱数据点，其中前

48 组为包含不同浓度甲烷、乙烷和二氧化碳的气体样本，后 24 组为包含不同浓度乙烷、二氧化碳的气体样本；测试样本共 5 组，其中前 2 组为包含甲烷、乙烷和二氧化碳的气体样本，后 3 组为仅包含乙烷和二氧化碳的气体样本，包含甲烷的样本赋予标签 1，未包含甲烷的样本赋予标签 2，以此来实现一个简单的支持向量机二分类算法。

二分类的 SVC 实现很简单，用数学模拟软件自带的 SVM 函数即可，程序如下。

```
clear;
%input721×72;
%output1×72;
%test721×5;
%expect1×5;
svmStruct=svmtrain(SVM_train_input',SVM_train_output','ke
rnel_function','linear','showplot',true);
    classes = svmclassify(svmStruct,SVM_test_input','
    showplot',true);
```

输出结果如下：

```
classes=[2;2;1;1;1];
```

分类正确率为 100%，采用的核函数为线性核 linear kernel。

2) 多分类 SVC 及数学模拟软件实现

例 4.10　利用多分类 SVC 来鉴别例 4.3 中的气体中是否含有甲烷、乙烷。选取输入样本数据和测试样本数据，其中，输入样本共 100 组，每组样本包含 721 个光谱数据点，其中第 1~48 组为包含不同浓度甲烷、乙烷和二氧化碳的气体样本，第 49~72 组为包含不同浓度乙烷、二氧化碳的气体样本，第 73~96 组为包含不同浓度甲烷、二氧化碳的气体样本，第 97~100 组为仅包含二氧化碳的气体样本，如表 4.2 所示。测试样本共 5 组，如表 4.3 所示，其中前 2 组为包含甲烷、乙烷和二氧化碳的气体样本，第 3 组为仅包含甲烷和二氧化碳的气体样本，第 4 组为仅包含乙烷和二氧化碳的气体样本，第 5 组为仅包含二氧化碳的气体样本，包含甲烷和乙烷的样本赋予标签 4，包含乙烷而未包含甲烷的样本赋予标签 3，包含甲烷而未包含乙烷的样本赋予标签 2，甲烷和乙烷均未包含的样本赋予标签 1，以此来实现一个支持向量机多分类算法。

表 4.2 四分类支持向量机输入样本数据

样本序号	甲烷	乙烷	标签
1~48	有	有	4
49~72	无	有	3
73~96	有	无	2
97~100	无	无	1

采用一对一的方式，要产生 $N(N-1)/2$ 个分类器，假设 A、B、C、D 分别代表标签为 1、2、3、4 的 4 类数据(见表 4.3)，分类的标准如下。

(1) 将 A 所对应的向量作为正集，B、C、D 所对应的向量作为负集。

(2) 将 B 所对应的向量作为正集，A、C、D 所对应的向量作为负集。

(3) 将 C 所对应的向量作为正集，A、B、D 所对应的向量作为负集。

(4) 将 D 所对应的向量作为正集，A、B、C 所对应的向量作为负集。

表 4.3 四分类支持向量机测试数据

样本序号	甲烷	乙烷	标签
1	有	有	4
2	有	有	4
3	有	无	2
4	无	有	3
5	无	无	1

在训练时，把对应的样本数据分别利用这四个分类器进行训练，每次训练都会产生一个结果，最后将 4 个结果中的正集都取出来，构成最终的结果。程序如下。

```
clear;
input=xlsread('SVM_input');
output=xlsread('SVM_output');
test=xlsread('SVM_test');
expect=xlsread('SVM_expect');
xapp=input;
yapp=output;
%NO.1
output1=zeros(100,1);
```

```matlab
for i=1:100
    if output(i,:)==1
        output1(i,:)=1;
    end

end
svmStruct1=fitcsvm(input,output1,'KernelFunction','
linear',...
    'BoxConstraint',Inf,'ClassNames',[0 1]);
Temp1=predict(svmStruct1,test);
%NO.2
output2=zeros(100,1);
for i=1:100
    if output(i,:)==2
        output2(i,:)=2;
    end
end
svmStruct2=fitcsvm(input,output2,'KernelFunction','
linear',...
    'BoxConstraint',Inf,'ClassNames',[0 2]);
Temp2=predict(svmStruct2,test);
%NO.3
output3=zeros(100,1);
for i=1:100
    if output(i,:)==3
        output3(i,:)=3;
    end

end
svmStruct3=fitcsvm(input,output3,'KernelFunction','
linear',...
    'BoxConstraint',Inf,'ClassNames',[0 3]);
Temp3=predict(svmStruct3,test);
%NO.4
output4=zeros(100,1);
```

```
for i=1:100
    if output(i,:)==4
        output4(i,:)=4;
    end
end
svmStruct4=fitcsvm(input,output4,'KernelFunction','
linear',...
    'BoxConstraint',Inf,'ClassNames',[0 4]);
Temp4=predict(svmStruct4,test);
Temp=max([Temp1 Temp2 Temp3 Temp4],[],2);
```

输出结果如下：

```
Temp=[4; 4; 2; 3; 1]
```

分类准确率为 100%，四类均采用的是 linear 线性核函数。

2. 回归

例 4.11　本节采用 LIBSVM 软件包完成支持向量机回归，LIBSVM 功能强大，操作简单，能快速有效地进行支持向量机模式识别与回归。LIBSVM 的接口中包含数学模拟软件，安装在数学模拟软件中可以快速完成支持向量机的分类与回归，在此简单介绍利用 LIBSVM 完成支持向量机回归的编程。

训练样本与测试数据用例 4.1 的数据。进行支持向量机训练和预测运用以下两个语句。

```
model = svmtrain(train_scale_label, train_scale_inst,
'操作参数');
[predict_label, accuracy, prob_estimates] = svm predict
(test_scale_label, test_scale_inst, model);
```

其中，train_scale_label、train_scale_inst 分别代表训练样本的标签(回归中为值)和训练样本，test_scale_label、test_scale_inst 分别代表测试样本的标签(回归中为值)和测试样本。

操作参数有如下常用选项。

-s：设置支持向量机类型，其中 0、1、2 为分类时使用，3、4 为回归时使用。0-C-SVC1-v-SVC2-one-class-SVM3-ε-SVR4-n-SVR。

-t: 设置核函数类型, 默认值为 2。0-线性核: $\mu'v$;1-多项式核:$(\gamma\mu'v+coef0)$ degree。
2-RBF 核: $\exp(-\gamma*//\mu-v//2)$;3-sigmoid 核: $\tanh(\gamma*\mu'*v+coef0)$。

-d degree: 核函数中的 degree 设置(针对多项式核函数)(默认 3)。

-g r(gamma): 核函数中的 gamma 函数设置(针对多项式/rbf/sigmoid 核函数)(默认 $1/k$)。

-r coef0: 核函数中的 coef0 设置(针对多项式/sigmoid 核函数)(默认 0)。

-c cost: 设置 C-SVC、e-SVR 和 v-SVR 的参数(损失函数)(默认 1)。

-n nu: 设置 v-SVC、一类支持向量机和 v-SVR 的参数(默认 0.5)。

-p p: 设置 e-SVR 中损失函数 p 的值(默认 0.1)。

-e eps: 设置允许的终止判据(默认 0.001)。

-v n: n-fold 交互检验模式, n 为 fold 的个数, 必须大于或等于 2。

-b 概率估计: 是否计算 SVC 或 SVR 的概率估计, 可选值为 0 或 1, 默认 0。

在本例中, 采用如下语句进行支持向量机回归训练, 采用的是线性核。

```
%读取训练样本和测试样本
[train_scale_label,train_scale_inst]= svmread('libsvm_
train');
[test_scale_label,test_scale_inst]= svmread('libsvm_
test');
%训练
model = svmtrain(train_scale_label,train_scale_inst,
['-s 3 -p 0.01 -t 0 -c 3 -g 3']);
[py,~,~] = svmpredict(train_scale_label,train_scale_
inst,model);
```

将训练样本的支持向量机回归值作图, 考察训练效果, 得到如图 4.32 所示的结果。

最后, 进行测试数据的预测。

```
[ptesty,~,~] = libsvmpredict(test_scale_label,test_
scale_inst,model);
```

得到 ptesty=0.5743, 相对误差为 15.1%。

例 4.12 采用例 4.6 的数据, 用支持向量机回归法建立各组分气体的分析模型。由于 LIBSVM 只能输出一维数据, 这里需要输出三维数据, 因此需要建立 3 个分析模型, 分别输出甲烷、乙烷和二氧化碳的浓度。

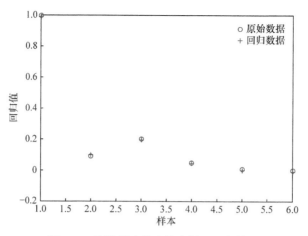

图 4.32 训练样本的支持向量机回归结果

```
    model1 = libsvmtrain(train_output_1,train_input,['-s
3 -p 0.01 -t 0 -c 3 -g 3']);        %甲烷浓度模型
    model2 = libsvmtrain(train_output_2,train_input,['-s
3 -p 0.01 -t 0 -c 3 -g 3']);        %乙烷浓度模型
    model3 = libsvmtrain(train_output_3,train_input,['-s
3 -p 0.01 -t 0 -c 3 -g 3']);        %二氧化碳浓度模型
```

```
    [ptesty1,～,～] = libsvmpredict(test_output_1,test_
input,model1);                      %甲烷浓度预测
    [ptesty2,～,～] = libsvmpredict(test_output_2,test_
input,model2);                      %乙烷浓度预测
    [ptesty3,～,～] = libsvmpredict(test_output_3,test_
input,model3);                      %二氧化碳浓度预测
```

得到的测试样本期望输出、SVR 输出和绝对误差如图 4.33 所示。

1	2	3
0.202	0.4989	0.0499
0.0998	0.0497	0
0.3002	0.0998	0.3002

(a) 测试样本期望输出

1	2	3
0.2103	0.5087	0.0485
0.1018	0.0516	0.0019
0.3095	0.1086	0.3086

(b) 测试样本 SVR 输出

1	2	3
−0.0083	−0.0098	0.0014
−0.002	−0.0019	−0.0019
−0.0093	−0.0088	−0.0084

(c) 测试样本绝对误差

图 4.33　支持向量机计算结果

支持向量机回归具有很强的适应性，适用于线性模型和非线性模型，比神经网络更加高效，但是准确度不如神经网络。

4.6　本　章　小　结

在气体光谱定量分析过程中需要建立相应的分析模型，本章针对煤矿灾害气体红外光谱分析模型，介绍了在模型建立过程中为得到转换函数而使用的各种方法，主要包括最小二乘法、偏最小二乘法、主元回归法、神经网络法和支持向量机法等。

最小二乘法根据最小化误差物理量的不同，又分为前向最小二乘法与逆向最小二乘法。主元回归法也称为主成分分析回归法，基本思路是剔除原始数据中所有变量具有相关性的多余变量，建立能尽可能反映原始数据信息的新变量，从而降低建立模型的困难程度。偏最小二乘法是基于因子分析的多变量校正方法，其数学基础为主成分分析。但相对于主元回归法更进一步，两者的区别在于偏最小二乘法将浓度矩阵 Y 和相应的量测响应矩阵 X 同时进行主成分分解。神经网络法是模拟生物神经网络，由众多神经元可调的连接权值连接而成，具有大规模并行处理、分布式信息存储、良好的组织学习能力等特点，并通过一定学习准则进行学习，进而建立相关模型，解决相关问题。支持向量机法是在统计学习理论基础上发展起来的新型机器学习算法，采用结构风险最小化原则，同时最小化经验风险和置信范围，具有拟合精度高、选择参数少、推广能力强和全局最优等优势。

除介绍建模方法原理外，本章还简要分析了各种方法的适用范围，同时还给出了几种方法在煤矿灾害气体的红外光谱分析模型中的应用示例，便于读者学习。

参 考 文 献

[1] 梁运涛, 汤晓君, 罗海珠, 等. 煤层自然发火特征气体的光谱定量分析[J]. 光谱学与光谱分析, 2011, 31(9): 2480-2484.

[2] 李玉军, 汤晓君, 刘君华. 基于粒子群优化的最小二乘支持向量机在混合气体定量分析中的应用[J]. 光谱学与光谱分析, 2010, 30(3): 774-778.

[3] Brown C W, Lynch P F, Obremski R J, et al. Matrix representations and criteria for selecting analytical wavelengths for multicomponent spectroscopic analysis[J]. Analytical Chemistry, 1982, 54(9): 1472-1479.

[4] Hunter G W, Stetter J R, Hesketh P, et al. Intelligent sensor system[J]. Chemical Sensors, 2012, (1): 5-11.

[5] 褚小立, 许育鹏, 陆婉珍. 偏最小二乘法方法在光谱定性分析中的应用研究[J]. 现代仪器与医疗, 2007, 13(5): 13-15.

[6] 陈扬, 张太宁, 郭澎, 等. 基于主成分分析的复杂光谱定量分析方法的研究[J]. 光学学报, 2009, 29(5): 1285-1291.

[7] 韩力群, 康芊. 《人工神经网络理论、设计及应用》——神经细胞、神经网络和神经系统[J]. 北京工商大学学报(自然科学版), 2005, 23(1): 52.

[8] 王国胜, 钟义信. 支持向量机的理论基础——统计学习理论[J]. 计算机工程与应用, 2001, (19): 19-20, 31.

[9] 汤晓君, 郝惠敏, 李玉军, 等. 基于 Tikhonov 正则化特征光谱选择与最优网络参数选择的轻烷烃气体分析[J]. 光谱学与光谱分析, 2011, 31(6): 1673-1677.

[10] Vapnik V N. The Nature of Statistical Learning[M]. New York: Springer-Verlag, 1995.

[11] 王炜, 吴耿锋, 张博锋, 等. 径向基函数(RBF)神经网络及其应用[J]. 地震, 2005, 25(2): 19-25.

[12] 郝惠敏, 汤晓君, 白鹏, 等. 基于核主成分分析和支持向量回归机的红外光谱多组分混合气体定量分析[J]. 光谱学与光谱分析, 2008, 28(6): 1286-1289.

第 5 章　红外光谱特征变量提取与选择

在混合气红外光谱分析应用中，每个光谱图的谱线数量成千上万，训练样本往往有限，通常只有几十组，甚至几组。把所有的谱线当成分析模型的输入，往往使得分析模型需要确定的变量数远远大于样本数，从方程求解的角度来看，得到的解是非唯一的。为此，需要对原始光谱数据的特征空间进行降维处理，常用的光谱降维方法有两种：特征提取和特征变换。特征变换不改变变量的数量，而是在其投影的维度上进行降维处理。如主成分分析法、偏最小二乘法，既是定量分析模型，也是特征变换的降维方法。相比于特征变换，特征提取则是减少变量的数量，本章将介绍常用的特征提取方法。

傅里叶变换红外光谱的特征提取有时也叫变量提取、特征选择或波长选择，就是为了从原始光谱数据的谱线集合中选择使某种评估标准最优的变量子集，这部分谱线能够在最大程度上反映原始光谱所包含的某种信息，对模型的贡献处于较高水平。对于煤矿气体的光谱分析，特征变量就是某些谱线的特定组合，该组合对某种气体灵敏度高，对其他组分气体不敏感，或者灵敏度很低。特征提取一方面可以大大减少各目标组分气体分析模型的复杂程度，使模型拥有更快的训练速度，减小样本的需求，从而解决分析模型待确定的变量数大于样本数的问题，另一方面可以降低噪声和冗余变量的影响，增加模型的准确性和稳定性，让模型有更好的解释性，减弱过拟合[1]。

傅里叶变换红外光谱早期的常见特征变量包括峰高、峰面积、导数光谱等。随着计算机水平的提高，在特征变量提取方面出现了很多学习算法，这些算法能实现智能、快速的特征变量提取[2]。

5.1　光谱定量分析中的常用特征

光谱定量分析过程中常用的特征参量主要包括峰高、峰面积、差谱、导数光谱等，这些参量均是基于朗伯-比尔定律。

1. 峰高

峰高法是指直接测量出红外光谱的峰高，即吸收峰的吸光度，然后根据朗伯-比尔定律求出其浓度的方法。甲烷在 3000cm^{-1} 附近的峰高如图 5.1 所示。该方法是最原始、最简单的定量方法，也是使用最广泛的方法之一。一般每种物质的光谱都对应至少一个特征峰峰值，利用该峰值便可用朗伯-比尔定律求出浓度。该方法的缺点是光谱吸光度数据量特别大，受噪声、基线偏移、非线性等的影响较大，仅选用少量特征峰的峰高可能会造成较大的分析误差，因此一般会对全光谱吸光度进行特征变量提取和回归建模。

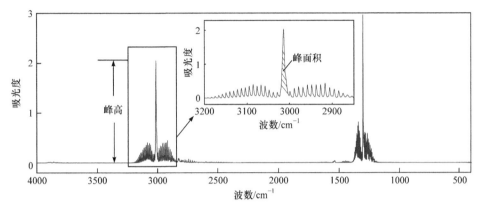

图 5.1　甲烷红外光谱的峰高、峰面积示意图

2. 峰面积

峰面积法也称为积分强度法。该方法直接测量吸收峰的面积，用峰面积代替朗伯-比尔定律中的吸光度。若所有的谱线均与被测气体组分的浓度成正比，则这些谱线的和也与被测气体组分的浓度成正比。甲烷中红外一次吸收峰如图 5.1 所示。由于测量峰面积利用了吸收峰的全部信息，相对于单谱线而言，其信噪比相对要高，准确性、重现性都优于峰高法。单峰面积同样易受基线偏移影响，在多组分气体分析应用中，若有组分的红外光谱交叠严重，则相比于峰高，其选择性会更差。

3. 差谱

为了得到混合物某一组分的光谱，可通过将混合物的红外光谱减去其他组分的光谱，实现混合物光谱的组分分离，如图 5.2 所示。

利用差谱对甲烷、乙烷和丙烷的混合气体光谱进行了组分分离。差谱通常应用于二元或三元混合组分中，通过选择合适的比例因子与已知组分光谱相乘，从混合物光谱中将其吸光度扣除，进行混合物的定性分析。红外光谱差谱法可以免去烦琐的分离步骤，快速得到理想的单一组分光谱。差谱法进行混合组分分离的效果与混合光谱的质量和比例因子的选取有很大关系，组分越多，特别是吸光度与气体浓度存在非线性关系时，差谱法的分离效果越差。

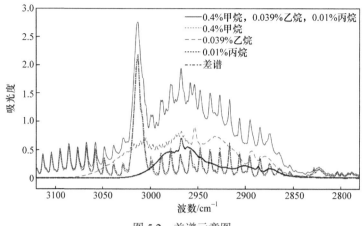

图 5.2　差谱示意图

4. 导数光谱

导数光谱已在第 3 章做了介绍，该方法具有分辨率高和灵敏度高的特点，但傅里叶变换红外光谱中实际应用较少，这是因为多组分光谱求导后(甚至获得四阶导数后)仍有重叠，随着导数阶数的增加，信噪比变差，不利于测定。与峰高法和峰面积法相比，该方法的优点是能够分辨多个重叠的吸收峰。

5.2　特征变量选择算法

根据特征选择与学习算法的关系，对于利用学习算法进行特征选择的方法可分为三类：独立于学习算法的特征选择——Filter 类方法(过滤法)、依赖于学习算法的特征选择——Wrapper 类方法(包装法)、与学习算法集成的特征选择——Embedded 类方法(嵌入法)。特征选择方法的分类如图 5.3 所示。

1. 过滤法

过滤法常应用于预处理阶段，不依赖于任何机器学习算法。过滤法使用基于统计检验的得分作为筛选条件(检验特征和响应变量的相关性)，即给每一维的特征赋予权重，这样的权重代表该维特征的重要性，根据权重重新排序进行选取。过滤法示意图如图 5.4 所示，首先选定一个指标来评估特征，根据指标值对特征进行重要性排序，从全部变量集合中选出最优子集。应用贪心算法确定每个子集的局部最优解，根据最优解模型，用子集的局部最优解堆叠出全集的最优解。

过滤法针对单变量特征提取时，主要通过计算变量每个特征的某个统计指标，然后根据该指标来选取特征。

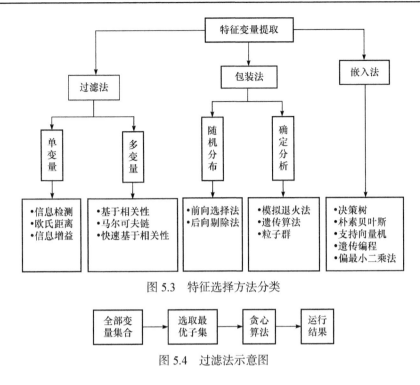

图 5.3　特征选择方法分类

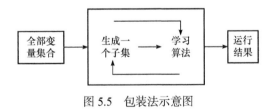

图 5.4　过滤法示意图

2. 包装法

图 5.5 为包装法示意图。该方法首先在全部变量集合中统计出所有特征变量，再选取出一个特征子集进行学习训练，利用之前模型的结果来循环判断是否需要增删新的特征，继而输出运行结果。这是一个关于特征空间的搜索问题，但包装法的计算可能需要耗费大量的时间和内存空间。常用的包装法包括前向选择法、后向剔除法等。

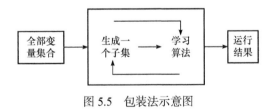

图 5.5　包装法示意图

包装法和过滤法的不同之处在于：

(1) 过滤法测量特征和被解释量的相关性，包装法则是基于模型测量特征的有效性。

(2) 过滤法由于不依赖于模型，速度更快。

(3) 过滤法基于统计检验选择特征，包装法基于交叉验证。

(4) 过滤法时常失效，但包装法通常很有用。

(5) 使用包装法筛选的特征更容易过拟合。

3. 嵌入法

嵌入法综合了过滤法和包装法的特点，嵌入法要借助那些自带特征选择方法的算法，其主要过程如图 5.6 所示。首先在全部变量集合中统计出所有特征变量，再选取出一个特征子集进行学习训练，与上述方法不同的是，嵌入法在模型构建的同时选择最好的特征。利用之前模型的结果和运行结果来循环判断是否是最优特征变量。常用的嵌入法包括偏最小二乘法、套索(Lasso)回归法、支持向量机法、岭回归法等[3]。

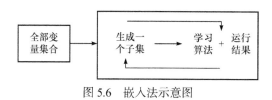

图 5.6　嵌入法示意图

本节将介绍几种常用的光谱特征提取与特征变换方法，这些方法在煤矿灾害气体光谱分析中的应用将在 5.3 节介绍，以便对比分析其优缺点。

5.2.1　前向选择法

前向选择法和后向剔除法属于 Wrapper 类。前向选择法是一种典型的贪心算法。该方法选择自变量的过程由一个常数项开始，然后逐一增加一个自变量，直到没有可引入的变量为止。具体做法如下[4]：

在只包含常数项的基础上，以自变量 $x_i(i \in [1, N])$ 中选择和目标 y 最为接近的一个自变量 x_k 引入回归模型，用 x_k 来逼近 y，得到 $\tilde{y} = \beta_k x_k$，其中，$\beta_k \leqslant x_k$，$y > \| x_k \|_2$，$\tilde{y}$ 为 y 在 x_k 上的投影。可以定义残差 $y_{res} = y - \tilde{y}$。y_{res} 和 x_k 是正交的，如果该变量的回归系数 β_k 显著非零，那么将该变量保留在方程中，以 y_{res} 为新的因变量，除去 x_k 后，剩下的自变量集合 $\{x_i, i = 1, 2, \cdots, k-1, k+1, \cdots, N\}$ 为新的自变量集合，重复刚才投影和残差的操作，直到再引入新的变量，而变量的回归系数不显著，或者所有的自变量都用完了，才停止算法。

前向选择法对每个变量(对于光谱分析，就是对每条吸光度谱线)只需要执行一次操作，因此效率高、速度快。但也容易看出，当自变量不是正交时，每次增加自变量都是在做投影，所有算法只能给出最优解的一个近似解。前向选择法过程可用图 5.7 表示。

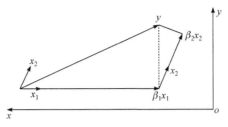

图 5.7　前向选择法示意图

在进行光谱的特征变量选取时，常常将前向选择法与其他算法相结合，如与偏最小二乘法、支持向量机法等结合。本节以基于偏最小二乘的前向选择法为例，对前向选择法做详细介绍。

前向选择时，从一个空的特征集开始，每次从候选特征集中选取对模型精度提高最大的变量加入特征集，直到新增加的变量对模型精度无明显提高时终止，向后剔除时，则从原始变量集开始，根据模型表现逐个删除变量，最后获得一个较小的变量子集，达到学习算法精度与变量集大小之间的平衡[5]。

基于偏最小二乘方法的前向选择法具体步骤如下：

(1) 在训练集上采用偏最小二乘回归方法建立校正模型，得到每个变量对应的回归系数，并将所有变量按其回归系数绝对值降低的顺序排序。

(2) 采用偏最小二乘交互检验，按前向选择法选择最佳变量子集。①变量子集是一个空集，选取第一个变量(即回归系数绝对值最大的变量)加入子集，进行偏最小二乘交叉验证，计算得到该变量子集下所建预测模型的预测准确性，交互检验误差均方根(root mean square error of cross validation，RMSECV)评价；②将第二个变量并入变量子集，再用偏最小二乘交互检验误差均方根评价，若预测准确性有所改善，则认为该变量有用，保留到子集中，否则将其从变量子集中剔除，以此类推，直到考察完排在最后的那个变量(即回归系数绝对值最小的变量)；③得到的变量子集即最佳变量子集。

(3) 结果验证。用最终选定的特征变量在训练集上进行偏最小二乘建模，并对预先划分好的独立测试集进行预测，根据计算所得的预测误差均方根考察所选特征的预测性能[6]。

基于支持向量机的前向特征选取，通过量化光谱各谱段变量的分类贡献度，采用"适者生存"的方式对变量进行筛选，对分类的贡献度越大，其权值越高，最终过滤出权值最高的谱段，视为剔除了冗余信息的最优变量组合，放入支持向量机模型的输入 V 中。具体而言，选择单独维度最优的谱段作为第一个特征变量，进而从备选集合依次迭代选择，与前 $i-1(i \geqslant 2)$ 个已选特征组合在一起后得到最优的第 i 个特征，即每次选取对分类贡献度最大的谱段加入特征集合。迭代结束后，获得 M 个特征谱段变量子集。具体步骤如下：

(1) 设原始变量为 S，当迭代次数 $i=1$ 时，计算 S 中各个变量的分类贡献度。

(2) 挑选贡献度最大的变量，记为 S_i，并将其从原始变量中剔除，i 值自增 1。

(3) 若 $1 < i \leqslant M$，则执行步骤(4)；若 $i > M$，则执行步骤(5)。

(4) 计算 S 中各波长的分类贡献度，执行步骤(2)。

(5) M 次迭代后，将最终结果 $[S_1, S_2, \cdots, S_M]$ 定义为特征向量 V，V 作为输入建立支持向量机模型。

前向选择法的缺点在于不能反映引进新的自变量后的变化情况。某个自变量开始可能是显著的，但当引入其他自变量后重建回归模型，就变得不显著了，也没有机会再将其剔除。也就是说，一旦某个自变量进入回归方程，就没有机会再将其剔除。这种方法只考虑引入，而没有考虑剔除，显然是不全面的。在实际的应用中经常会发现，当其他变量相继引入后，最先引入的某个变量对因变量影响的显著性会降低，但是也无法再将其重新剔除。

5.2.2　后向剔除法

后向剔除法与前向选择法类似，不同的是后向剔除法是从变量全集中开始逐个剔除变量，剔除顺序为，首先在 m 个备选自变量中选择一个最不重要的变量将其剔除，将在模型中回归系数最不显著的变量剔除，对剔除该变量后的子集建立新的回归模型，按相同方法再剔除一个最不显著的变量，直到模型中的全部自变量的回归系数的显著性检验均通过为止。

若剔除某个变量后，偏最小二乘交互验证误差变小，则说明该变量为无用变量，将其永久剔除。若误差变大，则说明该变量为有用变量，将其保留，最终得到的子集则为选取的特征变量集。

后向剔除法的缺点是一开始就将全部备选自变量引入回归方程，然后再将问题的自变量逐个剔除，相对于前向选择法的计算会更加复杂，实际上如果有些自变量不太重要，一开始就不引入，可以减少一些计算量。某一备选自变量一旦在过程中被剔除，就再也没有机会进入回归方程，会造成一些可能有用的自变量丢失。

5.2.3　正则化模型

正则化模型就是把额外的约束或者惩罚项加到已有模型(损失函数)上，防止过拟合并提高泛化能力。损失函数由原来的 $E(X,Y)$ 变为 $E(X,Y)+\lambda \|w\|$，其中 w 为模型系数组成的向量，$\|w\|$ 是 L_1 或者 L_2 范数，λ 为一个可调的参数，控制着正则化的强度。当用在线性模型上时，L_1 正则化和 L_2 正则化也分别称为套索回归和岭回归，分别如图 5.8 和图 5.9 所示。

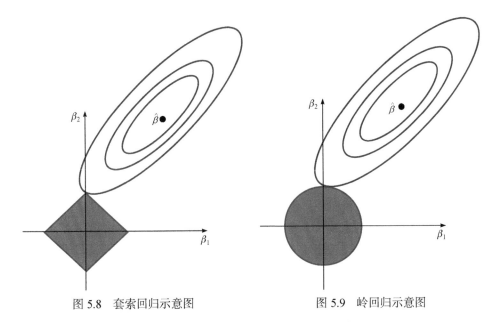

图 5.8　套索回归示意图　　　　　图 5.9　岭回归示意图

L_1 正则化是将系数向量 w 的 L_1 范数作为惩罚项加到损失函数中，由于正则项非零，迫使那些弱的特征所对应的系数变成 0。因此，L_1 正则化往往会使学到的模型很稀疏(系数向量 w 经常为 0)，这个特性使得 L_1 正则化成为一种很好的特征选择方法。

从图 5.8 可以看出，正方形代表着套索回归的解空间，一般情况下作图与正方形的边相切，一定是与某个顶点优先相交，必然存在横纵坐标轴的一个系数为 0，对变量起到筛选的作用。

L_2 正则化是将系数向量 w 的 L_2 范数添加到损失函数中。由于 L_2 惩罚项系数是二次方的，L_2 正则化和 L_1 正则化有着诸多差异，最明显的一点就是 L_2 正则化会让系数的取值变得平均。对于关联特征，这意味着关联特征能够获得更相近的对应系数。以 $Y=X_1+X_2$ 为例，假设 X_1 和 X_2 具有很强的关联，如果用 L_1 正则化，无论学习得到的模型是 $Y=X_1+X_2$ 还是 $Y=2X_1$，惩罚项都是一样的，均为 2λ。如果用 L_2 正则化，第一个模型的惩罚项是 2λ，但第二个模型的惩罚项是 4λ。可以看出，当系数之和为常数时，各系数相等时惩罚是最小的，所以才有了 L_2 正则化会让各个系数趋于相同的特点[7]。

从图 5.9 可以看出，岭回归时的解空间可以看成坐标系原点的圆，在这个圆的限制下，点可以是圆上的任意一点，可以将回归系数都压缩到一个特别小的值，但是岭回归起不到压缩变量的作用。

由 L_2 正则化的原理可以看出，其目的主要是减少均方误差，对特征选择来说，L_2 正则化是一种稳定的模型，不像 L_1 正则化那样，系数会因为细微的数据变化而波动。L_2 正则化和 L_1 正则化提供的价值是不同的，L_2 正则化对于特征理解更加有用，表示能力强的特征对应的系数非零。

岭回归模型得到的系数可能非常小，一般是非零的，而套索回归模型得到的系数很大一部分为 0。套索回归模型能得到一个稀疏矩阵，可以应用于特征变量提取，岭回归模型则无法应用于特征变量提取。本节具体介绍套索回归的解法。

套索是在线性模型的基础上加了一个 L_1 正则项，其目标函数为

$$J(\boldsymbol{w}) = \min\left\{\frac{1}{2N}\|\boldsymbol{X}^{\mathrm{T}}\boldsymbol{w} - y\|_2^2 + \lambda\|\boldsymbol{w}\|_1\right\} \tag{5.1}$$

套索回归模型的解法主要有两种：坐标轴下降法和最小角回归法。

坐标轴下降法是一种非梯度优化算法。为了找到一个函数的局部极小值，每次迭代时可以在当前点处沿一个坐标方向进行一维搜索。在整个过程中，循环使用不同的坐标方向，一个周期的一维搜索迭代过程相当于一个梯度迭代。梯度下降法是利用目标函数的导数(梯度)来确定搜索方向，该梯度方向可能不与任何坐标轴平行。坐标轴下降法是利用当前坐标系统进行搜索，不需要求目标函数的导数，只按照某一坐标方向搜索最小值，在稀疏矩阵上的计算速度非常快，是套索回归模型最快的解法。

最小角回归法与前向选择法相似，首先还是找到与因变量 y 相关度最高的自变量 x_k，使用类似于前向梯度法中的残差计算方法，得到新的目标 y_{res}，重复这个过程。直到出现一个 x_l，使得 x_l 和 y_{res} 的相关度与 x_k 和 y_{res} 的相关度是一样的，此时就在 x_l 和 x_k 的角分线方向上继续使用类似于前向梯度法中的残差计算方法，逼近 y。当出现第三个特征 x_p 和 y_{res} 的相关度足够大时，将其也加入 y 的逼近特征集合中，并用 y 的逼近特征集合的共同角分线作为新的逼近方向。依次循环，直到 y_{res} 足够小，或者所有的变量都已经取完，算法停止。该过程可以用图 5.10 表示。

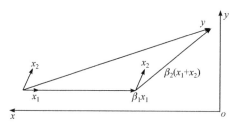

图 5.10　最小角回归法示意图

最小角回归法是一个适用于高维数据的回归算法，其主要优点如下：

(1) 对于特征维度 n 远高于样本点数 m 的情况($n \geqslant m$)，该算法有极高的数值计算效率。

(2) 该算法的最坏计算复杂度和最小二乘法类似，但是其计算速度几乎和前

向选择法一样。

(3) 该算法可以产生分段线性结果的完整路径，这在模型的交叉验证中极为有用。

最小角回归法的主要缺点为：它的迭代方向是根据目标的残差 y_{res} 定的，所以该算法对样本的噪声极为敏感。

5.2.4　遗传-偏最小二乘法

遗传-偏最小二乘法是遗传算法与偏最小二乘法的组合，第 4 章已经介绍过偏最小二乘法，本节简要介绍遗传算法。

遗传算法的概念是基于达尔文生物进化理论，遵循"适者生存"、"优胜劣汰"的原理，模拟一个人工种群的进化过程，并且通过选择、杂交及变异等机制，种群经过若干代以后，总是达到最优或近最优的状态。遗传算法包含编码与解码、初始化种群、选择操作三个部分。

1. 编码与解码

对于函数优化问题，一般来说有两种编码方式，即实数编码和二进制编码，两者各有优缺点。二进制编码具有稳定性高、种群多样性大等优点，但是需要的存储空间大，需要解码过程且难以理解，实数编码直接用实数表示基因，容易理解且不要解码过程，但是容易过早收敛，从而陷入局部最优。

1) 编码

在编码之前需要确定求解的精度，假设求解的精度为 0.0001，自变量区间为 $[-1,3]$，则可以将自变量的解空间划分为 $(3-(-1))/0.0001=40000$ 个等份。因为 $2^{15}<40000<2^{16}$，所以 n 取 16，表示每个染色体长度为 16，一般在实现遗传算法之前需要指定编码过程。

2) 解码

解码即将编码空间的基因串翻译成解空间自变量的实际值的过程。对于二进制编码，每个二进制基因串都可以这样翻译成一个十进制实数值，如基因串 0000 1101 10 00 0101 在此条件下可以翻译为实数：$-1+(1×2^4+1×2^5+1×2^7+1×2^8+1×2^{13}+1×2^{15})/(2^{16}-1)=1.5264$，需要注意的是，这里的二进制基因串转变成十进制是从左至右进行的。

2. 初始化种群

在开始遗传算法迭代过程之前，需要对种群进行初始化。种群大小代表每个种群包含多少个染色体，染色体的长度由前述编码过程决定。一般初始种群是随机产生的，如果知道种群的实际分布，也可以按照此分布来生成初始种群。设种群大小为 pop_size，每个染色体长度为 chromo_size，生成的初始种群为$(v_1,v_2,\cdots,$
$v_{pop\_size})$。

3. 选择操作

选择操作即从前代种群选择个体到下一代种群的过程，一般根据个体适应度的
分布来选择个体。假设每个个体的适应度为$(fitness(v_1),fitness(v_2),\cdots,fitness(v_{pop\_size}))$，
一般适应度可以按照解码的过程进行计算。常用的是以轮盘赌的方式选择个体，
如图 5.11 所示。

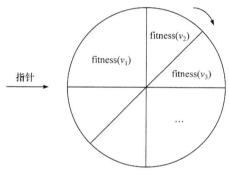

图 5.11　轮盘赌选择法示意图

随机转动一下转盘，当转盘停止转动时，若指针指向某个个体，则该个体被选
中。适应度越高的个体被选中的概率越大，但是这种选择具有随机性，在选择的过程
中可能会丢失比较好的个体。可以使用精英机制，将前代最优个体直接选到下一代。

4. 交叉操作

交叉操作是对任意两个个体进行的，随机选择两个个体，如图 5.12 所示。

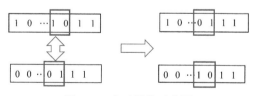

图 5.12　交叉操作示意图

假设交叉概率为 cross_rate，随机生成一个 0～1 的实数 r，若 $r<$cross_rate，则
这两个个体进行交叉，否则不进行交叉。如果需要进行交叉，再随机选择交叉位置。

5. 变异操作

变异操作是针对单个个体进行的。与交叉操作类似，随机生成一个 0～1 的实

数，若该数小于变异概率，则进行变异操作，否则不进行变异操作。

遗传算法流程如图 5.13 所示。

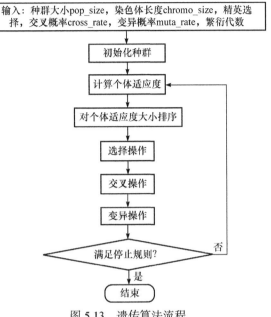

图 5.13　遗传算法流程

遗传-偏最小二乘法则是将适应度用偏最小二乘回归的交互验证误差表示，从而选择出使交互验证最小的变量组合，即提取出来的特征变量[8]。

5.2.5　非线性回归模型的特征变量提取

在对光谱数据的建模过程中，大部分应用的是线性模型，如吸光度和浓度之间的关系，理论上遵循朗伯-比尔定律，但有时候由于某些组分气体红外光谱本身的特点，回归模型不能够用简单线性回归来解释，还需要考虑非线性模型，使得问题更加复杂。如何确定非线性模型的函数形式及自变量的选择，是该问题的难点。本节将在拟线性回归模型基础上，介绍一种基于拟线性回归与变量选择相结合的方法，来实现非线性回归模型的建立和特征变量提取。

在经典的回归分析中，拟线性回归是一种最简单的构建非线性模型的方法。对于大多数非线性模型，常可转化成如下形式：

$$h(y) = c_0(b_0) + c_1(b_1) \times g_1(x_1) + c_2(b_2) \times g_2(x_2) + \cdots + c_p(b_p) \times g_p(x_p) + \varepsilon$$

(5.2)

式中，$h(y)$ 为因变量 y 的函数；$c_j(b_j)$ $(j=0,1,\cdots,p)$ 为第 j 个参数 b_j 的函数；$g_j(x_j)$

$(j=0,1,\cdots,p)$ 为自变量 x_j 的函数；ε 为随机误差项。

为了使用线性回归法，可以做变量替换，令

$$\begin{cases} \eta = h(y) \\ \beta_j = c_j(b_j), \quad j = 0,1,\cdots,p \\ z_j = g_j(x_j), \quad j = 0,1,\cdots,p \end{cases}$$

变换后即得到线性回归模型为

$$\eta = \beta_0 + \beta_1 z_1 + \cdots + \beta_p z_p + \varepsilon \tag{5.3}$$

式(5.3)称为拟线性回归模型。

在模型的线性化过程中，常用的变换方法还有取对数、取倒数等。在实际工作中，有一类应用很广泛、可线性化的曲线回归模型，叫作多项式回归模型，假设为

$$y = \alpha + \beta_1 x + \beta_2 x^2 + \beta_3 x^3 + \varepsilon \tag{5.4}$$

上述模型称为一元三次多项式回归模型。对多项式回归模型进行线性化处理，只需要对多项式的幂次项做变量替换。例如，对于式(5.4)，若令 $z_1 = x$，$z_2 = x^2$，$z_3 = x^3$，即可以得到一元三次多项式回归的拟线性模型为

$$y = \alpha + \beta_1 z_1 + \beta_2 z_2 + \beta_3 z_3 + \varepsilon \tag{5.5}$$

当模型中包含多个自变量时，如二元二次多项式回归模型为

$$y = \alpha + \beta_1 x_1 + \beta_2 x_2 + \beta_{11} x_1^2 + \beta_{22} x_2^2 + \beta_{12} x_1 x_2 + \varepsilon \tag{5.6}$$

对于式(5.6)的模型，令 $z_1 = x_1$，$z_2 = x_2$，$z_3 = x_1^2$，$z_4 = x_2^2$，$z_5 = x_1 x_2$，则上述模型也变换为一个多元线性回归模型。

非线性模型的变量选择问题也是基于拟线性回归思路实现的。

根据所研究对象的性质，结合已有工程经验，设定模型可以存在的函数形式，称其为备选函数项。例如，在一元非线性回归的建模过程中，针对自变量 x，可以假设在模型中还有可能存在 x^2、x^3、$\ln x$、e^x 等形式的非线性函数项，如果是二元回归问题，还可以根据经验设置一些可能的交叉项，如 $x_1 x_2$、$x_1 x_2^2$ 等。使用所有设定的备选函数项生成一个回归模型，称为备选模型。例如，通过经验分析，认为模型可能为一个带交叉项的三次多项式回归模型，因此将所有可能的非线性项都变换成线性变量，即令

$$u_1 = x_1, \quad u_2 = x_1^2, \quad u_3 = x_1^3, \quad u_4 = x_2, \quad u_5 = x_2^2, \quad u_6 = x_2^3$$

$$u_7 = x_1 x_2, \quad u_8 = x_1^2 x_2, \quad u_9 = x_1^3 x_2, \quad u_{10} = x_1 x_2^2, \quad u_{11} = x_1 x_2^3$$

$$u_{12} = x_1^2 x_2^2, \quad u_{13} = x_1^3 x_2^2, \quad u_{14} = x_1^2 x_2^3, \quad u_{15} = x_1^3 x_2^3$$

运用拟线性回归的方法将备选模型变为一个线性回归模型,再将线性回归模型中的每个函数项 $u_1 \sim u_{15}$ 作为自变量,采用变量选择的方法对函数项进行筛选,就能够选择出对因变量解释性最强的函数形式,排除对因变量无显著解释作用的函数形式,同时还能删除冗余的函数形式[9]。

5.3　特征变量选择应用

5.3.1　常用参量的定量分析

已知乙烷 6 组不同浓度值及其对应的红外光谱(波数分辨率为 1cm⁻¹),用最小二乘法建立样本特征值与乙烷浓度之间的回归方程,并利用 1 个测试样本进行验证。

选取乙烷光谱图的 1 个特征峰 1325~1575cm⁻¹,分别用峰高法、峰面积法、导数法计算浓度,比较 3 种方法的准确度,结果如表 5.1 所示。

表 5.1　样本及测试数据

样本	峰高	峰面积	一阶导数最小值	一阶导数最大值	二阶导数最小值	二阶导数最大值	Y
1	0.2691	114.0343	−0.0097	0.0178	−0.0090	0.0076	0.0098
2	1.2024	528.5258	−0.0427	0.0457	−0.0219	0.0149	0.0497
3	1.7173	801.4526	−0.0574	0.0540	−0.0276	0.0167	0.0599
4	3.2809	1798.9	−0.0823	0.0655	−0.0330	0.0286	0.2002
5	0.1483	62.9907	−0.0069	0.0132	−0.0066	0.0056	0.0051
6	0.0334	12.7937	−0.0019	0.0040	−0.0020	0.0017	0.00099
测试	2.4659	1213.5	−0.0790	0.0593	−0.0397	0.0217	0.0998

利用最小二乘法对以上每个参量进行线性回归,得出预测值,计算出用每个参量定量分析后的相对误差,如表 5.2 所示。可以看出,当一阶导数最大值和二阶导数最大值作为特征变量进行回归预测时,结果最为准确,峰面积法结果也较好,优于峰高法。

表 5.2　回归结果与误差

参量	回归数据	相对误差/%
峰高	0.133	33.28
峰面积	0.1267	26.94
一阶导数最小值	0.1455	45.78

续表

参量	回归数据	相对误差/%
一阶导数最大值	0.1140	14.23
二阶导数最小值	0.1531	53.42
二阶导数最大值	0.1166	16.87

5.3.2　前向选择法

　　浓度均为 0.01%的甲烷、乙烷、丙烷、正丁烷、异丁烷的红外吸收光谱图如图 5.14 所示，光谱分辨率为 1cm^{-1}，谱线值为吸光度。从图中可以看出，5 种烷烃气体的光谱灵敏度高，但红外光谱交叠严重，若要选取此段光谱进行烷烃气体分析，需要选取合适的光谱作为分析模型的输入，并采用消除交叉敏感法建立分析模型来实现 5 种烷烃气体的准确分析。分别用上述 4 种特征变量提取方法来建立分析模型，并对得出的结果进行分析和评价。

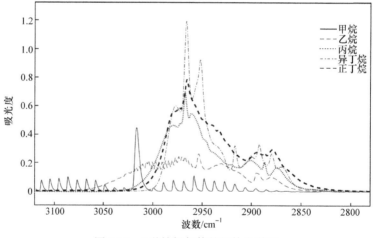

图 5.14　5 种烷烃气体的红外光谱图

　　在实例中，选取峰高作为特征参量对不同浓度的甲烷做前向选择法的特征变量提取。数据集为 9 组甲烷样本的红外光谱数据，每个光谱图包含 4000～400cm^{-1}范围内的响应数据，光谱分辨率为 1cm^{-1}。选取 6 个样本作为前向选择法训练集，用于变量的筛选和模型训练，其余 3 组数据作为测试样本。

　　将训练样本做线性回归，将回归系数绝对值最大的变量作为第一个变量放入空集中。找到回归系数最大值的位置，并对选择的变量建立偏最小二乘回归模型。

```
rmsecv_old=inf;        %初始值设置为无穷大
x_select=[ ];
v_select=[ ];
v_sel=1:v_num;
for i=1:v_num
      CV=plscvfold(X,y,10,5,'center');
      rmsecv(i)=CV.RMSECV;
      PLS=pls(X,y,CV.optPC,'center');
      coef=PLS.regcoef_pretreat;
      [b_max,bmax_index]=max(abs(coef));
      x_select=[x_select,X(:,bmax_index)];
      v_select=[v_select,v_sel(bmax_index)];
      CV=plscvfold(x_select,y,10,5,'center');
rmsecv=CV.RMSECV;
```

向集合中依次添加变量并进行线性回归，然后从加入变量的回归系数绝对值最大的那个变量开始进行判断，若加入后的偏最小二乘误差小于加入前，则保留，否则不保留，直到所有的变量都添加完毕为止。

```
if  rmsecv<rmsecv_old
      rmsecv_old=rmsecv;
    else
        x_select(:,end)=[ ];
        v_select(end)=[ ];
    end
    x_select=[x_add,x_select];
    X(:,bmax_index)=[ ];
    v_sel(bmax_index)=[ ];
    x_remained=X;
end
    v_select=sort(v_select);
    x_selected=find(BOSS2.variable_index==1);
    y_boss=-0.1*ones(length(v_select),1);
```

利用前向选择法提取的甲烷特征变量结果如图 5.15 所示，图中的圆点表示提取的特征变量在红外光谱图谱线所处的波数位置。提取的特征变量中谱线的波数位置按选入顺序分别为3096cm^{-1}、3086cm^{-1}、3083cm^{-1}、3016cm^{-1}、1245cm^{-1}、1243cm^{-1}、1230cm^{-1}、1223cm^{-1}、1205cm^{-1}、1204cm^{-1}、1190cm^{-1}、1187cm^{-1}。上述提取的12个特征变量实际上集中于2个主吸收峰区间，说明这两个主吸收峰区间反映了甲烷的吸收特性。以上述12个特征变量建立甲烷浓度线性预测模型的表达式，即

$$f_{甲烷} = 0.1947v_{3096} + 0.2505v_{3086} + 0.0656v_{3083} + 1.4021v_{3016} + 0.1332v_{1245}$$
$$+ 0.1980v_{1243} + 0.083v_{1230} + 0.0418v_{1223} + 0.7496v_{1205} + 0.71421v_{1204}$$
$$+ 0.0591v_{1190} + 0.06761v_{1187} - 0.0074 \tag{5.7}$$

式中，v_d 为波数为 d 的谱线的吸光度。

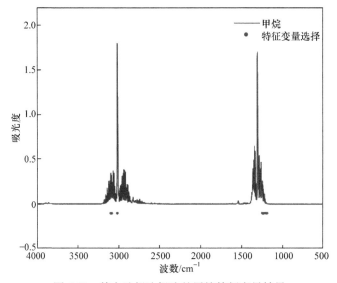

图 5.15　前向选择法提取的甲烷特征变量结果

对测试集的 3 组浓度分别为 0.02%、0.2%、0.5%的样本进行测试。同时，用提取出的甲烷特征变量所建立的浓度预测模型分别测试乙烷、丙烷、异丁烷、正丁烷对其的交叉灵敏度(cross sensitivity coefficient, CSC)。交叉灵敏度为

$$\text{CSC} = \left| \frac{y_{\text{othergas}}}{y_{\text{analysisgas}}} \right| \tag{5.8}$$

式中，y_{othergas} 为同浓度的其他组分气体谱线值代入目标组分气体的浓度预测模型所得到的浓度，这里为乙烷、丙烷、异丁烷和正丁烷；$y_{\text{analysisgas}}$ 为目标气体的实际浓度，这里为甲烷。

将测试样本代入模型并计算出其与非训练样本气体的交叉灵敏度结果，如表 5.3 所示。利用甲烷提取的特征变量所做的预测模型对其他不同浓度的甲烷气体预测基本准确。超过了某一浓度范围后准确度开始下降，这是由于在浓度较高

时，吸光度与甲烷浓度呈非线性关系，导致测得结果与实际值偏差较大。而在浓度较低时，谱线值的信噪比较低，对与训练样本浓度相近范围内甲烷气体所做的预测相比，根据训练样本做出来的测试模型的准确度较高。将其余四种气体的红外光谱代入式(5.7)得到四种气体的浓度预测值，如表 5.3 所示。可以看出，丙烷、异丁烷、正丁烷对甲烷的特征变量交叉灵敏度很低。由于乙烷和甲烷红外光谱交叠严重，用前向选择法提取出的特征变量所建立的模型对乙烷的交叉灵敏度较大，交叉敏感相对严重。

表 5.3　前向选择法提取的甲烷特征变量交叉灵敏度测试结果

气体组分	第 1 组			第 2 组			第 3 组		
	实际浓度/%	预测浓度/%	交叉灵敏度/%	实际浓度/%	预测浓度/%	交叉灵敏度/%	实际浓度/%	预测浓度/%	交叉灵敏度/%
甲烷	0.02	0.0191	—	0.2	0.2054	—	0.5	0.4947	—
乙烷	0.02	0.0042	21.0	0.2	0.0253	12.32	0.5	0.1022	20.66
丙烷	0.02	0.0007	3.5	0.2	0.0089	4.33	0.5	0.0242	4.89
异丁烷	0.02	0.0011	5.5	0.2	0.0075	3.65	0.5	0.0063	1.27
正丁烷	0.02	0.0012	6.0	0.2	0.0021	1.02	0.5	0.0044	0.90

　　甲烷的吸收峰相对独立，代表性不足，正丁烷对乙烷、丙烷和异丁烷的红外光谱图重叠严重。利用前向选择法对正丁烷做特征变量提取并与前面进行对比，与对甲烷做特征变量提取的过程一样，得到的结果如图 5.16 所示，提取的特征变

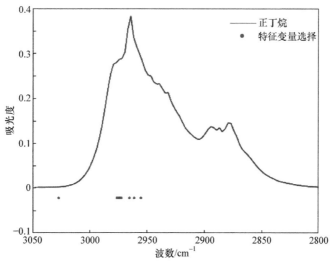

图 5.16　前向选择法提取的正丁烷特征变量结果

量中谱线的波数位置按选入顺序分别为 $3028cm^{-1}$、$2977cm^{-1}$、$2976cm^{-1}$、$2975cm^{-1}$、$2974cm^{-1}$、$2973cm^{-1}$、$2966cm^{-1}$、$2962cm^{-1}$、$2956cm^{-1}$。

以前向选择法对正丁烷所做的特征变量提取结果建立浓度线性预测模型，即

$$f_{正丁烷} = -25.0731v_{3028} + 3.9943v_{2977} + 9.8806v_{2976} + 10.9186v_{2975} + 10.5902v_{2974}$$
$$+ 1.9329v_{2973} + 3.9215v_{2966} + 19.2535v_{2962} + 18.3212v_{2956} - 0.0028$$

$$(5.9)$$

分别把不同浓度的甲烷、乙烷、丙烷、异丁烷、正丁烷的红外光谱对应谱线值代入式(5.9)进行浓度预测，并根据式(5.8)计算交叉灵敏度，正丁烷测试结果如表 5.4 所示。

表 5.4 前向选择法提取的正丁烷特征变量交叉灵敏度测试结果

气体组分	第 1 组			第 2 组			第 3 组		
	实际浓度/%	预测浓度/%	交叉灵敏度/%	实际浓度/%	预测浓度/%	交叉灵敏度/%	实际浓度/%	预测浓度/%	交叉灵敏度/%
甲烷	0.02	0.0038	19.02	0.2	0.043	21.51	0.5	0.0661	13.22
乙烷	0.02	0.0002	1.08	0.2	0.0054	2.70	0.5	0.0601	12.02
丙烷	0.02	0.0022	11.02	0.2	0.0315	15.75	0.5	0.0827	16.54
异丁烷	0.02	0.0078	39.01	0.2	0.0621	31.05	0.5	0.1212	24.24
正丁烷	0.02	0.0192	—	0.2	0.1996	—	0.5	0.499	—

利用前向选择法对正丁烷的特征变量提取结果所建立的预测模型可以对正丁烷的浓度进行较为准确的预测。相比对甲烷所做的特征变量提取结果，对其余测试样本的交叉灵敏度普遍升高，原因是甲烷气体的吸收光谱图相对正丁烷较为独立，且吸收峰较为明显。对异丁烷的交叉灵敏度较高，最大值达到了 39.01%。主要原因是在提取的特征变量波数位置范围内，异丁烷、正丁烷的红外光谱重叠较为严重，最后得到的特征变量交叉灵敏度较高。因此，前向选择法不适宜做红外光谱交叠气体的特征变量提取。

5.3.3 后向剔除法

在编程软件数学模拟软件中，利用一个简单的循环选择语句就可以实现后向剔除的操作。

训练样本同 5.3.2 节，将训练样本做线性回归，将回归系数绝对值最小的变量从样本集中剔除。

```
Re=regress(Y,[ones(5,1),X]);
[a,b]=min(abs(Re));
    X_2(:,b)=[];
    x_2(b)=[];
    x_test(b)=[];
    p=SelectK(X_2,Y);
[～,～,e3]=PLS(X_2(:,[1:b-1,b+1:Leng]),Y,x_2([1:b-1,b+1:
Leng])',y1,p,1);
```

进行下一个变量的选择，集合做线性回归，剔除回归系数绝对值最小的变量。若剔除后误差变大，则说明该变量有积极作用，应该保留，重新加入集合；若剔除后误差变小，则说明该变量有消极作用，应该剔除。依次从集合中删减变量，最终保留下来的变量则为提取出的特征变量。

```
for i=1:14400/sample-1
    Re=regress(Y,[ones(5,1),X_remain,X_2]);
    [a,b]=min(abs(Re(1+q:722+q-i)));
    p=SelectK(X_2,Y);
    [～,～,e2]=PLS(X_2,Y,x_2',y1,p,1);
if e2<e3
    e3=e2;
else
    X_remain=[X_remain,X_2(:,b)];
    x_remain=[x_remain,x_2(b)];
    test_remain=[test_remain,x_test(b)];
    q=q+1;
end
    X_2(:,b)=[];
    x_2(b)=[];
    x_test(b)=[];
end
```

利用后向剔除法提取的甲烷特征变量结果如图 5.17 所示，图中点表示提取的特征变量在红外光谱图所处的谱线位置。提取的特征变量谱线的波数位置按选入顺序分别为 $3193cm^{-1}$、$3145cm^{-1}$、$3141cm^{-1}$、$3086cm^{-1}$、$3025cm^{-1}$、$3007cm^{-1}$、$1204cm^{-1}$、$1203cm^{-1}$、$1174cm^{-1}$、$1138cm^{-1}$。上述提取的特征变量中的 10 条谱线实际上集中于 2 个主吸收峰区间，说明这两个主吸收峰区间反映了甲烷的吸收特性。用上述 10 条谱线建立浓度线性预测模型，表达式为

$$f_{甲烷} = 0.0018v_{3193} - 0.0018v_{3145} + 0.2339v_{3141} + 0.87791v_{3086} + 0.0042v_{3025}$$
$$+ 0.2288v_{3007} + 2.5030v_{1204} + 2.0246v_{1203} + 0.1730v_{1174} + 0.0994v_{1138} - 0.0044$$

$$(5.10)$$

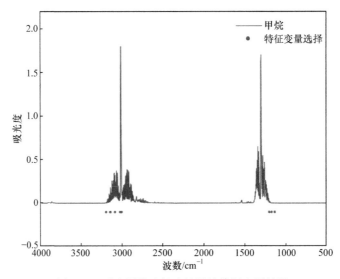

图 5.17　后向剔除法提取的甲烷特征变量结果

用 5.3.2 节测试集的 3 组样本进行交叉灵敏度测试，得到的测试结果如表 5.5 所示。从表中可以看出，当甲烷测试样品浓度为 0.02% 时所得到的甲烷测试结果偏差较大。相比于表 5.3，在此浓度下，乙烷、丙烷、异丁烷、正丁烷对甲烷的特征变量交叉敏感度很高，均达到 20% 以上。这是由于后向剔除法采用均方根作为评价标准，在测试浓度较低时采用后向剔除法会产生较大的误差。

表 5.5　后向剔除法提取的甲烷特征变量交叉灵敏度测试结果

气体组分	第 1 组			第 2 组			第 3 组		
	实际浓度/%	预测浓度/%	交叉灵敏度/%	实际浓度/%	预测浓度/%	交叉灵敏度/%	实际浓度/%	预测浓度/%	交叉灵敏度/%
甲烷	0.02	0.0172	—	0.2	0.2054	—	0.5	0.4970	—
乙烷	0.02	0.0036	20.89	0.2	0.0049	2.38	0.5	0.0184	3.69
丙烷	0.02	0.0042	24.47	0.2	0.0002	0.12	0.5	0.0066	1.33
异丁烷	0.02	0.0040	23.24	0.2	0.0030	1.47	0.5	0.0147	2.96
正丁烷	0.02	0.0044	25.52	0.2	0.0046	2.22	0.5	0.0051	1.02

利用后向剔除法对正丁烷做特征变量提取，与对甲烷做特征变量提取的过程一样，得到的结果如图 5.18 所示，提取的特征变量谱线的波数位置按选入顺序分别为 2992cm^{-1}、2988cm^{-1}、2987cm^{-1}、2986cm^{-1}、2985cm^{-1}、2984cm^{-1}、2983cm^{-1}、2972cm^{-1}、2970cm^{-1}、2943cm^{-1}、2942cm^{-1}、2920cm^{-1}、2897cm^{-1}、2895cm^{-1}、2894cm^{-1}、2893cm^{-1}、2891cm^{-1}、2890cm^{-1}、2888cm^{-1}、2881cm^{-1}、2878cm^{-1}。可以看出，同前向选择法一样，后向剔除法对正丁烷提取的特征变量相比对甲烷提取的特征变量较为分散，原因就是甲烷气体的吸收光谱图相对其他气体较为独立，且吸收峰较为明显，所以在利用后向剔除法做特征变量提取时，效果较好。利用后向剔除法对正丁烷做特征变量提取时，入选的波数位置相对较多，体现出后向剔除法的一个弊端，即非必要变量一旦被保留将不会再被剔除，说明后向剔除法不适合像正丁烷这样吸收峰不明显的气体的特征变量提取。

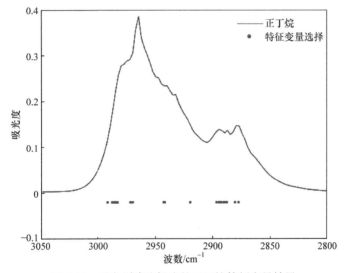

图 5.18 后向剔除法提取的正丁烷特征变量结果

以后向剔除法对正丁烷所做的特征变量提取结果建立浓度线性预测模型，表达式为

$$\begin{aligned}
f_{正丁烷} &= 0.0488v_{2992} + 0.0714v_{2988} + 0.0776v_{2987} + 0.0500v_{2986} + 0.0955v_{2985} \\
&\quad + 0.0899v_{2984} + 0.1002v_{2983} + 0.1159v_{2972} + 0.1246v_{2970} + 0.0908v_{2943} \\
&\quad + 0.0905v_{2942} + 0.0552v_{2920} + 0.0510v_{2897} + 0.0517v_{2895} + 0.0514v_{2894} \\
&\quad + 0.0507v_{2893} + 0.0839v_{2891} + 0.0490v_{2890} + 0.0492v_{2888} + 0.0532v_{2881} \\
&\quad + 0.0534v_{2878} - 0.0025
\end{aligned} \tag{5.11}$$

利用式(5.11)分别对浓度为 0.02%、0.2%和 0.5%的甲烷、乙烷、丙烷、异丁烷、正丁烷进行测试，测试结果如表 5.6 所示。

表 5.6　后向剔除法提取的正丁烷特征变量交叉灵敏度测试结果

气体组分	第 1 组			第 2 组			第 3 组		
	实际浓度/%	预测浓度/%	交叉灵敏度/%	实际浓度/%	预测浓度/%	交叉灵敏度/%	实际浓度/%	预测浓度/%	交叉灵敏度/%
甲烷	0.02	0.0019	9.50	0.2	0.0034	1.71	0.5	0.0194	3.89
乙烷	0.02	0.0052	26.02	0.2	0.0374	18.72	0.5	0.0973	19.46
丙烷	0.02	0.0057	28.50	0.2	0.0382	19.11	0.5	0.0991	19.82
异丁烷	0.02	0.0063	31.51	0.2	0.0432	21.60	0.5	0.1231	24.62
正丁烷	0.02	0.0178	—	0.2	0.2002	—	0.5	0.4974	—

当测试的正丁烷浓度较低时，所得到的预测浓度与实际浓度偏差较大。利用后向剔除法对正丁烷所做特征变量提取，乙烷、丙烷、异丁烷对正丁烷的交叉灵敏度较高，主要在 18.72%～31.51%，甲烷对正丁烷的交叉灵敏度普遍较小，所以后向剔除法不适宜做红外光谱交叠气体的特征变量提取，提取的特征变量结果不适宜做测试浓度较低时的预测。前向选择法和后向剔除法是基于标定数据偏差进行优化，若只基于验证数据的偏差进行优化，则会导致过拟合。

5.3.4　遗传-偏最小二乘法

在红外光谱的特征变量提取中，遗传-偏最小二乘法是一种常用的方法。该方法结合了遗传算法和偏最小二乘法的优点：偏最小二乘法在处理高维、样本数远小于变量数、冗余信息多的数据方面有很好的优越性，遗传算法在寻找全局最优上有很好的优越性。将两种方法相结合，利用偏最小二乘进行数据的降维和回归，遗传算法提供不同的初始特征变量和变量重组，根据偏最小二乘回归的特征变量寻求最优的特征变量组合。

1. 候选谱线的选择

甲烷 3016cm⁻¹ 处谱线的吸收比大于其他气体的吸收比，是甲烷的主吸收峰，在该谱线两侧，甲烷红外光谱呈锯齿状。实际上，甲烷的实际红外光谱只在锯齿的吸收峰处有一条谱线，图 5.17 中呈现的锯齿状是实际光谱与切趾函数的卷积，与分辨率较低有关。因此，甲烷吸收峰处的光谱值的非线性较为严重。另外，对于这些谱线，甲烷的吸收比较大，对其他气体的交叉灵敏度自然也较高。甲烷锯齿形光谱的谷底谱线则刚好相反，其线性度相对较好，甲烷对其他气体的交叉灵敏度也小。除 3016cm⁻¹ 处谱线外，选择甲烷红外光谱的谷底谱线作为候选谱线，可以降低特征谱线的非线性度，降低交叉灵敏度。

2. 参数设置

采用遗传-偏最小二乘法提取甲烷特征变量，设置的参数如表 5.7 所示。

表 5.7 遗传-偏最小二乘法参数设置

参数	参数值
种群大小	30
适应性函数	CV%(交互验证偏差)
初始染色体上的最大变量数	30
交叉概率	50%
变异概率	1%
最大迭代次数	14

利用遗传-偏最小二乘法提取的甲烷特征变量结果如图 5.19 所示，图中的圆点表示提取的特征变量在红外光谱图所处的位置。随迭代次数推进，交叉验证得到的均方根变化曲线如图 5.20 所示。提取的特征变量的谱线的波数位置按选入顺序分别为 $3012cm^{-1}$、$3015cm^{-1}$、$3018cm^{-1}$、$3020cm^{-1}$。用上述 4 条谱线建立甲烷浓度线性预测模型，表达式为

$$f_{甲烷} = 2.717v_{3012} - 1.8861v_{3015} + 8.4359v_{3018} - 12.2951v_{3020} + 0.0003 \quad (5.12)$$

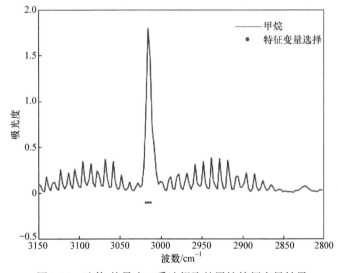

图 5.19 遗传-偏最小二乘法提取的甲烷特征变量结果

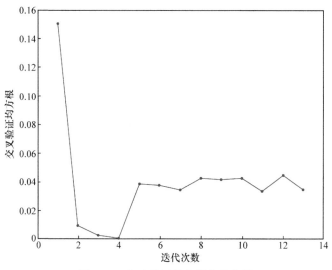

图 5.20　交叉验证均方根变化曲线

依然用 5.3.2 节测试集的 3 组样本进行交叉灵敏度测试,测试结果如表 5.8 所示。利用遗传-偏最小二乘法提取的甲烷特征变量所做的分析模型对甲烷气体的浓度预测相对误差很小,测试结果优于前向选择法和后向剔除法,但乙烷对甲烷的交叉灵敏度较大,最高超过 20%,与前向选择法得到的结果相近。

表 5.8　遗传-偏最小二乘法提取的甲烷特征变量交叉灵敏度测试结果

气体组分	第 1 组			第 2 组			第 3 组		
	实际浓度/%	预测浓度/%	交叉灵敏度/%	实际浓度/%	预测浓度/%	交叉灵敏度/%	实际浓度/%	预测浓度/%	交叉灵敏度/%
甲烷	0.02	0.0198	—	0.2	0.2004	—	0.5	0.5008	—
乙烷	0.02	−0.0041	20.71	0.2	0.0253	12.32	0.5	0.0567	11.32
丙烷	0.02	0.0015	7.58	0.2	0.0089	4.33	0.5	0.0198	3.95
异丁烷	0.02	0.0013	6.57	0.2	0.0075	3.65	0.5	0.0172	3.43
正丁烷	0.02	0.0013	6.57	0.2	0.0021	1.02	0.5	0.0038	0.76

利用遗传-偏最小二乘法对正丁烷做特征变量提取,与对甲烷做特征变量提取的过程一样,得到的结果如图 5.21 所示,提取的特征变量谱线的波数位置按选入顺序分别为 2894cm^{-1}、2879cm^{-1}、2878cm^{-1}。用遗传-偏最小二乘法对正丁烷所做的特征变量提取结果建立浓度线性预测模型,表达式为

$$f_{正丁烷} = 1.2496v_{2894} + 1.3193v_{2879} + 1.2967v_{2878} - 0.0015 \tag{5.13}$$

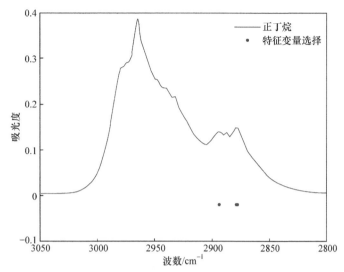

图 5.21 遗传-偏最小二乘法提取的正丁烷特征变量结果

分别将不同浓度甲烷、乙烷、丙烷、异丁烷、正丁烷红外光谱图相应谱线值代入式(5.13)计算各自浓度，并用式(5.8)计算交叉灵敏度，结果如表 5.9 所示。

表 5.9 遗传-偏最小二乘法提取的正丁烷特征变量交叉灵敏度测试结果

气体组分	第 1 组			第 2 组			第 3 组		
	实际浓度/%	预测浓度/%	交叉灵敏度/%	实际浓度/%	预测浓度/%	交叉灵敏度/%	实际浓度/%	预测浓度/%	交叉灵敏度/%
甲烷	0.02	0.0012	6.94	0.2	0.0013	0.64	0.5	0.0056	1.12
乙烷	0.02	0.0039	19.52	0.2	0.0313	15.65	0.5	0.1263	25.26
丙烷	0.02	0.0031	15.53	0.2	0.0341	17.05	0.5	0.1287	25.74
异丁烷	0.02	0.0058	29.01	0.2	0.0537	26.85	0.5	0.1264	25.28
正丁烷	0.02	0.0197	——	0.2	0.2003	——	0.5	0.4996	——

利用遗传-偏最小二乘法提取正丁烷的特征变量所做的预测模型对正丁烷的浓度预测误差很小，测试结果优于前向选择法和后向剔除法，但是乙烷、丙烷、异丁烷对正丁烷的交叉灵敏度较高，范围为 15.53%～29.01%。主要是由于乙烷、丙烷、异丁烷、正丁烷的红外光谱交叠较为严重。遗传-偏最小二乘法同样不适宜做红外光谱交叠严重的气体的特征变量提取。

利用遗传-偏最小二乘法对正丁烷所做的特征变量提取结果相比对甲烷所做的特征变量提取结果较差，对其余测试样本的交叉灵敏度较高。经过多次运算，每次的初始种群为随机数据，最终结果会有所变化，最终误差波动范围为 1%～

20%。可以看出，遗传-偏最小二乘法的优点很显著，不需要人为控制初始种群和特征变量的重组，一切的操作都由遗传算法完成，不容易陷入局部最优，是一种非常高效的算法。

遗传-偏最小二乘法的缺点在于，初始种群都是随机产生的，每次的交叉变异都是概率发生的，该方法选择出来的特征变量存在一定的随机性。可以进行多次重复试验，通过比较多次寻优的结果来保证方法的鲁棒性。例如，对数据计算 100 次，选取出现频率超过 90%的特征点作为最终的特征变量。

5.3.5　套索算法

数学模拟软件自带有套索算法工具箱，可以满足一般特征变量提取需求，本节采用该工具箱中的函数进行特征变量提取。

用 6 组样本建立套索算法回归模型，惩罚因子 λ 的值是一个关键因子，影响着回归系数 0 的个数，采用步进方法对 λ 的值进行确定，设置范围为 0.001～0.2，步长为 0.002，以交叉验证均方根为评价标准进行选择。具体算法如下：

```
[b,c]=lasso(X,Y,'CV',5);
lassoPlot(b,c,'plottype','CV');
```

b 为一个 42 次迭代的回归系数矩阵，利用一个样本从 42 组回归系数选择误差最小的一组作为最后提取的回归系数。

```
e=zeros(42,1);
for i=1:42
e(i)=abs((B_6'*b(:,i)-y2)/y2);   %利用一个样本进行回归系数
                                    的选择
end
(x'*b(:,a)-y)/y;
```

对套索算法回归系数的均方根误差进行交叉验证，绘制交叉验证效果图，即交叉验证效果对象，如图 5.22 所示。对于每一个 λ 值，在点所示目标参量的均值附近可以得到一个目标参量的置信区间。两条虚线分别指示两个特殊的 λ 值。最小目标参量均值是指在所有的 λ 值中使得目标参量均值最小的 λ 值，方差范围内最简单模型值是指最小目标参量均值在一个方差范围内得到最简单模型的 λ 值。λ 值达到一定大小之后，继续增加模型自变量个数即缩小 λ 值，并不能很显著地提高模型性能，方差范围内最简单模型值给出的就是一个具备优良性能但自变量个数最少的模型。

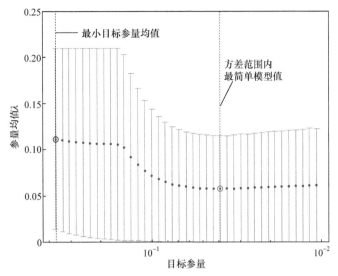

图 5.22　套索算法回归的交叉验证效果图

　　绘制回归系数随 λ 值的变化曲线，如图 5.23 所示。图中每条曲线代表对应变量的正则化路线，随着 λ 值的减小，回归系数的非零个数逐渐降低，这样就实现了对变量的提取。迭代次数的增加扩大了数值的变化路径，经过套索算法回归后，从 14 个变量中提取 3～6 个变量，得到一个稀疏矩阵。最终选择的 λ 值为 0.012，得到的非零系数个数为 3，这样选择了 3 个特征变量。

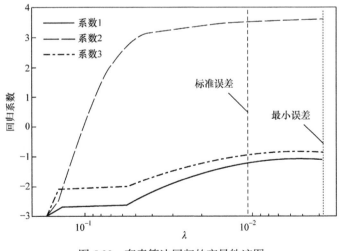

图 5.23　套索算法回归的变量轨迹图

　　图 5.24 为甲烷样本在 3150～2800cm^{-1} 波数范围内使用套索算法选取的特征变量结果。最终确定甲烷的浓度线性预测模型表达式为

$$f_{甲烷} = -1.768v_{3020} + 3.3151v_{3016} - 1.547v_{3012} - 0.0012 \tag{5.14}$$

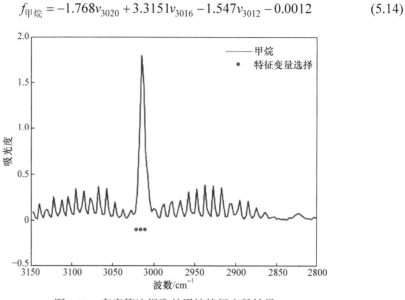

图 5.24 套索算法提取的甲烷特征变量结果

再将不同浓度的 5 种烷烃样本气体的光谱图相应谱线值依次代入式(5.14),得到各自分析结果,并根据式(5.8)计算各组分气体对甲烷特征变量的交叉灵敏度,测试结果如表 5.10 所示。从表中可以看出,利用套索算法提取的甲烷特征变量所做的预测模型对不同浓度甲烷的预测结果较好,且其他气体对甲烷的交叉灵敏度较低,均在 8%以下,而前述特征提取方法得到的结果均有超过 20%的组分。

表 5.10　套索算法提取的甲烷特征变量交叉灵敏度测试结果

气体组分	第 1 组			第 2 组			第 3 组		
	实际浓度/%	预测浓度/%	交叉灵敏度/%	实际浓度/%	预测浓度/%	交叉灵敏度/%	实际浓度/%	预测浓度/%	交叉灵敏度/%
甲烷	0.02	0.0206	—	0.2	0.2016	—	0.5	0.487	—
乙烷	0.02	0.0014	6.65	0.2	0.0048	2.29	0.5	0.0025	0.52
丙烷	0.02	0.0016	7.58	0.2	0.0025	1.22	0.5	0.0041	0.84
异丁烷	0.02	0.0013	6.27	0.2	0.0024	1.14	0.5	0.0039	0.80
正丁烷	0.02	0.0011	5.18	0.2	0.0012	0.6	0.5	0.0015	0.31

利用套索算法对正丁烷做特征变量提取,与对甲烷做特征变量提取的过程一样,得到的结果如图 5.25 所示,提取的特征变量谱线的波数位置按选入顺序分别为 2989cm⁻¹、2986cm⁻¹、2985cm⁻¹、2984cm⁻¹。

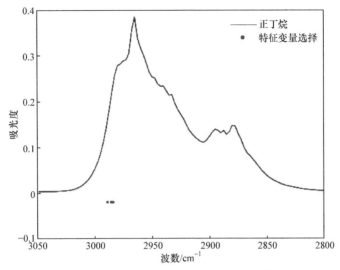

图 5.25　套索算法提取的正丁烷特征变量结果

以套索算法对正丁烷所做的特征变量提取结果建立浓度线性预测模型，即

$$f_{正丁烷}=1.698v_{2989} + 2.133v_{2986} + 1.444v_{2985} - 3.547v_{2984} - 0.0054 \qquad (5.15)$$

利用式(5.15)和式(5.8)分别对不同浓度甲烷、乙烷、丙烷、异丁烷、正丁烷进行浓度计算与交叉灵敏度测试，测试结果如表 5.11 所示。

表 5.11　套索算法提取的正丁烷特征变量交叉灵敏度测试结果

气体组分	第 1 组			第 2 组			第 3 组		
	实际浓度/%	预测浓度/%	交叉灵敏度/%	实际浓度/%	预测浓度/%	交叉灵敏度/%	实际浓度/%	预测浓度/%	交叉灵敏度/%
甲烷	0.02	0.0013	6.52	0.2	0.0015	0.75	0.5	0.0022	0.44
乙烷	0.02	0.0019	9.50	0.2	0.0102	5.11	0.5	0.0321	6.42
丙烷	0.02	0.0018	9.03	0.2	0.0124	6.21	0.5	0.0264	5.28
异丁烷	0.02	0.0017	8.51	0.2	0.0141	7.05	0.5	0.0432	8.64
正丁烷	0.02	0.0192	—	0.2	0.2005	—	0.5	0.4988	—

利用套索算法对正丁烷所做的特征变量提取结果相对于其他方法表现良好，对其余测试样本的交叉灵敏度也较低，均在 10%以下，所以套索算法适宜实现红外光谱交叠气体的特征变量提取。

使用上述四种方法对正丁烷所做的特征变量提取模型对甲烷、乙烷、丙烷、异丁烷样本做测试时发现，交叉灵敏度依次增大，这与测试样本的红外光谱图与正丁烷红外光谱图的相似度及其线性度有很大的关系。由此可见，甲烷、乙烷、丙烷、异丁烷的吸收光谱图的独立性逐渐降低，线性度也逐渐降低。

特征变量选取是光谱分析的一个重要部分，变量数远远大于样本数，特征变量选取尤为重要。前几种方法的相对误差和特征变量个数汇总见表 5.12。

表 5.12 各特征变量提取方法相对误差比较

方法	相对误差/%	特征变量个数
前向选择法	2.75	12
后向剔除法	5.77	10
遗传-偏最小二乘法	0.45	4
套索算法	2.13	3

从表 5.12 可以看出，遗传-偏最小二乘法相对误差最小，该算法的随机性较强，需要根据实际情况设置参数，且需多次运行选择合适的特征变量。前向选择法和后向剔除法虽然可以提高多项式的阶次来扩展其应用范围，但当多项式的参数过多、阶次过高时，参数求解的矩阵趋于奇异矩阵，反而可能增大分析误差。上述三种方法均不适宜做红外光谱交叠气体的特征变量提取。套索算法是一种压缩估计，通过构造一个罚函数得到较为精炼的模型，设定部分系数为零，保留子集收缩的优点，是一种处理具有复共线性数据的有偏估计。与前面的特征变量选择方法相比，套索算法对参数的调整是连续的。

以上只是几种典型算法的举例，每种算法都有各自的优缺点，且根据实际处理样本的不同可以进行参数和方法的调整。

特征变量提取方法包括子集选择、收缩方法、维数缩减。

(1) 子集选择。这是传统的方法，包括逐步回归和最优子集法等，对可能的部分子集拟合线性模型，利用判别准则决定最优的模型，如前向选择法、后向剔除法等，缺点是容易过拟合。

(2) 收缩方法。收缩方法又称正则化，主要是岭回归和套索回归。通过对最小二乘估计加入罚约束，使某些系数的估计为 0。岭回归的主要作用是消除共线性，并不能压缩变量个数，不用于变量选择。套索回归能压缩变量个数，起到降维的作用，常用于变量选择。

(3) 维数缩减。常用的维数缩减方法有主成分回归和偏最小二乘回归的方法，原理是把 p 个预测变量投影到 m 维空间($m < p$)，利用投影得到的不相关的组合建立线性模型，选择变量常作为算法与其他变量选择方法相结合[10]。

在光谱分析中最常用的方法是包装法和嵌入法，从上述介绍和例子可以看出，以前向选择法和后向剔除法为代表的包装法耗时长，属于典型的贪心算法，训练过程完全依赖于训练样本，很容易过拟合。相比之下，嵌入法在原本带有降维功能的算法基础上进行操作，能有效降低特征选择的复杂性，附带算法自身的优势，得到更为理想的效果。

5.4　本 章 小 结

在处理光谱数据时，谱线太多会增大计算量和增加分析问题的复杂性，利用降维的思想和特征变量提取方法把多指标转化为少数几个综合指标。光谱常见的特征变量为峰高、峰面积、导数光谱、吸光度等。本章介绍了常用的过滤法、包装法、嵌入法等特征提取方法。

前向选择法是一个简单的贪心搜索算法，特征子集从空集开始，每次选择一个特征 X 加入特征子集，使得特征函数最优，当有少量的特征时，前向选择法的效果最好。前向选择法的主要缺点是只能加入特征而不能去除特征。后向剔除法和前向选择法的工作原理相反，它从特征全集开始，每次从特征集剔除一个特征 X，使得特征函数最优，当存在大量特征时，后向剔除法的效果最好，因为后向剔除法花费了大量的时间在访问特征集上。缺点是当一个有用的特征被丢弃后不能再次加入。

正则化模型的主要作用在于提高泛化能力，防止过拟合。L_1 正则化和 L_2 正则化可以看成损失函数的惩罚项，惩罚是指对损失函数的某些参数做一些限制。对于线性回归模型，使用 L_1 正则化的模型叫作套索算法回归，使用 L_2 正则化的模型叫作岭回归。遗传算法是一种高效且广泛应用的全局优化算法，通过对所选特征变量进行编码，为每个染色体建立一种模型，将模型误差量化并作为适应度函数。该算法允许最适应的染色体生存和繁殖，极大限度地减小了随后几代的误差函数。非线性回归模型常可以通过数学变换转化为线性回归模型，然后再运用线性回归分析方法进行分析。

参 考 文 献

[1] Tang X, Liang Y, Dong H, et al. Analysis of index gases of coal spontaneous combustion using Fourier transform infrared spectrometer[J]. Journal of Spectroscopy, 2014, 414:1-8.

[2] Tang X, Li Y, Zhu L, et al. On-line multi-component alkane mixture quantitative analysis using Fourier transform infrared spectrometer[J]. Chemometrics and Intelligent Laboratory Systems, 2015,146: 371-377.

[3] Kaushik S. Introduction to Feature Selection methods with an example (or how to select the right variables?)[EB/OL]. https://www.analyticsvidhya.com/blog/2016/12/introduction to feature selection methods with an example or how to select the right variables/[2021-4-20].

[4] 马立平. 多元线性回归分析——现代统计分析方法的学与用(十)[J]. 数据, 2000, (10): 38-39.

[5] Griffiths P R, De Haseth J A. Fourier Transform Infrared Spectrometry[M]. New York: John Wiley

& Sons, 2007.

[6] 张世芝, 胡树青, 张明锦. 基于回归系数的变量筛选方法用于近红外光谱分析[J]. 计算机与应用化学, 2012, 29(2): 227-230.

[7] 汤晓君, 张蕾, 王尔珍, 等. 一种改进型多组分气体的 Tikhonov 正则化特征光谱提取方法[J]. 光谱学与光谱分析, 2012, 32(10): 2730-2734.

[8] 武广号, 文毅. 遗传算法及其应用[J]. 应用力学学报, 1996, 13(2): 93-97.

[9] 王惠文, 孟洁. 多元线性回归的预测建模方法[J]. 北京航空航天大学学报, 2007, 33(4): 500-504.

[10] 周长玉. 傅里叶变换红外光谱仪的定量分析方法[J]. 内蒙古石油化工, 2004, 30(5): 81-82.

第6章　煤矿气体红外光谱分析系统

前述章节介绍了 FTIR 的工作原理和多组分气体分析方法，本章在此基础上，介绍煤矿气体红外光谱分析系统的结构及其使用方法。由于应用场合及使用方式的特殊性，仪器的整个结构和傅里叶变换红外光谱气体扫描的方法也与常规 FTIR 有所不同，本章也将对其做详细介绍。

6.1　煤矿气体红外光谱分析系统主要部件

煤矿气体红外光谱分析系统由气路部分、光路部分、通信部分与数据处理部分组成。气路部分包括真空泵、采气室、除尘器、防腐蚀气体池，光路部分主要是 FTIR，数据处理部分包括工控机、温度与湿度检测模块等，通信部分主要包括工控机与上位机、数据传输单元等。电源模块给 FTIR、工控机、温度与湿度检测模块等供电。图 6.1 为系统结构框图。整个系统的工作流程为：气体泵将煤矿现场各个工作区采样点的气体通过束管抽送至地面上，抽送上来的气体经过气体除尘、除湿装置后，进入 FTIR 的气体池，利用分析软件得到气体浓度数据，最后将数据上传至服务器。工控机负责读取温度、湿度、压力及氢气传感器的数据，控制气体泵的转速来调节气体流量、控制双气体池切换装置，实现气体池的自动切换，与上位机的通信，将采集到的数据传输到上位机，上位机经过网络将数据上传至服务器。

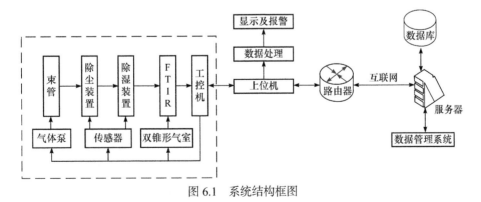

图 6.1　系统结构框图

6.1.1 红外光谱仪

FTIR 是煤矿气体红外光谱仪的核心部件，FTIR 性能参数会直接影响到多组分气体光谱吸光数据的准确度。光谱仪的波数分辨率关系到待分析物质成分红外光谱之间的交叠程度，光程关系到样品分析的分辨率，扫描光谱的波数范围(波长范围)关系到可以分析哪些物质成分。因此，光谱仪的选型对气体分析非常重要，直接关系到仪器的最终性能是否满足要求。

1. 波数范围

煤矿井下环境气体的主要成分包括甲烷、乙烷、丙烷、异丁烷、正丁烷、乙烯、丙烯、乙炔、一氧化碳、二氧化碳、六氟化硫、氢气和氧气[1]。氢气和氧气在中红外区没有吸收，需要用其他传感器来进行检测，其他组分中红外区吸收光谱图如图 6.2 所示。煤矿气体在 400～4000cm^{-1} 波数范围(即中红外区)内均具有较强的吸收光谱，这是红外光谱仪实现煤矿气体红外光谱定量分析的基础[2]。

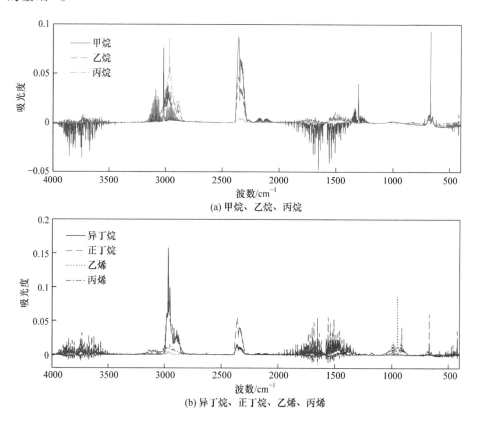

(a) 甲烷、乙烷、丙烷

(b) 异丁烷、正丁烷、乙烯、丙烯

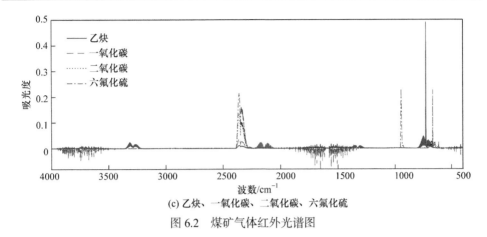

(c) 乙炔、一氧化碳、二氧化碳、六氟化硫

图 6.2　煤矿气体红外光谱图

2. 波数分辨率

从图 6.2 可以看出，烷烃气体在 2800~3050cm^{-1} 范围内的吸光率高，在其他波数段要低很多，若要获得良好的分辨率，烷烃气体最好用这一波数段的谱线来进行分析。烷烃气体在这一波数段的红外光谱交叠严重，而在实际的煤矿气体中，甲烷的浓度通常远比其他组分高。在设置光谱波数分辨率时，最好使得在这一波数段内存在甲烷几乎不吸收的谱线，可以采用这一部分谱线来分析其他烷烃组分，避免大浓度甲烷带来的影响。

图 6.3 给出了波数分辨率分别为 4cm^{-1}、2cm^{-1} 和 1cm^{-1} 时，1%浓度的甲烷、乙烷和丙烷在 2880~3100cm^{-1} 范围内的红外光谱图。从图中可以看出，随着分辨率的提高(波数数值减小)，甲烷的吸收峰逐渐收窄。当波数分辨率为 2cm^{-1} 时，出现甲烷吸光度几乎为零的谱线，当波数分辨率进一步提升到 1cm^{-1} 时，甲烷吸光度几乎为零的谱线占比提升到 1/3。当波数分辨率为 4cm^{-1} 时，乙烷红外光谱几乎

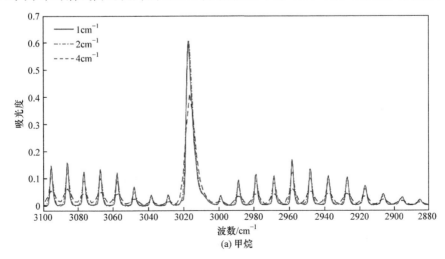

(a) 甲烷

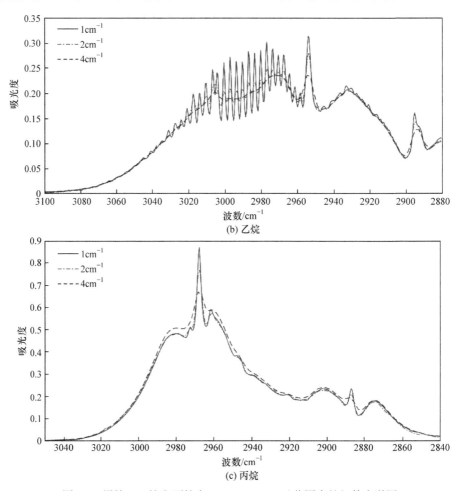

图 6.3　甲烷、乙烷和丙烷在 2880～3100cm⁻¹ 范围内的红外光谱图

是一条比较光滑的曲线，而当波数分辨率为 2cm⁻¹ 时，在 2955～3025cm⁻¹ 范围内出现了明显的正弦波状细吸收峰，当波数分辨率进一步提升到 1cm⁻¹ 时，这个区间的正弦波状吸收峰的幅值明显提高，已超过波数分辨率为 2cm⁻¹ 时的 4 倍。从图 6.3(c)可以看出，随着波数分辨率的提升，2968cm⁻¹ 处丙烷吸收峰收窄，当波数分辨率为 4cm⁻¹ 时，丙烷红外光谱图在 2962cm⁻¹ 处没有明显的峰，而当波数分辨率提升到 2cm⁻¹ 时，该处有明显的凸起，当波数分辨率进一步提升到 1cm⁻¹时，该处的凸起更加明显，相比于甲烷和乙烷，波数分辨率对丙烷的影响明显降低。这说明波数分辨率提高可以获得更多的红外光谱信息，有利于提高分析的准确性。

　　随着光程差的增大，干涉信号越来越弱，由于信号调理电路中的噪声水平及采集卡的量化噪声水平基本维持不变，信噪比越来越差。傅里叶变换是线性变换，波数分辨率是光程差的倒数，其数值越小，要求光程差越大，使得红外光谱图的信噪比降低。分辨率要求越高，光谱仪的成本也越高。选择光谱仪时，并不是波数分辨率越高越好。当波数分辨率提升到 $1cm^{-1}$ 时，煤矿气体中的甲烷与其他组分气体红外光谱交叠已明显减小，乙烷已有了明显的吸收特征峰。丙烷红外光谱虽然无更大的改观，与异丁烷、正丁烷红外光谱交叠依然较严重，但后两种是次要气体，且吸光度高。因此，$1cm^{-1}$ 分辨率有望成为煤矿气体检测的合理选择[3]。

3. 光程

光谱吸光度与光程成正比，光程越大，气体检测的灵敏度越高，但光路的校准也变得越来越困难，气体浓度较大时，部分谱线可能吸收饱和。因此，对于气体的光谱定量分析，必须根据需要合理选择光程，长光程气室大多采用多次反射来实现。光谱仪光源发出的光经准直后只是近似平行光，不同路径的光的相位存在偏差，多次反射后，到达探测器上的光的相位可能存在较大偏差，使得探测信号信噪比降低。若采用圆筒形气室，考虑到光散射问题，必须增大气室的直径，使得气体容积大。一方面，增大了标定时气体的需求，造成浪费；另一方面，在线分析时，动态特性较差。

确定光程时，用户可以从谱图库查询目标气体和干扰气体的红外光谱图，以及其在不同波数位置的吸光度，根据其灵敏度与交叠情况确定光程。大多数 FTIR 都配备了一个 10cm 长的圆筒形气室，如果有条件，也可以先扫描各待测气体的单组分气体光谱，建立一个简单的线性化分析模型，根据分析结果的噪声水平来初步选择光程。如果低浓度样品分析结果的噪声水平较高，超过浓度检测限要求，则需要增大光程。例如，低浓度样品经分析得到的结果的噪声水平是要求检测限的 2 倍，则光程应增大一倍。理论上，吸光度对气体浓度的灵敏度与光程成正比，由于光散射等原因，通常情况下，随着光程的增大，灵敏度与光程的比例系数减小。灵敏度不够时，需要增加的光程比计算值要大一些。

选用 FTIR 需要考虑温漂抑制能力和时漂参数。煤矿气体红外光谱仪需要长时间监测井下的气体分布状况，如果设备内部的 FTIR 随温度和时间漂移严重，将会直接导致气体监测结果失真，要严格避免。部分光谱仪本身具有自动校正的能力，如 Tensor 27 型 FTIR 具备谱线位置校正能力。工作一段时间后，重选扫描背景，即可自动校正谱线位置。校正后的谱线位置会有微弱的偏差，约 $0.02cm^{-1}$，对煤矿气体的分析来说，这个偏差引入的气体浓度偏差可以承受。还有一些光谱仪配备了谱线位置校准标准物，需要手动校正，如 Spectrum Two 型 FTIR。

FTIR 采用黑体光源、DTGS 红外探测器，其响应范围为 $350\sim7800cm^{-1}$，最小光电转换率为 50V/W，光谱扫描分辨率优于 0.5cm⁻¹，光谱扫描重复性高，满足上述相关要求。图 6.4 为研发的煤矿气体红外光谱仪内部结构图。本章后续内容主要介绍该光谱仪在煤矿气体检测中的功能部件及在煤矿现场中的应用。

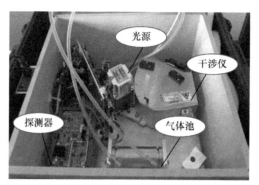

图 6.4　煤矿气体红外光谱仪内部结构图

依照上述要求并结合监测设备小型化的设计理念，Alpha 型 FTIR 和 Spectrum Two 型 FTIR 也可以满足相关要求。Spectrum Two 型 FTIR 的光谱测量范围为 350～8000cm⁻¹，光谱分辨率可以达到 0.5cm⁻¹，信噪比为 14500，其外观如图 6.5 所示。

Alpha 型 FTIR 的光谱测量范围为 370～7800cm⁻¹，测量分辨率优于 0.8cm⁻¹，信噪比为 20000，其外观如图 6.6 所示。

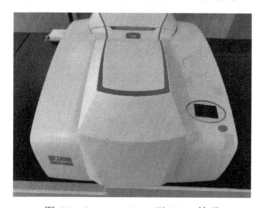

图 6.5　Spectrum Two 型 FTIR 外观

图 6.6　Alpha 型 FTIR 外观

6.1.2　微型工控机

工控机是煤矿气体红外光谱仪的重要组成部件，主要负责傅里叶变换红外光谱的读取，与氢气传感器交互信息，除尘除湿设备里电机的控制，温度、湿度、压力传感器数据的读取，控制电磁阀的切换来实现双气体池切换，与上位机进行通信等功能。

工控机的选型要基于以下四点：①尺寸方面，设计中的气体监测仪是一套小型化、便携化的设备，因此其内部的工控机最好具备紧凑化的特性，尺寸和重量都不宜过大。②扩展接口方面，扩展接口数量和类型要够用，气体监测仪中的工控机至少需要连接红外光谱仪、温度与湿度传感器、压力传感器、键盘和鼠标，还需要预留接口给其他需要加装的功能模块。因此，所选择的工控机必须要有 4 个以上的 USB 通信口和 2 个 RJ45 以太网接口。③硬件配置方面，由于要运行的控制程序计算量较大，且有多线程操作需处理，因此工控机的硬件配置不宜太低，硬盘容量也不宜太小。④系统架构方面，由于上位机采用的编程语言是 C#，只能选用基于 X86 架构的计算机，对于基于 ARM 架构的嵌入式系统，如树莓派、Arduino 板等，无法作为选择对象。

本书所选的用于充当煤矿气体红外光谱仪控制核心的工业控制计算机是 ARK1122 微型工控机，其外观如图 6.7 所示。这款产品运用超小型无风扇的设计，尺寸仅为 134mm×94mm×43mm，工控机内部采用 Atom 系列 N2600 型双核处理器，主频为 1.6GHz，总体最低能耗仅为 10W。

图 6.7　ARK1122 微型工控机外观

6.1.3　传感器

除了 FTIR 和工控机这两个主体部件，煤矿气体红外光谱仪还会加装一些功能性组件，以满足不同场合的应用需求。对于便携式气体监测仪整体的构建，监测传感器等附属模块的选型在设计时应尽可能使用厂商推荐的典型应用电路，或者直接选取带有标准通信协议格式输出的商用器件，避免在次要内容上耗费大量的时间和精力。

1. 氢气传感器

氢气分子是非极性的双原子分子，在振动和转动时偶极矩并不会发生改变，不具备红外活性，没有红外光谱，不能利用 FTIR 来进行监测。然而，对氢气的监测是煤矿气体在线监测领域中较为重要的一环。为了解决这一问题，气体在线监测仪加装了氢气传感器。

如图 6.8 所示，选用电化学式的氢气传感器，其测量范围为 $0\sim2000\times10^{-6}$，测量分辨率为 1×10^{-6}，主要性能指标如表 6.1 所示。

图 6.8　氢气传感器及变送模块图片

表 6.1　氢气传感器的主要性能指标

参数类型	参数指标
系统响应时间	小于 30s
工作电压	直流 24V
工作温度范围	$-20\sim50℃$
工作湿度范围	$0\sim95\%$

为了方便工控机对氢气传感器的控制，选用输出标准为 RS485 协议的变送模块，编写通信协议，再通过连接一个 RS485/USB 转换器的方式来实现氢气传感器和工控机之间的通信。设置 RS485 异步串行通信参数为：起始位 1、数据位 8、停止位 1、无校验、波特率为 9600，每一通信帧的格式如表 6.2 所示。

表 6.2　每一通信帧格式

H	设备类型	目标 Adr	D	C	结束符
数据头，2 个字节的 FFH	固化为 01H	默认为 01H	数据块	校验码，1 个字节	DDH

寄存器地址定义为 006CH，传感器发送数据块定义如表 6.3 所示。工作状态为一个字节，00 表示正常工作，01 表示超过低段报警值报警，02 表示超过高段报警值报警，其他值表示传感器故障。实时浓度为 3 个字节，范围是 $0\sim999999$，小数点位占用一个字节，00 表示无小数，01 表示 1 位小数，02 表示 2 位小数，

03 表示 3 位小数，04 表示 4 位小数。

表 6.3　传感器发送数据块定义

FF FF	01	01	0C	A1	00 6C	07
数据头	设备类型	目标 Adr	数据长度	功能	寄存器地址	字节长度
01	00 04 75	00	04	02	92	DD
工作状态	实时浓度	小数点	气体名称	单位	校验和	结束符

上位机发送请求代码，数据长度为 2，功能码为 05，传感器接收到的正确应答为：数据长度为 2，功能码为 A5；错误应答为：数据长度为 2，功能码为 E5。例如，上位机发送数据为 FF FF 01 01 02 05 05 DD，调零成功时，传感器应答数据为 FF FF 01 01 02 A5 A5 DD。上位机读取传感器数据指令如表 6.4 所示。

表 6.4　读取传感器数据指令

数据类别	数值
数据长度	5
功能码	01
寄存器高地址	ADRH
寄存器低地址	ADRL
字节长度	N

传感器接收数据应答如表 6.5 所示。例如，读取传感器实时数据时，上位机发送指令为 FF FF 01 01 05 01 00 6C 07 74 DD，传感器应答数据为 FF FF 01 01 0C A1 00 6C 07 00 00 00 08 01 01 00 80 8D。表示测得的氢气浓度为 0.8%，工作状态为允许范围，无报警。

表 6.5　传感器接收数据应答表

数据类别	数值
数据长度	N+5
功能码	A1
寄存器高地址	ADRH
寄存器低地址	ADRL
数据	N
字节长度	N

　　2. 温度、湿度与压力传感器

　　朗伯-比尔定律中，吸光度与气体浓度成比例，这个浓度为摩尔浓度，或者说恒定压力与温度情况下的体积浓度。实际上，一方面，不同区域、不同时间、不同场景中，压力和温度都是变化的；另一方面，气体分析需要得到的浓度为体积浓度。为了将测得值换算成体积浓度，要么将被测气体的压力和温度保持和标定时一样，要么进行补偿。显然，前者同样需要监测压力和温度，还要有温度与压力控制的设备，成本高。后者根据摩尔浓度与体积浓度的换算关系，由测得的温度和压力，以及各气体组分浓度值进行换算，要容易得多，且成本低。考虑到气室窗片上如果有水滴，容易导致光信号发生变化，影响分析结果的准确性。因此，在煤矿气体的光谱分析过程中，最好还要监测被测气体的湿度，避免湿度过大带来的影响。

　　温度、湿度与压力监测常用的设计方案有两种：一种是选择传统的温度、湿度与压力传感器，如选用 Pt100 金属热敏电阻检测温度，设计相关的调理电路，并对其数据结果进行校准和标定，这种测量方法的电路板尺寸相对比较大；另一种是采用新型的温度、湿度、压力传感器，芯片内部集成了调理电路和模数转换芯片，直接的数字输出可以有效减少设计成本和时间，同时设计的电路板体积要远小于传统方式。SHT11 和 CPS120 数字传感器完成温度、湿度和压力的测量及电路的设计，通过 I2C 和 UART 数字总线将数据上传至工控机。

　　温度和湿度测量采用 SHT11 传感器，它是贴片封装的数字化温度与湿度传感器，将传感元件和信号处理电路集成在一块微型电路板上，输出完全标定的数字信号。该传感器将温度与湿度传感器结合在一起，信号放大器、模数转换器、校准数据存储器和非标准 I2C 总线等电路集成在一个芯片内，确保产品具有极高的可靠性与卓越的长期稳定性。传感器包括一个电容性聚合体湿度敏感元件和一个用能隙材料制成的测温元件，在同一芯片上与 14 位的模数转换器以及串行接口电路实现无缝连接。该产品具有响应迅速、抗干扰能力强、性价比高等特点。该传感器能够直接输出数字结果。SHT11 传感器湿度检测运用电容式结构，采用具有不同保护的微型结构检测电机系统与聚合物覆盖层组成传感器芯片的电容，除保持电容式湿度敏器件的原有特性外，还可以抵御来自外界的影响。SHT11 传感器的内部结构示意图和芯片实物图如图 6.9 所示。

　　SHT11 传感器在极为精确的湿度校验室中进行校准，校准系数以程序的形式储存在 OTP 内存中，调用这些校准系数对内部检测信号进行校准。转换的结果存入两线制总线的器件，从而将数字信号转化为 I2C 总线串行数字信号，其数据传输编码如表 6.6 所示。

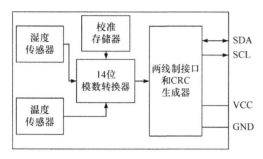

(a) SHT11 传感器内部结构示意图　　　　(b) SHT11 传感器芯片实物图

图 6.9　SHT11 传感器

表 6.6　SHT11 传感器数据传输编码

命令	编码	说明
测量温度	00011	温度测量
测量湿度	00101	湿度测量
读寄存器	00111	"读"状态寄存器
写寄存器	00110	"写"状态寄存器
软复位	1110	重启芯片

SHT11 传感器总线和标准 I2C 总线启动的时序对比如图 6.10 所示。可以看出，SHT11 传感器启动时序不同于标准的 I2C 启动时序，并且 SHT11 传感器的总线没有停止信号，在读取数据时无应答即可认为停止，或者重新启动总线进行下一个通信，在电路设计时可通过单片机 I/O 口来模拟 SHT11 的非标准 I2C 时序。

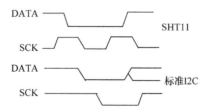

图 6.10　SHT11 传感器总线和标准 I2C 总线启动的时序对比

CPS120 压力传感器是一种低成本电容式 MEMS 绝对压力传感器，该传感器是一款高质量的电容式压力传感器，具有 14 位的高精度模数转换器、快速响应、支持 I2C 和 SPI 通信等特点，利用单晶硅结构作为传感器单元，传感器精度更高，温度漂移更小。CPS120 压力传感器的主要性能指标如表 6.7 所示。

表 6.7　CPS120 压力传感器主要性能指标

参数	参数指标
工作电压/V	2.3～5.5
压力测量范围/Pa	30000～120000
温度测量范围/℃	−40～125
压力测量分辨率/Pa	10
温度测量分辨率/℃	0.015

　　气体监测仪主要工作于矿井等工业环境中，这些环境一般不会存在极端的温度和压力。根据产品标识的性能指标，CPS120 和 SHT11 传感器完全可以满足本套气体监测仪对温度、湿度和压力的监测需求。温度、湿度和压力的读取采用 PIC16F1832 微处理器，芯片采用高性能的 RISC 指令架构，具有自动现场保护的中断功能和灵活的寻址模式，体积小且功耗很低，适合搭建测量系统。PIC16F1832 单片机的主要参数如表 6.8 所示。

表 6.8　PIC16F1832 单片机的主要参数

外设模块名称	参数及特性
模数转换器 ADC 模块	10 位转换位数、8 通道
内部定时器模块	16 位定时器 Time0、Time1、Time2
模拟比较器模块	两路轨对轨模拟比较器
增强型 CCP 模块	通过软件选择基准，PWM 转向
SPI 和 I2C 同步串行总线模块	7 位地址掩码，兼容 SMBus/PMBus
增强型通用同步/一步收发模块	兼容 RS232/RS485，波特率自检

　　温度、湿度、压力测量电路结构框图如图 6.11 所示。CPS120 压力传感器和 SHT11 温湿度传感器测量结果通过 I2C 总线传送至 PIC 单片机，单片机在接收到完整的测量结果后将数据通过 UART 串口传送给工控机。

图 6.11　温度、湿度、压力测量电路结构框图

PIC16F18 系列单片机与工控机的通信电路采用 USB 转换芯片 CP 2012 为核心进行搭建，通过 USB 接口可以方便读取单片机内的数据。基于 CP 2012 的 USB 串口转换原理如图 6.12 所示。计算机通过 USB 收发器将数据传输给 USB 功能控制器，通过 RX Buffer 和 TX Buffer 两个模块实现数据的缓冲，然后由控制器完成数据的格式和时序的转换，最后通过片内的 UART 接口和单片机实现通信。

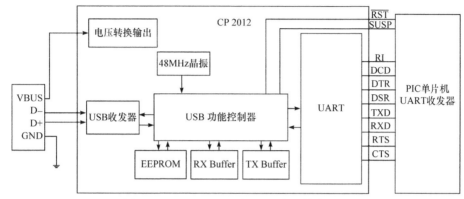

图 6.12　基于 CP 2012 的 USB 串口转换原理

SHT11 温湿度传感器和 CPS120 压力传感器这两款 PIC 器件作为温度、湿度及压力监测模块，通过一个 I2C 转 USB 的转接器来实现其与工控机之间的通信。温度、湿度和压力传感器封装化的实物图如图 6.13 所示。

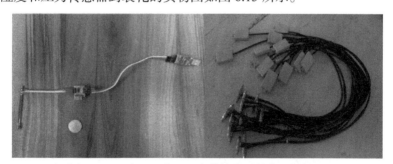

图 6.13　温度、湿度、压力传感器封装化的实物图

6.1.4　除尘除湿装置

由于红外光谱法是基于气体吸收的朗伯-比尔定律，粉尘除容易附着在镜片上，影响仪器性能外，还会在光路中产生反射、折射、吸收等光学特性遮挡光路，影响气体分析结果。在待分析气体进入光谱仪气室之前，最好能除去待分析气体中的粉尘[4]。

常规的气体除尘方法包括干式除尘、过滤除尘、电除尘、等离子体除尘和离心力除尘等。干式除尘只能除去露点以上粉尘。过滤除尘(如袋式除尘)的除尘效果好，常用玻璃纤维和工业涤纶作过滤布，但过滤后的粉尘容易积攒在过滤器表层，造成过滤布堵塞，从而影响到过滤器的性能，需要经常更换，给气体的在线分析造成不便。电除尘同样涉及电极板上的粉尘清除问题。等离子体除尘则会改变某些气体特性，在涉及气体分析的场合是不合适的。离心力除尘是利用含尘气流做圆周运动时，由于惯性离心力的作用，尘粒和气流会产生相对运动，使尘粒从气流中分离出来，除尘除湿装置是旋风除尘器的主要机理，这种方法需要有粉尘袋，需要定期清理。

　　气体在线分析采样需要气泵将待测气体抽至光谱仪中。图 6.14 所示的结构除尘装置由电机、过滤筛、两个抽气螺旋桨、粉尘通道、过滤气体通道和防护罩组成，其中一个抽气螺旋桨安装在电机与过滤筛之间，称为抽气螺旋桨 1，另一个抽气螺旋桨安装在电机的另一侧，称为抽气螺旋桨 2。过滤筛和抽气螺旋桨 1 连接在一起，由电机驱动，抽气螺旋桨 1 在旋转的过程中将其和过滤筛之间抽成负压，从而将外部待分析气体通过过滤筛抽入过滤气体通道中。待分析气体经过滤筛后，粉尘等大颗粒物被过滤筛阻挡在外。过滤筛由于在电气的驱动下处于旋转状态，积攒在过滤筛上的粉尘形成离心力，过滤的粉尘在离心力的作用下从过滤筛上被甩出，进入粉尘通道。抽气螺旋桨 2 将粉尘通道抽成负压，使得粉尘从粉尘通道中排出。装置的进气端和粉尘排出端有防护罩，以避免手伸入装置中受到螺旋桨的伤害。防护罩用不锈钢网罩做成，通过螺纹与装置主体相连。过滤筛的架构用不锈钢网罩做成,过滤布由玻璃纤维或工业涤纶做成,其正面图如图 6.15(a)所示。过滤筛的过滤面应加工成弧面或三角面，以便于粉尘在离心力的作用下从过滤筛上脱离，其剖面图如图 6.15(b)所示。

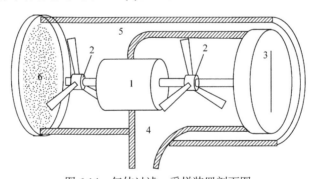

图 6.14　气体过滤、采样装置剖面图
1. 电机；2. 抽气螺旋桨；3. 过滤筛；4. 过滤气体通道；5. 粉尘通道；6. 防护罩

6.1.5　双锥形新型气室

　　气体的光谱在线分析应用中，气路的容积会降低分析系统的动态特性，特别是从矿井用气袋取气，到井口进行分析时更是如此。如果气室容积大，由于其内

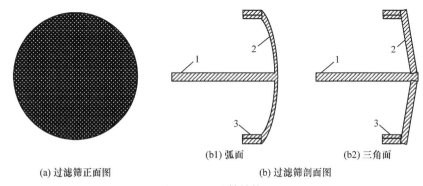

(a) 过滤筛正面图

(b1) 弧面　　　　　(b2) 三角面

(b) 过滤筛剖面图

图 6.15　过滤筛结构图

1. 与电机相连的杆；2. 过滤筛金属支撑网；3. 螺纹

部残留的空气较多，分析结果偏大，应尽可能减小该系统的气路容积[5]。

　　光谱仪气室是圆筒形的，若截面的半径为 r、长度为 l，则气室的容积为 $\pi r^2 l$。光谱仪的光路有一定的截面积，其截面通常是圆形，为保证光路不在气室的窗片及内壁上发生明显的反射，通常气室的截面积比光路的截面积略大，光路在气室的中间形成交叉，形成双锥形。同等底面积和高度的锥形体的体积只有圆筒形的 1/3，在相同气体流速的情况下，气体更新的速度与气室容积成反比。若将气室的内部沿着光路将气室加工成双锥形，则可有效减小气室容积，从而提高气体光谱分析的动态特性，减少气室清洗时间。

　　双锥形气室轴向剖面图如图 6.16 所示，它由窗片、通气孔和气室腔体构成。四个通气孔分列在气室两端，气室在通气孔处的截面图如图 6.17 所示。当通气孔的轴与截面横轴所成角度 θ 为 135°时，两个通气孔处于正对面状态，垂直于两个通气孔轴且靠近气室壁处易形成"死气"。当 90°<θ<135°时，气室中所有的气体流动通畅，不存在"死气"。

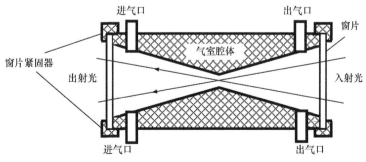

图 6.16　双锥形气室轴向剖面图

　　用直径与常规光谱仪附带气室直径相当的不锈钢柱体作为气室腔体，在其两端分别用车床进行镗孔，加工出两个锥形洞。该锥形洞在气室两端的直径与常规

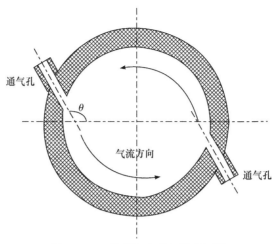

图 6.17　双锥形气室通气孔截面图

光谱仪气室的直径等同，即略大于光谱仪出射光的直径。用车床镗孔时，直径逐渐减小，在达到气室中心时接近于 0。中心的直径 d 视气室安装的准确度Δr 与光谱仪气室入射光谱在该处的直径 d_0 而定，d 略大于$\Delta r + d_0$ 即可。加工好双锥形洞以后，在气室腔体的两端再用车床镗孔的方式各加工两个通气孔。通气孔的轴与气室轴垂直，但两轴不相交，通气孔的直径为 1～5mm，视气流量而定，气流量大的通气孔直径大，否则直径小。在气室的外部，沿着通气孔再加工一个螺柱，螺柱与通气孔同轴，其轴心中空，直径与通气孔相同，用于气室外部管道的连接。

在气室两端外侧进行攻丝，加工出螺纹，螺纹深度为 l，螺纹间距为 m。加工两个窗片紧固器，紧固器是一个金属圈，其一端内径比气室外径小 $2l$，该端内侧加工了深度为 l、螺纹间距为 m 的螺纹，与气室两端的螺纹相匹配，使得紧固器可以通过螺纹固定在气室上。紧固器另一端的内径小于气室外径，大于窗片外径。在气室两端，用窗片紧固器把窗片禁锢在气室上，即可加工出用于气体红外光谱在线分析的气室。

6.1.6　多气室切换装置

FTIR 在使用时只会配备一个测量用气体池，在进行气体分析时，这个气室会先充当背景气室，充灌氮气用于扫描背景红外光谱，之后再充当样品测量气室，通入待检测的气体，并扫描其红外光谱。这种使用方式较为便捷，但会导致以下问题[6]。

(1) 光谱分辨率较高时，可能导致光谱畸变。在光谱分辨率较高、扫描次数较多时，光谱扫描时间较长。例如，光谱分辨率为 1cm^{-1}、扫描次数为 8 时，获得一张光谱图需要约 60s；光谱分辨率提高到 0.5cm^{-1}、扫描次数增加到 32 时，获得一张光谱图则需要约 500s。气体在线分析过程中，待分析气体中的组分及其浓度是时刻都在变化的。光谱图的获取方法是先获取以光强为输出的背景光谱，然后获得以光强为输出的待分析气体红外光谱图，再用红外光谱除以背景光谱得到以透射率为输出的光谱图，此光谱图常用对数值的负值则为以吸光度为输出的光谱图。在试验分析应用中，一般默认光谱获取过程中被分析气体成分及其浓度是不变的。显然，如果只采用一个测量气室进行气体的光谱在线分析，气体一直处于流动状态，则这个前提是不成立的。在光谱扫描过程中，由于气体浓度的变化，每次得到的光谱图并非相同气体组分及相同浓度情况下光谱图的均值，导致得到的光谱不稳定，其基线甚至是畸变的，使得光谱分析结果出现较大的偏差，在待分析混合气中存在红外光谱严重交叠的情况下尤其严重。

(2) FTIR 长时间运行后，若部件特性发生变化，则需要重新扫描背景光谱，可能导致数据丢失。常规的 FTIR 只有一个测量气室，长时间工作后，若发现部件特性发生较大变化，需要重新扫描背景光谱，则需要关闭气室气路，通入背景气体，然后扫描背景光谱。气室的清洗需要较长时间，一般在数分钟，被测气体通入气室，其浓度达到稳定也需要数分钟，在扫描完背景红外光谱后，接下来由于气体池中残存的氮气影响，样品扫描的分析结果在一段时间内都会偏低，这就严重影响了设备在一些对时效性要求较高的领域的应用。

(3) FTIR 的结构都是依据迈克耳孙干涉仪优化而来的，其红外光路会有较长一段暴露在外界空气中。这一段光路通常用于放置气体池，但气体池的长度几乎不可能覆盖全部外光路，在扫描红外光谱吸收情况时就难免会包含空隙中一部分外界空气的红外吸收状况，如图 6.18 所示。从理论上来说，这一部分间隙内的空气红外光谱吸收情况会在样品单波图和背景单波图做比对时被抵消，实际在一些监测周期较长的应用环境中，空气对流状况严重，导致背景单波图和样品单波图中包含的外界空气红外吸收状况存在较大差异，做比对时无法消除这部分的影响，也直接影响到样品监测的准确性。

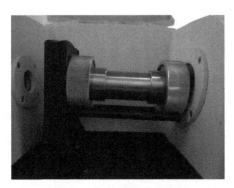

图 6.18　气体池摆放示意图

(4) 在矿井瓦斯监测等应用场合,需要用多个气室从多个巷道取气,取气前后的时间可能较长,在数小时左右,难以保证取气前后仪器的环境参数完全一致,包括环境中二氧化碳气体的浓度。被测气体浓度本身很小,环境参数的变化可能导致分析结果偏差较大。

上述问题的解决方案是设计一种双气室切换装置,其中一个气体池充当背景气室,灌入氮气并完全将其封闭,另一个气体池则充当样品测量气室,连入气路中用于充灌待监测样品。这两个气体池之间的切换通过一个电机来实现,该电机通过控制板接入工控机中,由此完成监测软件对气室切换的控制。这一设计直接解决了上述单气体池遇见的问题,而且能够实现无人值守。双气室切换装置结构示意图如图 6.19 所示。

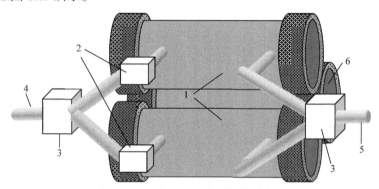

图 6.19　双气室切换装置结构示意图

1. 两个测量气室; 2. 电磁阀; 3. 三通; 4. 进气管道; 5. 出气管道; 6. 背景气室

6.1.7　电源模块设计

根据整体设计规划,电源模块需要为 FTIR、工控机、电磁阀、传感器供电,FTIR 所需电压为直流 18V,工控机所需电压为 12V,传感器工作电压为 5V,CPU 工作电压为 3.3V。煤矿气体监测仪是便携式的设计,因此在户外无稳定交流电源供电时的工作也在考虑范围之内。针对上述特点,气体监测仪电源模块结构示意图如图 6.20 所示。利用一个接触器来实现双路供电,当气体监测仪接入交流 220V 电源时,接触器 KM1 的常开触点自动闭合,同时常闭触点自动打开,这时系统内全部设备的能耗均由交流电源提供,备用电源还可以处于充电状态。当携带气体监测仪至户外工作无法接入交流 220V 电源时,接触器 KM1 的常开触点将打开,而常闭触点将闭合,此时系统的供能任务将由集成在内部的备用电源来实现,常开触点的打开保证了备用电源不会处于自我充电的状态,既节省了能源,又保障了安全性。

为了使气体监测仪的各组件都可以工作在额定电压下,系统使用了四个电压转换器:一是交流 220V 转直流 18V 的适配器,用于将交流 220V 的电源输入转

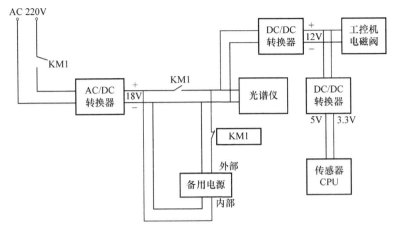

图 6.20　气体监测仪电源模块结构示意图

换成可供备用电源充电和光谱仪工作的直流 18V 输出；二是 DC/DC 转换模块，将直流 18V 的输入转化成直流 12V 的输出，以满足工控机、电磁阀的供电要求；三是 DC/DC 转换模块，将直流 12V 的输入转化成直流 5V 的输出，以满足氢气传感器的供电要求；四是 DC/DC 转换模块，将直流 5V 的输入转化成直流 3.3V 的输出，以满足 CPU 以及通信芯片的供电要求。

6.2　煤矿气体红外光谱分析系统软件设计

操作软件是煤矿气体红外光谱仪的重要组成部分，是确保光谱仪各个组件能协同、有效工作的关键。在光谱仪硬件平台的搭建工作完毕后，必须搭配上合适的操作软件才能实现全部的正常工作要求。本书设计的煤矿气体红外光谱分析的操作软件在Visual Studio 2015平台下采用C#语言编写，具有如下功能：

(1) 光谱仪操作及光谱图获取。这是操作软件最基本的功能要求。如果操作软件连计算机与光谱仪的通信，以及自动操控光谱仪进行扫描并获取扫描后结果的功能都不能实现，那么光谱仪的自动化运行就根本不可能完成。

(2) 光谱图分析和气体浓度计算及补偿。这是操作软件的核心功能之一。操作软件利用分析算法先对光谱图进行滤波降噪等预处理，然后根据建立的分析模型对光谱仪输出的红外光谱分析运算，输出各个目标气体的分析结果。程序还要参照既定算法，结合测得的待测气体温度与压力数据、多气体池扫描数据，对目标气体分析结果进行补偿运算。

(3) 待测气体温度、湿度、压力及氢气传感器等的通信。操作软件内需要有串口通信的功能块，并且可以在需要时自动与各传感器进行通信，完成命令下达、数据上传等功能。此外，对于加装有脱气机模块的光谱仪，还需要操作软件拥有在合适时间操控气体脱气机启动及关闭的功能。

(4) 人机交互。光谱仪的操作软件是要提供给仪器操作人员操作使用的，必须拥有人机界面和I/O接口，以便操作人员对光谱仪参数进行调整。软件还需要在主界面上显示出设备监测状态、气体分析结果等内容，自动实现当被检测气体浓度超过预定范围时的示警。

(5) 数据库。光谱仪需要查询历史光谱数据和历史浓度数据，应拥有数据库查询功能。用户输入要查询数据的日期，就能查询到指定日期的获取光谱图以及目标气体的相应浓度信息。

综上所述，光谱仪的操作软件结构框图如图 6.21 所示。依照此结构图确定出操作软件的功能块，根据各个功能块的基本要求以模块化编程的方式来实现功能块并添加必要功能组件，最后实现整个操作软件的开发。

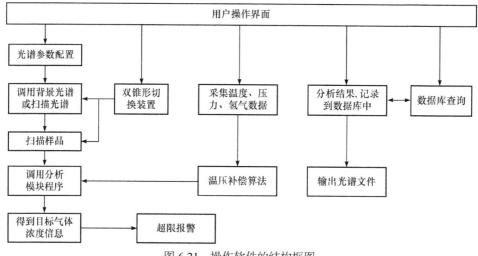

图 6.21　操作软件的结构框图

煤矿气体红外光谱仪操作软件的主体执行流程图如图 6.22 所示。

系统操作软件的三个执行模块分别为光谱扫描模块、分析计算模块和人机交互模块。

(1) 光谱扫描模块。开启系统后，执行各部件自检程序，自检完毕后，设定光谱仪参数，判定是否需要切换到背景气体池，如需切换到背景气体池，扫描背景光谱，扫描完毕后切换至样品气体池，否则调用之前扫描的背景光谱，然后开启抽气装备进行样品扫描操作，待扫描操作完成并得到红外光谱吸光度结果后，程序会将得到的光谱数据进行格式转换，格式转换完得到的光谱输送给分析计算模块。

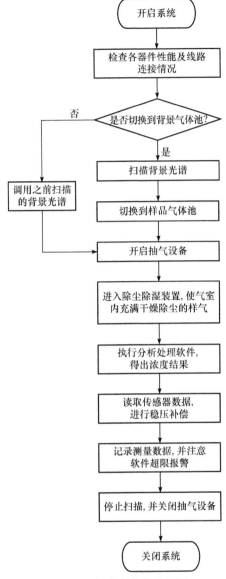

图 6.22　操作软件的流程图

（2）分析计算模块。读取当前状态下新扫描的光谱吸光度结果，然后依照光谱学相关算法处理光谱数据，计算生成各指标气体的浓度，结合采集到的温度、压力信息进行稳压补偿。

（3）人机交互模块。软件的 I/O 部分会传递用户设置的系统参数，在分析计算模块计算出分析结果后，将相应数据存储并显示在主操作界面上。软件具有数据查询功能，每次扫描气体光谱图后，计算气体的浓度信息，把光谱数据、温度、湿度、压力、浓度信息记录在数据库中，用户输入要查询的日期，就能获得相关信息。

6.2.1 光谱扫描模块的结构

光谱扫描模块的主要功能是背景光谱信息和样品光谱信息的获取，需要在接收到操作人员下达的扫描指令及相关光谱参数后，利用 FTIR 进行扫描操作。这一模块会用到一些与 FTIR 进行底层数据交流的指令，在采用 C#语言进行编程时，需要先申明引用的 DllCftir.dll 类库，该类库是光谱仪硬件与上位机相连的桥梁，之后才可以调用动态链接库中封装好的操作指令。例如，程序执行时，首先要运行 DllCftir.dll 中的 StartDriver( )函数，以保证后续扫描等操作的顺利进行，然后运行 ConnectDevice( )函数，用于连接仪器，返回值 true 说明连接成功，false说明连接失败。连接成功后，运行参数设置功能函数。其他功能函数就不一一介绍了。光谱扫描模块执行结构流程图如图 6.23 所示。

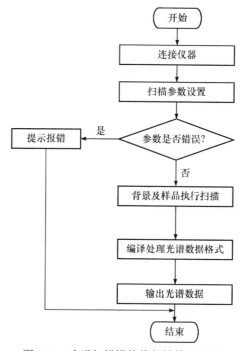

图 6.23 光谱扫描模块执行结构流程图

光谱扫描模块要求的输入参数是光谱仪扫描参数，即扫描起始与结束波数值、扫描间隔、扫描次数、扫描分辨率，分别对应选择扫描的起始波数值和结束波数值、间隔多少波数值取一次吸光度值、进行扫描的次数、进行扫描的光谱分辨率。光谱扫描模块的输出则为红外光谱吸光度数据，为了便于程序前后的统一性和后续模块的调用，在开发扫描模块的内容时预先确定了红外光谱吸光度数据的输出格式，其输出形式为 C 盘目录下的 input.dpt 文件，该文件中每行均以 x，y 的形式存储气体吸收的红外光谱数据，其中 x 表示光谱波数，y 表示吸光度。

6.2.2 分析计算模块的算法及结构

分析计算模块主要功能是利用光谱学相关算法对光谱扫描模块输出的光谱吸光度数据进行计算处理，以期得到指标气体的体积浓度数据。

温度与压力状态补偿是确保监测结果准确性的关键，软件中的分析计算模块是依据实验室环境下的标准模型来推算待测气体的浓度，这一浓度是气体体积浓度，会受到环境温度和压力的影响，在现场监测时需要根据现场的温度和压力情况对初步结果进行补偿。具体的环境温度和压力补偿方式的原理为：分析计算模块补偿前输出的原始分析结果是在温度 20℃和压力 1.01325×10^5Pa 条件下待测气体的浓度值，需要先根据式(6.1)将其转化成实际的摩尔浓度，再依照测量环境的温度和压力状况将气体的摩尔浓度转化成补偿后的气体体积浓度。

$$n = V_{气} \frac{\rho}{M_{气}} \tag{6.1}$$

式中，n 为被测气体的摩尔浓度；ρ 为气体密度；$V_{气}$ 为气体的体积；$M_{气}$ 为气体的摩尔质量。

依照物质守恒理论，被测气体的摩尔浓度不会随着环境温度和压力的变化而发生改变，所以补偿后气体的体积浓度与补偿前气体的体积浓度关系为

$$\frac{V_{气实}}{V_{总}} = \frac{V_{气原}}{V_{总}} \frac{\rho_{原}}{M_{原}} \frac{M_{实}}{\rho_{实}} \tag{6.2}$$

式中，$V_{气原}/V_{总}$ 为分析计算模块求得的原始气体体积比浓度；$V_{气实}/V_{总}$ 为气体完成补偿后的体积比浓度；$M_{原}$ 与 $M_{实}$ 分别为气体的原始摩尔质量和实际摩尔质量。

气体摩尔质量不会随着环境温度和压力的变化发生变化，$M_{原} = M_{实}$。根据理想气体状态方程、气体体积与物质的量的定义式有

$$PV = nRT \tag{6.3}$$

$$V = \frac{m}{\rho} \tag{6.4}$$

$$n = \frac{m}{M_{气}} \tag{6.5}$$

式中，P 为气体压力；R 为理想气体常数；T 为气体的温度；ρ 为气体密度。

将式(6.4)和式(6.5)代入式(6.3)，可以得到气体密度 ρ 的计算公式，即

$$\rho = P\frac{M_气}{RT} \tag{6.6}$$

式中，$M_气$ 与 R 为常数，T 和 P 的值由温度和压力传感器测得。

将式(6.6)代入式(6.2)，并代入原始标定模型的环境温度 293K 和环境大气压力 1.01325×10⁵Pa，补偿公式为

$$补偿后结果 = 未补偿结果\frac{1}{293}\frac{T}{P} \tag{6.7}$$

式中，T 为温度传感器传回的环境温度数据，K；P 为压力传感器传回的环境大气压力数据，1.01325×10⁵ Pa。

由式(6.7)可知，在获得待测气体的未补偿情况下的红外光谱分析浓度值、实际压力和温度后，即可补偿气体压力和温度对待测气体体积分数比浓度分析结果的影响。然而，计算机的 COM1 串口会被内部占用，首个通过 USB 接口接入的传感器一般会被分配至 COM3 串口。在运行过程中，程序会先打开 COM3 接口，验证连接是否成功。煤矿气体红外光谱仪会每间隔 500ms 自动从 COM3 缓冲区读取一次传感器上传的温度、压力和湿度数据。将读取到的数据更新到全局变量 Temp、Press 和 RH 中，这些操作均通过多线程的方式(即由独立于分析软件主线程的子线程)来执行，这种操作的优点是即使程序在处理光谱仪上传数据等最忙碌的时刻，也不会搁置温度与湿度的状态获取，执行补偿运算时调用数据方便，不会使程序在整体运行时增加额外监测温度与湿度的时间，保证了运行的效率。温度和压力补偿的结构流程图如图 6.24 所示。

当主程序完成一次气体红外光谱扫描并得到初步的成分计算结果后，分析计算模块会自动调用 Temp、Press 中保存的当前状态下的温度和压力数据，对初步求得的气体体积比浓度按式(6.7)进行补偿运算，再输出补偿完成的结果。所有监测结果都会保存在以扫描时间命名的日志文档中，以备操作人员查验，这样的方式充分确保了监测结果的准确性。

图 6.25 是程序输出的温度与湿度监测日志文件截图，图中最后三列就是用于补偿的当前环境温度和压力数据，其中第一列为当前的温度状态，单位为℃，第二列为当前的湿度状态，单位为%RH，第三列为当前的压力状态，单位为 kPa。需要注意的是，湿度状态虽然不直接用于结果补偿，但环境湿度会直接影响到设备的使用寿命，过高的环境湿度会导致仪器中的溴化钾涂层潮解，影响红外光谱透过率，因此也必须加以监测。

在实际运行过程中，分析计算模块首先需要读取 C 盘目录下保存有红外光谱扫描结果的 input.dpt 文件，以读取文件中的光谱数据。然后根据分析算法对光谱数据进行基线校正、特征变量计算、分析模型计算等一系列分析操作，得到目标气体的浓度信息。随后将采集到的气体温度、压力数据按照式(6.7)进行浓度补偿，

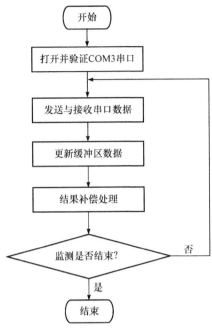

图 6.24　温度和压力补偿的结构流程图

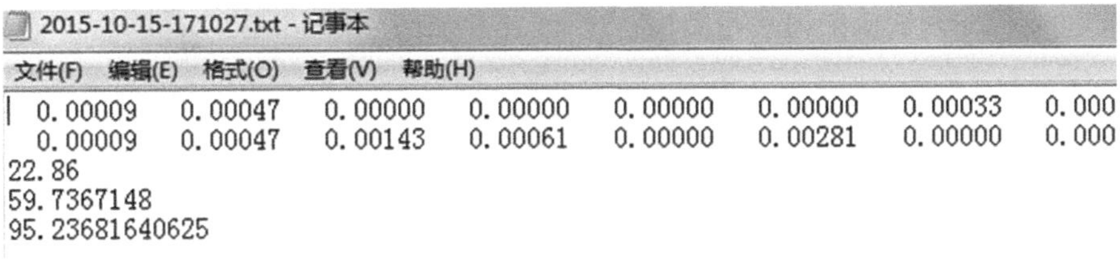

```
2015-10-15-171027.txt - 记事本
文件(F)  编辑(E)  格式(O)  查看(V)  帮助(H)
 0.00009    0.00047    0.00000    0.00000    0.00000    0.00000    0.00033    0.000
 0.00009    0.00047    0.00143    0.00061    0.00000    0.00281    0.00000    0.000
22.86
59.7367148
95.23681640625
```

图 6.25　温度与湿度监测日志文件截图

得到补偿后的气体浓度信息，再把各目标组分气体浓度信息保存在 C 盘的 output.txt 文件中。整个分析模块可以是其他开发平台开发的动态链接库文件，也可以是可执行程序。在实际分析过程中，C#调用该动态链接库文件，或运行可执行程序，即能得到浓度信息值。氢气浓度信息直接从氢气传感器读出，最后进行温度与压力补偿。最后，在工控机中记录各目标气体体积比浓度的分析结果并通过 I/O 模块向用户输出相应的数据。分析计算模块的结构流程图如图 6.26 所示。

　　煤矿气体红外光谱仪的分析计算模块是在数学模拟软件开发环境中开发的可执行文件。从 C 盘读取光谱数据，计算分析结果，然后保存在 C 盘的 output.txt 文件中。采用这种模式的优点是可以在任何时候区分出错的节点在哪里，缺点是反复读写数据，耗时长。但多组分气体光谱分析实时性要求不高，毫秒级的数据读写相对于 1min 的光谱扫描影响不大，对光谱分析并不会带来很大影响。

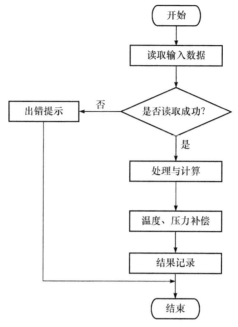

图 6.26　分析计算模块的结构流程图

6.2.3　人机交互模块的内容与结构

人机交互模块主要完成 I/O 相关操作功能在 Input 端，每当用户输入操作指令或者更改系统参数后，人机交互模块就需要对用户输入的指令和参数进行识别，提示相应的功能块进行反应；在 Output 端，需要将分析计算模块求得的气体体积比浓度数据进行编排处理，将结果保存同时显示在主操作界面上。人机交互模块的执行流程图如图 6.27 所示。

人机交互模块的输入数据主要是分析计算模块输出的气体浓度分析值，气体浓度数据在模块间传递采用的是 List 泛型的形式，程序会为每种指标气体建立一个 List 用于存储每次扫描后得到的体积比浓度信息，如 methaneList 用于存储甲烷浓度信息，在每次扫描完成后，程序便在 methaneList 中添入本次甲烷扫描结果，用该 methaneList 内的数据作甲烷的时间-浓度变化曲线。为防止 List 容量无限扩大而导致内存溢出，每当 List 内容量到达一定量时，软件将自动清空 List 泛型中的全部内容，从下次扫描开始重新给 List 泛型赋值。人机交互模块的输出数据主要是程序的分析计算结果，包括样品的吸光度形式结果图、各指标气体的浓度-时间变化图等以图表形式输出在主操作界面上的内容，以及保存在工控机硬盘上相应的结果文件。软件具有数据库功能，在每次输入结果文件时，在数据库中插入浓度、温度、压力、湿度信息，记录该次扫描的光谱图存储路径。

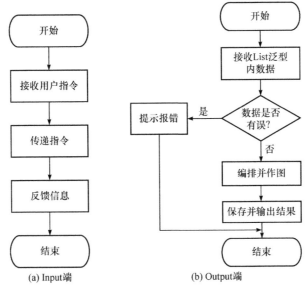

(a) Input端　　　　　　(b) Output端

图 6.27　人机交互模块执行流程图

人机交互模块具备数据库查询功能，每次扫描气体光谱图后，计算气体的浓度信息，把光谱数据、温度、湿度、压力、浓度信息记录在数据库中，用户输入要查询的日期，就能获得相关信息。

6.3　煤矿气体红外光谱仪的工作方式

煤矿气体红外光谱仪在现场中的应用可以分为三种方式：①井下工作方式，采用负压抽气泵将待测气体泵入检测装置，经 FTIR 分析后，将结果上传至地面监控室，可实现实时在线监测；②离线工作方式，由煤矿现场人员用集气袋在现场各个角落采集气体，带回地面，将集气袋中的气体注入 FTIR 来实现煤矿中气体的检测；③束管监测方式，将煤矿现场的气体用气泵抽送至井上，抽送上来的气体经过气体除尘、除湿装置，进入 FTIR，实现对煤矿中气体的分析。

6.3.1　井下工作方式

FTIR 本身几乎是全封闭的，内部电路和外界环境只有光信息交换，属于本质安全型设备，可以直接在矿井下工作。在井下靠近正常回采工作面或已封闭的工作面采空区附近选择合适地点构筑硐室，安置采样点，采用负压抽气泵将待测气体从采样点经过束管抽送至煤矿气体红外光谱仪，经 FTIR 分析后，将结果通过光纤或者其他方式上传至地面监控室，可实现实时、在线监测。

　　由于 FTIR 光源的光强分布变化问题，因振动导致探测器等部件发生偏移问题等，很难长时间保证光谱仪本身的工作条件与扫描背景时一致。一旦出现工作条件上的变化，将出现光谱基线漂移甚至畸变，这可能会给煤矿气体的分析带来较大偏差。虽然光谱基线的漂移可以采用一些方法来进行修正，但最有效的方法还是重新扫描背景光谱。另外，长时间工作后，难免出现光谱基线畸变，此时的基线是很难修正的，必须重新扫描背景光谱。显然，FTIR 在井下工作时，需要采用多气室切换装置，其中一个气室中充满氮气，用于背景光谱扫描，另一个气室作为测量气室，注入待分析气体。若有多个点需要进行监测，则可采用多个气室作为测量气室，一个测量气室对应一个监测点。

　　FTIR 一般只有一个气室，其光谱数据的读取在人机交互界面有专门的图标，有的还提供接口函数，以供用户二次开发，实现样品的自动分析。采用双气室或者多气室切换时，各气室的窗片吸光特性难以做到完全一致，相对于单气室的光谱读取，其读取光谱的方式不同，需要采用如下方法进行红外光谱的读取与处理[7]。

　　(1) 将气室分为背景气室和测量气室，背景气室标示为 0，测量气室依次标示为 1、2、…、N。

　　(2) 对背景气室和所有的测量气室充满氮气(或者其他无红外吸收的气体)，依次将其切换到光路中，按照背景光谱的方式扫描光谱，得到分别标示为 Back0、Back1、Back2、…、Back$N$ 的以光强为纵轴、波数为横轴的光谱，其中 Back0 表示对背景气室扫描得到的光谱，Back1 表示对测量气室 1 扫描得到的光谱，其他依次类推。

　　(3) 将测量气室中的气体更换为待分析气体，再将背景气室和测量气室依次切入光路中，进行光谱扫描，得到分别标示为 Meas0、Meas1、Meas2、…、Meas$N$ 的以光强为纵轴、波数为横轴的光谱。其中 Meas0 表示对背景气室扫描得到的光谱，Meas1 表示对测量气室 1 扫描得到的光谱，其他依次类推。每次进行气体分析时，必须重新扫描测量气室，获取 Meas1、Meas2、…，但 Meas0 的更新方式可根据实际情况，从以下四种方式中选择一种。

　　方式一：每次分析时都更新 Meas0。在准确性要求高或者环境中气体浓度变化太快时，为避免气室与光谱仪本体之间间隙中气体带来的影响，采用这种方式。

　　方式二：按固定时间间隔来更新 Meas0。这种方式实现比较简单，但如果间隔过大，会因出现光谱基线畸变而导致出现错误的分析结果，如果间隔过小且扫描过于频繁，导致错失数据。

　　方式三：根据光谱的自确认情况来决定是否获取。如果光谱基线发生畸变，则进行 Meas0 的扫描。这种方式相对比较复杂，需要有准确的光谱基线畸变识别方法。

方式四：将方式二和方式三同时使用，即满足两个条件之一，就更新 Meas0。在重新扫描背景气室，获取新的 Meas0 之前，Meas0 保持不变。

(4) 按照式(6.8)进行光谱处理，获得以吸光度为输出的红外光谱。

$$\mathrm{Absorb}i = -\lg\frac{\mathrm{Meas}i}{\mathrm{Back}i} + \lg\frac{\mathrm{Meas}0}{\mathrm{Back}0}, \quad i = 1, 2, \cdots, N \tag{6.8}$$

式中，$\mathrm{Absorb}i$ 为测量气室 i 以吸光度为输出的红外光谱。

两个气室进行切换读取光谱数据时，背景气室 0 和测量气室 1 获得的 Back0 和 Back1 以及 Meas0 和 Meas1 如图 6.28 所示。可以看出，Back0 和 Meas0 基本重合，Back1 和 Meas1 基本重合，这说明光谱仪预热充分，试验程序没有问题。Back0 和 Back1 的强度差异较大，Back1 的光强约为 Back0 的 2/3，说明两个气室窗片的透射率差异较大，测量气室的窗片对红外光谱透射率整体较弱。

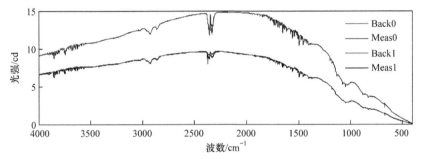

图 6.28　背景气室和测量气室两次扫描得到的以光强为输出的光谱图

若将 Meas0 作为背景光谱，Meas1 作为测量光谱，根据朗伯-比尔定律计算吸收光谱，即

$$\mathrm{Absorb}1 = -\lg\frac{\mathrm{Meas}1}{\mathrm{Back}0} \tag{6.9}$$

按照式(6.8)和式(6.9)得到的以吸光度为输出的光谱图分别如图 6.29 的吸光度 1 和吸光度 2 所示。可以看出，吸光度 1 的基线值基本为 0，吸光度 2 的基线则有

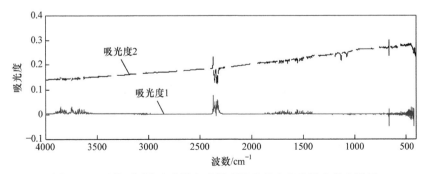

图 6.29　两种不同读取光谱方式得到的以吸光度为输出的光谱图

明显的倾斜，随着波数从 4000cm^{-1} 减小到 500cm^{-1}，吸光度从 0.13 增大到约 0.3，基线并非一条直线，在 1000～1200cm^{-1} 范围内，有三个明显向下的峰，这说明按照式(6.9)得到的光谱基线漂移较大，而且有畸变，按照式(6.8)获得的光谱基线非常规则，相比于式(6.9)获得的光谱，避免了基线漂移与畸变带来的偏差。出现这种情况的原因在于：直接用测量气室获得的光谱除以背景气室扫描的光谱，得到以透射率为输出的光谱，两个气室窗片参数不同，使得两者的差异被当成红外光谱，从而使得基线发生漂移甚至畸变。本节介绍的方法是通过两个气室各自扫描背景光谱和测量光谱，求红外光谱的差值，而不是用常规的两个气室直接相除来获得光谱，因此窗片的差异就不再包含在基线中。

　　因此，常规参考光谱比对容易引起光谱基线漂移甚至畸变，导致分析结果偏大，本节介绍的方法避免了基线漂移与畸变带来的偏差，大大提高了分析结果的准确性，还可以解决单气室重新扫描背景光谱时数据易丢失、实时性较差、浪费平衡气等问题。

　　图 6.30 为采煤工作面上隅角采样点设置。T_0 为高瓦斯矿井和低瓦斯矿井高瓦斯采区的采煤工作面上隅角气体采样点，设在采煤工作面切顶线对应的煤帮处，T_1 采样点设在回风流距工作面割煤线 10m 范围内，T_2 采样点设在距回风绕道口 10～15m 处，T_3 采样点设在距工作面割煤线 10m 范围内，T_4 采样点设在距回风绕道口 10～15m 处。通过设置 T_0、T_1、T_2、T_3、T_4 采样点的指标气体报警浓度、断电浓度、复电浓度可以实现断电，断电范围是指工作面及回风巷中全部非本质安全型电气设备。

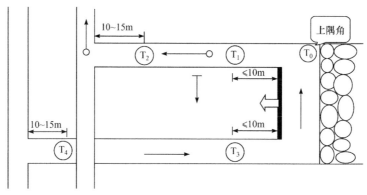

图 6.30　采煤工作面上隅角采样点设置

　　双巷布置工作面应用方案如图 6.31 所示。采空区密闭监测应用方案如图 6.32 所示。

6.3.2　离线工作方式

　　离线工作方式有以下两种：

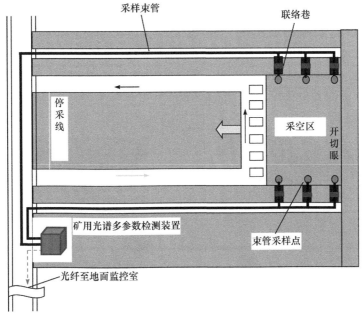

图 6.31　双巷布置工作面应用方案

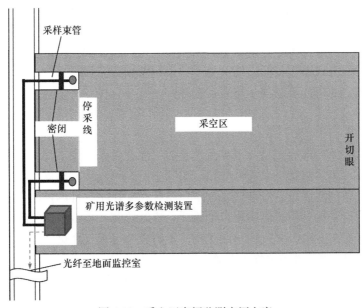

图 6.32　采空区密闭监测应用方案

(1) 煤矿现场人员用集气袋在矿井中各个角落采集样气,如在上隅角、下隅角、回风角等地点采集气体,然后将集气袋带回地面,将集气袋中的气体注入 FTIR 来实现煤矿中气体的检测。采用这种工作方式,只需要一个气室即可。用氮气清洗气室，扫描背景光谱，然后将气袋中的气注入气室，扫描吸收光谱，再运行分析软件，即可得到分析结果。图 6.33 为煤矿现场采集到的气体。图 6.34 为将煤矿现场采集到的气体注入 FTIR。集气袋所取的样气有限，气室中往往会残留少许氮气，分析结果往往偏小，气室容积越大，偏小越多。采用双锥形气室能获得更为准确的分析结果。此外，这种工作方式每次都要用氮气清洗气室，运行费用较高。

图 6.33　煤矿现场采集到的气体　　　图 6.34　将煤矿现场采集到的气体注入 FTIR

(2) 离线工作方式是直接携带气室下井取气。下井取样气时间比较长，通常需要 2～4h，采用这种工作方式，最好采用多气室切换读取光谱的方式获得样气红外光谱。这种方式不需要频繁清洗气室，运行费用低。但是这种方式在取气时要小心保护气室的窗片不受到污染或者损坏。

6.3.3　束管监测方式

束管监测的基本原理是井下被测地点的气体在负压作用下，经采样器、单路气水分离器、单芯束管、束管分线箱、束管主管缆到气水分离器箱，经井口至监测室内的气路控制装置后经抽气泵放空。系统在工作站软件的控制下，将选定气样送入光谱仪进行分析，可实现自动采样，连续监测，根据目标气体浓度及变化趋势，实现对矿井自燃火灾的早期预测，进行矿井可燃气体爆炸危险性、火灾危险程度识别[8]。束管监测系统结构图如图 6.35 所示。

测量点的布置是束管监测的重要环节，矿井火灾束管监测系统的主要监测点是在工作面、回风巷及采空区。由于瓦斯比空气轻，易积聚在工作面上隅角，同时回风巷中也含大量危险气体，因此必须在工作面上隅角和回风巷中布置束管采样点。工作面上隅角的测点用于工作面采空区沿液压支架侧风流的气体和上隅角气体成分的监测，采用吊挂方式安装，回风巷束管安装在距运输大巷 30～40m 处，主要监测工作面生产过程中煤层气体逸出及采空区漏风带表层气体成

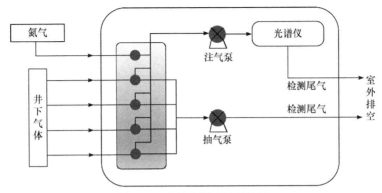

图 6.35　束管监测系统结构图

分的变化，也采用煤壁吊挂方式安装。采空区有大量浮煤存在，是容易自燃区域，应该多布置测点，测定采空区范围大约距工作面 150m，约 50m 设 1 个测点，保持采空区内部进、回风侧各 3 个探头，与上隅角及回风巷同时观测，待距工作面最远测点进入采空区 150m 后，重新布置观测点。工作面及采空区测点布置如图 6.36 所示。

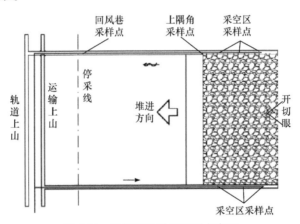

图 6.36　工作面及采空区测点布置

　　工作面封闭后，在进、回风侧密闭分别设观测孔，并在密闭内各布置 1 个测点，如图 6.37 所示。在与采空区相连(尤其是与火区相通)的密闭墙内也应设置测点。

　　采空区气体成分监测采用埋管测定法，用直径 6cm 镀锌水管 150m，在其中穿入 3 根直径 8mm 不同标记的束管。采样点分别布置在 150m、100m、50m 处，每根束管负责 1 个测点的气样。为了防止采空区积水堵塞束管，每个测点抬高 0.6m 并同时用束管连接，每个测点头部采用带孔花管加滤尘器或滤尘材料填充，如图 6.38 所示。

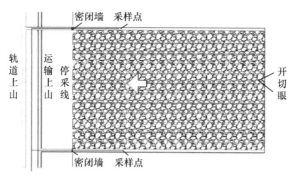

图 6.37　工作面封闭后测点布置

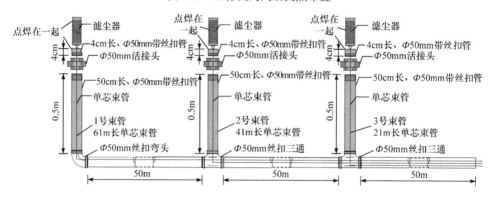

图 6.38　采空区束管监测管路结构示意图

6.4　煤矿气体红外光谱仪的操作规范

　　本节主要介绍自主研发的煤矿气体红外光谱仪的操作规范。首先介绍该煤矿气体红外光谱仪的操作注意事项，然后介绍其操作流程。

　　煤矿气体红外光谱仪在操作时的注意事项如下：

　　(1) 首先打开计算机，然后打开路由器，注意通电顺序。

　　(2) 计算机启动完成后，尝试连接路由器，确保路由器连接通信正常。

　　(3) 关闭计算机上所有参与网络活动的应用程序，光谱仪与计算机的通信是高速、高效率的，应用程序多时，会占据系统资源，可能会导致通信数据失败。

　　(4) 确保计算机磁盘可用空间超过 2GB，确保扫描后能够正常生成文件。

　　(5) 在仪器通电前使用网线连接路由器及仪器，确保网线能够正常使用，推荐使用带屏蔽线的网线。

　　(6) 使用气体清洗仪器光路时，先打开清洗出气阀，然后打开清洗进气阀，将氮气接入清洗进气口，打开氮气进行充气清洗至少 10min 并保证每分钟气体流量不低于 1L。清洗完毕后请先关闭清洗进气阀，然后关闭清洗出气阀。

(7) 等待光谱仪稳定后使用计算机连接仪器，光谱仪与计算机连接后不能插拔仪器网线接口，连接后不能在计算机上同时进行其他与扫描无关的网络活动或者开启大量占用系统资源的应用程序。

(8) 在用标气进行标定试验的过程中，拧气瓶时，头部禁止在气瓶开关上部，减压阀出气方向禁止对准人。

(9) 在关掉光谱仪时，首先断开计算机与光谱仪的软件通信连接，然后对光谱仪进行断电操作，用氮气清洗里面的残留气体。

(10) 底层动态链接库是在 Windows7 上编写的，在安装分析软件时，要保证操作系统为 Windows7 以上版本。

6.4.1　软件的安装

煤矿气体红外光谱分析系统软件操作界面简单，在初始化背景扫描后，便可进行不间断在线扫描。软件将控制光谱仪自动获取红外光谱扫描数据，并依据朗伯-比尔定律将其转化成相应的气体浓度。程序会自动记录各组分气体的值，显示在操作面板上。软件功能结构如图 6.39 所示。

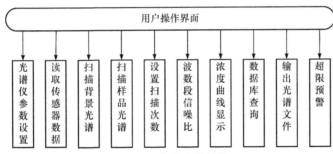

图 6.39　软件功能结构

软件具备以下 7 种功能：

(1) 设置光谱仪扫描系数。

(2) 能够得到管路中的温度、湿度、气压，并根据其值校正指标气体浓度。

(3) 能够将每次扫描的浓度结果，如温度、湿度、压力、光谱图路径自动加入数据库。

(4) 能够查询指定日期的指标气体分析的浓度值，能够查询指定日期的光谱图。

(5) 自动连续扫描光谱，并依据红外光谱定量分析理论计算煤炭自然发火指标气体浓度。

(6) 具备显示光谱图和指标气体浓度变化曲线的功能。

(7) 输出光谱结果和含量结果数据文件到指定路径。

自主研发的煤矿气体红外光谱仪提供给用户使用时，会为用户提供安装软件，用户按照以下步骤即可实现软件的安装与使用。

(1) 先安装 CFIR_V3 文件夹的驱动，CFTIR-Driver 为光谱仪的驱动文件，安装了该驱动后，才能与光谱仪进行通信，安装说明书在 CFTIR_V3 文件夹中，安装路径为 C 盘根目录。

(2) 安装串口转 USB 驱动，用于读取温度、湿度、压力、氢气传感器的数据。

(3) 光谱仪使用的数据库为 Access 数据库，经过测试发现，如果操作系统是 Windows7 系统，不用安装 AccessDatabaseEngine 驱动，如果是 Windows10 专业版系统，需要安装此文件。

(4) 将文件复制到 C 盘根目录下，其中 SYscan 文件里包含数学模拟软件生成的可执行文件 AutoCoalAnaly.exe，该执行程序的主要功能是读取 C 盘目录下 input.dpt 文件里的光谱数据，应用光谱定量分析方法，将目标气体的浓度信息输出到 output.dpt 文件里，SYscan 文件夹里还包括数学模拟软件与 C#相连接的动态链接库，没有此动态链接库，软件无法执行。

(5) 双击"煤炭自然发火指标气体在线监测软件.exe"可执行文件运行，弹出软件主界面。至此，软件安装完毕。

6.4.2　软件的使用

煤矿气体红外光谱分析系统操作软件使用简单，按照以下几个步骤可实现气体组分的定量分析。

(1) 用网线将路由器与光谱仪连接。具有无线网卡的计算机可以通过搜索路由器的 SSID 网络名称，输入对应的密码连接设备，没有无线网卡的计算机可通过网线接入路由器，实现计算机与光谱仪相连。双击打开"煤炭自然发火指标气体在线监测软件.exe"，在软件第一行按需求更改相应参数。参数设置从左到右分别为扫描光谱开始与结束波数、数据类型、扫描分辨率、仪器选择、循环扫描次数。一般情况下，除特殊用途需要手动选择参数外，其余参数均可为默认预设值。

(2) 选择串口通信的端口，一般情况下，串口端口号为 COM3，单击"打开串口"软件界面会显示测得的温度、湿度、压力数据，单击第一行中的 Connect 按钮，出现 Device Connected 消息框后，将气室用纯氮气清洗约 2min，点击 Scan background 键，等到进度条到 100%时即完成背景扫描。通常背景 1h 扫描一次，自动测量时，用双气池切换装置，实现对氮气背景及样品的扫描。

(3) 选择循环扫描次数下的 combobox 对话框，可以选择要扫描样品的次数，单击"扫描样品"按钮，会根据设置的次数进行扫描，完成一组扫描后，软件会在主面板上绘出扫描的光谱图和根据光谱图数据分析出的煤炭自然发火指标气体浓度变化曲线，鼠标放置在曲线上会显示浓度信息的 tip 小窗口。

(4) 如果用户需要查询功能，输入要查询的开始时间和结束时间，单击"查询指定日期浓度"按钮，会输出指标气体的浓度信息，单击查询"指定日期谱图"按钮，会输出指标气体的谱图。

(5) 如果用户需要查看光谱图，只需单击"打开谱图"按钮，找到光谱数据的位置，此时在软件界面上会显示光谱图，双击光谱图位置附近的区域，可实现全屏观看。

(6) 如果用户需要查看光谱数据，只需在 D 盘中的 SYtest 文件夹里根据日期进行查找，光谱数据名称是以时间命名的，如 104356A.dpt 表示 10:43:56 的吸收光谱图，104356CGQ.txt 表示 10:43:56 获得的传感器的信息数据。光谱数据与传感器数据在每次扫描完成后根据扫描日期、时间自动存入 SYtest 文件夹。

6.5　煤矿气体红外光谱仪的性能检测

在温度测试环节，采用 DH3600AB 恒温箱作为标准的试验环境。在恒温箱中，将待测传感器与准确度等级为 1 的水银指针式温度计并排放置，相距不超过 2cm。将恒温箱中的温度分别设置为 30℃、40℃、50℃、55℃ 和 60℃，在温度上升过程中应密切注视水银温度计读数，在该点温度到达所设定标准温度时，读取此时传感器数据。降温测量中关闭恒温箱，取出传感器与标准温度计，以上述要求放置于空气中，进行降温过程的测量，而后进行重复试验。温度静态标定结果如表 6.9 所示。

表 6.9　温度静态标定结果

标准温度 /℃	升温测量 1 /℃	降温测量 1 /℃	升温测量 2 /℃	降温测量 2 /℃	升温测量 3 /℃	降温测量 3 /℃
30	29.9	29.6	29.6	30.4	30.4	30.7
40	39.3	39.8	40.3	40.2	40	40.6
50	49.5	50.2	49.7	51	50.4	50.5
55	55	54.7	54.6	55.4	55.2	55.7
60	59.5	59.5	60.3	60.3	59.8	59.8

根据第一组试验数据计算标准误差，可得温度测量绝对误差为 0.7℃，满足误差为 1℃ 以内的设计要求。

根据试验所测的 3 组正、反行程的数据，在数学模拟软件中进行拟合，拟合结果如图 6.40 所示。再根据实测数据，对重复性进行计算，其中ΔR=1.0，满量程输出 $Y_{F.S}$=60，计算可得重复性误差δR=1.6%。由此可知，传感器重复性较好。

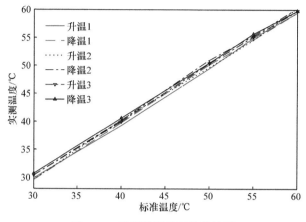

图 6.40　温度数据重复性特性图

在测量中，试验所使用恒温箱为加热式恒温箱，测量未涉及低温部分，低温部分的误差与重复性也未做分析，其具体数据应在日后的工作中进一步完善。

湿度测试在人工密闭环境中进行，将被测传感器与精度为±3.0%RH 的指针式湿度计共同置于其中，在进行读数后将被测传感器取出，向其中加入少量生石灰干燥剂，待其充分反应后，将传感器与湿度计一起置于其中并读取示数，重复以上过程并采集所需数据。表 6.10 为湿度的实测值与误差。可以看出，湿度测量环节的绝对误差为 2.8%。

表 6.10　湿度的实测值与误差

标准湿度/%	测量湿度/%	误差/%
56.0	53.3	−2.7
41.4	42.9	1.5
36.1	34.9	−1.2
20.2	23.0	2.8
15.5	14.1	−1.4

上述试验的测量环境是在密闭气袋中进行的，所使用的高精度指针式湿度计的反应时间较慢，因此每组数据采集是在待示数稳定后进行的。测试中由于干燥剂的选择和计量问题，测量环境并没有达到完全干燥，但对部件保护来说，上述测试数据的准确性已经达标。

在进行压力测试时，将传感器与 BKT381 型指针式压力表共同置于密封袋中，排除多余空气，再用注射器吸出里面的气体，来模拟一个低压环境，分别记录两个测量装置的读数，再将气体慢慢充回袋中，反复多次以完成重复性测量。测试结果如表 6.11 所示。

表 6.11　压力传感器的压力测试结果

标准压力 /Pa	降压测量 1 /Pa	升压测量 1 /Pa	降压测量 2 /Pa	升压测量 2 /Pa	降压测量 3 /Pa	升压测量 3 /Pa
95000	95231	95379	95379	94610	94610	94550
90000	89899	90053	89842	89545	90234	90263
85000	85173	85244	84887	85682	85932	85256
80000	79820	79902	80211	80053	80153	80753
75000	74792	75221	74931	75327	74817	75431
70000	69891	70049	69864	70238	70128	70110
65000	65230	65311	64987	65193	64989	65343
63000	62813	62813	63091	63091	62793	62793

图 6.41 为压力数据重复性特性图。取测量所得第一组数据计算可得绝对误差为 305Pa，该压力表准确度等级为 1 级，误差满足设计要求。再取 3 组正、反行程数据在数学模拟软件中进行拟合，可得其拟合曲线。由上述 3 组数据可得 $\Delta R=298$，满量程输出 $Y_{F.S}=110000$，可计算得到重复性误差 $\delta R=0.27\%$。由此可知，传感器重复性较好。

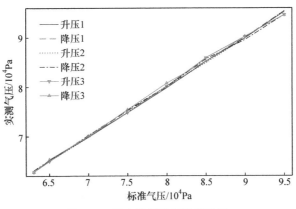

图 6.41　压力数据重复性特性图

试验过程中未做传感器的满量程测试，考虑到更低压力时，人的生存已经比较困难，煤矿中均有鼓风机维持井内压力，矿井外的压力一般也不会低于 70kPa。因此，本次测试范围足以覆盖气体分析的工作压力范围。

氢气传感器的准确度是采用标气进行检验的，浓度分别为 10×10^{-6}、50×10^{-6}、100×10^{-6}、500×10^{-6}、2000×10^{-6} 的氢气，每组分浓度的氢气分别测试 10 组，氢气传感器测试结果如表 6.12 所示，数据有效值保留到 1×10^{-6} 量级。

表 6.12　氢气传感器测试结果　　　　　　　(单位：×10⁻⁶)

期望值	第1组	第2组	第3组	第4组	第5组	第6组	第7组	第8组	第9组	第10组
10	12	8	11	10	9	8	9	9	10	11
50	47	49	50	49	51	52	51	52	48	50
100	96	97	96	100	101	97	102	103	100	99
500	470	485	497	503	510	496	505	508	502	504
2000	1960	1989	2001	2034	1997	2012	1988	2019	1969	2008

现根据表 6.12 的数据，分别求取这 10 组数据的标准差、均值和相对标准差(最大误差/均值)，结果如表 6.13 所示。从表 6.13 可以看出，在分析低浓度氢气时，传感器的相对偏差会略偏大一些，随着氢气浓度的增加，传感器的相对标准差均小于 10%，在低浓度气体测量时，根据项目任务书要求，应计算出测量绝对误差，并与项目要求的绝对误差范围对比，要求所有气体测量绝对误差小于项目要求的范围。

表 6.13　精密度测试统计结果

期望值/10⁻⁶	标准差/10⁻⁶	均值/10⁻⁶	相对标准差/%
10	1.34	9.7	20
50	1.66	49.9	6
100	2.51	99.1	4
500	12.15	498	6
2000	22.38	1998	2

2017 年 3 月 1 日在内蒙古赤峰市元宝山区六家煤矿对煤矿气体红外光谱仪和定量分析软件进行了分析验证。测试时，首先用采气袋(事先从井下采集的气体)注入色谱仪，剩下的气体注入光谱仪分析，井下气体分析后再用标气同时使用色谱仪与光谱仪进行分析测试，最后将红外光谱仪分析的数据与色谱仪解析的数据进行对比，判断红外光谱仪性能。鉴于色谱仪的分析时间较长，红外光谱仪每次测 2 组数据，色谱仪每次测 1 组数据，色谱仪测量的气体种类少。测试结果如表 6.14～表 6.17 所示。

表 6.14　六家煤矿东 1 北 5 段 6₋₃ 煤层上隅角红外光谱仪测试结果　　(单位：×10⁻⁶)

CH_4	C_2H_6	C_3H_8	i-C_4H_{10}	n-C_4H_{10}	C_2H_4	C_2H_2	C_3H_6	C_3H_4	SF_6	CO	CO_2
4902.1	29.6	0	0	0	0	0	0	0	0	65.3	1135.4
4900.5	29.7	0	0	0	0	0	0	0	0	64.6	1134.9

表 6.15　六家煤矿东 1 北 5 段 6-3 煤层上隅角色谱仪测试结果　（单位：×10⁻⁶）

CH₄	C₂H₆	O₂	N₂	C₂H₄	C₂H₂	CO	CO₂
4984.2	30.1	150088	798420	0	0	64.8	1136.0

表 6.16　六家煤矿东 1 北 5 段 6-3 煤层上隅角抽放管路光谱测试结果　（单位：×10⁻⁶）

CH₄	C₂H₆	C₃H₈	i-C₄H₁₀	n-C₄H₁₀	C₂H₄	C₂H₂	C₃H₆	C₃H₄	SF₆	CO	CO₂
58212.8	386.6	0	0	0	0	0	0	0	0	466.0	17156.2
58344.1	389.6	0	0	0	0	0	0	0	0	468.2	17098.8

表 6.17　六家煤矿东 1 北 5 段 6-3 煤层上隅角抽放管路色谱仪测试结果　（单位：×10⁻⁶）

CH₄	C₂H₆	O₂	N₂	C₂H₄	C₂H₂	CO	CO₂
58427	384	108919	807050	0	0	471	17116

为了进一步验证设备的准确性，从现场取出一瓶多组分的标气进行验证(甲烷 0.564%、乙炔 38.7×10⁻⁶、一氧化碳 29.9×10⁻⁶、乙烯 19.7×10⁻⁶、二氧化碳 0.30%、乙烷 39.3×10⁻⁶、氧气 18.6%)，测试结果如表 6.18 和表 6.19 所示。

表 6.18　红外光谱仪测试结果　（单位：×10⁻⁶）

CH₄	C₂H₆	C₃H₈	i-C₄H₁₀	n-C₄H₁₀	C₂H₄	C₂H₂	C₃H₆	C₃H₄	SF₆	CO	CO₂
5600.7	36.3	0	0	0	20.2	36.4	0	0	0	28.9	2956.4
5597.4	36.6	0	0	0	19.6	36.5	0	0	0	28.6	2940.6

表 6.19　色谱仪测试结果　（单位：×10⁻⁶）

CH₄	C₂H₆	O₂	N₂	C₂H₄	C₂H₂	CO	CO₂
6198	43	185864	804656	21	41	26	3175

从表 6.14～表 6.19 可以看出，红外光谱仪与色谱仪的分析结果较为一致，在测试标气时，色谱仪与标气有一点小的偏差，可能是由于当标气充入采气袋时，采气袋残留下来的气体没有完全冲洗干净。光谱仪的重复性误差小于 1%，其分析速度远远大于色谱仪。现场应用测试结果表明，煤矿气体红外光谱仪具有操作简单、分析速度快、精度高、误差小、重复性好等优点。另外，红外光谱仪软件操作简单、界面直观，能够实时监测环境温度、湿度、压力，分析多达 12 种气体，能够满足煤矿火灾、瓦斯灾害气体监测的需求。

6.6　本　章　小　结

本章介绍了煤矿气体红外光谱分析系统的结构与构建方法。采用 FTIR 开发专用气体分析仪，要根据特定的需求，选择合理的参数，其中包括波数分辨率、光程等。对于煤矿灾害气体的检测限，1cm⁻¹波数分辨率和10cm长的光程足以满足指标的要求。此外，温度、压力等环境参数以及气体量、灰尘也是煤矿气体检测需要考虑的因素，本章介绍了除尘法、环境参数补偿、双锥形气室结构，有助于提高分析结果的准确性。

在介绍仪器结构基础上，介绍了煤矿气体红外光谱分析系统软件的模块结构，包括光谱扫描模块、分析计算模块和人机交互模块；系统软件的安装方法及其使用方法。在仪器的使用方面，分别考虑仪器井下工作方式、离线工作方式和束管监测方式。

本章给出了煤矿气体红外光谱仪在实验室与现场应用的测试结果，其中包括温度、压力传感器本身的性能测试及煤矿气体的分析性能测试。这种仪器人工参与较少，具有较高的智能化水平，降低了对人工熟练程度的依赖性。

参 考 文 献

[1] 梁运涛, 田富超, 冯文彬, 等. 我国煤矿气体检测技术研究进展[J]. 煤炭学报, 2021, 46(6): 1701-1714.

[2] 田富超. 煤矿采空区火灾气体红外光谱在线分析技术[D]. 徐州: 中国矿业大学, 2019.

[3] 梁运涛, 汤晓君, 罗海珠, 等. 煤层自然发火特征气体的光谱定量分析[J]. 光谱学与光谱分析, 2011, 31(9): 2480-2484.

[4] 汤晓君, 寇福林, 梁运涛, 等. 一种气体除尘及采样装置[P]: 中国, ZL201410103129.5. 2015-08-26.

[5] 汤晓君, 朱凌建, 李玉军, 等. 一种双锥形气体在线光谱分析气室[P]: 中国, ZL201110127264.X. 2013-07-31.

[6] 汤晓君, 朱凌建, 刘君华, 等. 一种气体在线光谱分析中的光谱仪气室切换装置[P]: 中国, ZL201110091432.4. 2013-08-14.

[7] 汤晓君, 张徐梁, 张峰, 等. 一种多样品池光谱定量分析的光谱读取与处理方法及装置[P]: 中国, ZL201610340905.2. 2019-1-18.

[8] 国家安全生产监督管理总局. 煤层自然发火标志气体色谱分析及指标优选方法(AQ/T 1019—2006)[S]. 北京: 煤炭工业出版社, 2006.

索　引